普通高等教育应用型本科创新教材

Engineering
Surveying
工程测量学

周保兴　朱爱民　主　编
宋　雷　余正昊　副主编
夏小裕　王德保

人民交通出版社股份有限公司
China Communications Press Co.,Ltd.

内 容 提 要

工程测量学是测绘工程专业的一门专业课程，它是在学习了"测量学基础""控制测量学""摄影测量学"等先修课程后开设的课程。

本书针对经济快速发展中工程建设对测量工作提出的新要求和测绘新技术的发展，详细介绍了工程测量控制网的布设、地形图的工程应用、工程施工放样方法等工程测量基本知识，并阐述了工业与民用建筑、道路、桥梁、隧道、水利枢纽等工程建设在规划设计、建筑施工和运营管理三个阶段所涉及的具体测量理论、方法和技术。本书结合典型的工程案例对相关的理论和方法进行分析和说明，增强了实用性。

本书可作为高等学校测绘工程专业本科生及专科生的教材，也可供从事测绘、工程建设、防灾减灾等领域的科研和专业技术人员参考。

图书在版编目（CIP）数据

工程测量学／周保兴，朱爱民主编. — 北京：人民交通出版社股份有限公司，2018.2

ISBN 978-7-114-14476-9

Ⅰ . ①工… Ⅱ . ①周… ②朱… Ⅲ . ①工程测量 Ⅳ. ①TB22

中国版本图书馆 CIP 数据核字（2018）第 003766 号

书　　名：	工程测量学
著 作 者：	周保兴　朱爱民
责任编辑：	王　霞　李　娜
责任校对：	张　贺
责任印制：	张　凯
出版发行：	人民交通出版社股份有限公司
地　　址：	（100011）北京市朝阳区安定门外外馆斜街 3 号
网　　址：	http://www.ccpress.com.cn
销售电话：	（010）59757973
总 经 销：	人民交通出版社股份有限公司发行部
经　　销：	各地新华书店
印　　刷：	北京鑫正大印刷有限公司
开　　本：	787×1092　1/16
印　　张：	15.75
字　　数：	366 千
版　　次：	2018 年 3 月　第 1 版
印　　次：	2018 年 3 月　第 1 次印刷
书　　号：	ISBN 978-7-114-14476-9
定　　价：	38.00 元

（有印刷、装订质量问题的图书由本公司负责调换）

前　言

　　工程测量学是一门古老的科学。随着科学技术的发展和社会的进步,工程测量学逐步从普通的测量学中分离并成为一门相对独立的学科,主要研究各项工程在规划设计、施工建设和运营管理阶段所进行的各种测量工作,是测绘科学与技术在国民经济和国防建设中的直接应用,是来自于生产实践并服务于生产实践的一门应用科学。工程测量是直接为工程建设服务的,它的服务和应用范围包括公路、铁路、桥梁、隧道、建筑、港口等各种工程建设部门。随着我国国民经济持续快速发展,各种工程建设不断对测量工作提出新的要求,同时现代科学技术和测绘新技术的发展,给直接为经济建设服务的工程测量带来了严峻的挑战和极好的机遇。特别是道路、桥梁、隧道、港口等工程建设规模越来越大、要求越来越高,3S技术(全球定位系统GPS、地理信息系统GIS和摄影测量与遥感RS)以及数字化测绘和地面测量先进技术的快速发展,使工程测量的手段、方法和内涵产生了深刻的变化,工程测量的服务领域在进一步扩展。

　　本书以培养应用型人才为目标,结合我校多年来教学、测绘生产实践经验和当前现代测绘技术进行编写。内容主要包括工程测量基本知识(包括工程控制测量、地形图应用、工程施工放样基本方法等)(第1~4章)、工程测量技术在建筑、道路、水利、桥梁、隧道等工程中的应用(第5~9章)及参考文献三大部分。本书的重点内容包括工程测量基础知识、工程控制网的布设、地形图的应用、建筑工程测量、线路工程测量、水利工程测量、桥梁工程测量、地下工程测量等。内容涵盖了从经典理论到最新技术的工程应用,既注重讲述工程测量学的基本理论、方法与技术,又结合典型工程的测量实践,力求接近工程实际。

　　本教材由山东交通学院周保兴、朱爱民主编。编者有周保兴(第1、2章)、朱爱民(第3章)、范玉红(第4章)、夏小裕(第5章)、李斌(第6章)、余正昊(第7章)、宋雷(第8章)、王德保(第9章)。

　　本书的出版得到了山东省高等学校科技计划项目"融合多源空间数据的城市真三维模型构建技术研究"(J14LG07)、山东省交通运输厅科技计划项目"钢丝绳MPC符合材料进行空心板梁桥加固设计研究"(2017B97)、山东交通学院博士科研启动基金、山东交通学院教改课题《基于虚拟现实技术的三维实践教学平台构建研究》的资助。

　　在本书的编写中,作者参阅和引用了大量书籍、文章及网上相关的资料,在此向有关作者表示衷心感谢! 由于编者水平有限,书中可能存在不少疏漏和错误之处,敬请读者批评指正。

编　者

2017 年 12 月

目　　录

第1章 绪 论

1.1 工程测量学的概念、任务

1.1.1 学科定义

定义一:工程测量学是研究各种工程在规划设计、施工建设和运营管理阶段所进行的各种测量工作的学科。

各种工程包括:工业建设、城市建设、交通工程(铁路、公路、机场、车站、桥梁、隧道)、水利电力工程(河川枢纽、大坝、船闸、电站、渠道)、地下工程、管线工程(高压辅电线、输油送气管道)、矿山工程等。一般的工程建设分为规划设计、施工建设和运营管理三个阶段。工程测量主要包括这三阶段所进行的各种测量工作。

定义二:工程测量学是主要研究在工程、工业和城市建设以及资源开发各个阶段所进行的地形和有关信息的采集和处理、施工放样、设备安装、变形监测分析和预报等的理论、方法和技术,以及研究对测量和工程有关信息进行管理和使用的一门学科,它是测绘学在国民经济和国防建设中的直接应用。

定义三:工程测量学是研究地球空间(包括地面、地下、水下、空中)具体几何实体的测量描绘和抽象几何实体的测设实现理论、方法和技术的一门应用性学科。它主要以建筑工程和机器设备为研究服务对象。

具体几何实体指一切被测对象,包括在建(或已建成)的各项工程及其与工程有关的目标,抽象几何实体指一切设计的但尚未实现的、未建成的各项工程。

定义一比较大众化,易于理解。定义二较定义一更具体、准确,且范围更大。定义三更加概括、抽象和科学。定义二、三除建筑工程外,机器设备乃至其他几何实体都是工程测量学的研究对象;且都上升到了理论、方法和技术,强调工程测量学所研究的是与几何实体相联系的测量、测设的理论、方法和技术,而不是研究各种测量工作。

总的来说,工程测量学主要包括以工程建筑为对象的工程测量和以机器设备为对象的工业测量两大部分,主要任务是为各种服务对象提供测绘保障,满足它们所提出的各种要求,可分为普通工程测量和精密工程测量。精密工程测量代表工程测量学的发展方向,大型特种精密工程是促进工程测量学科发展的动力。

1.1.2 学科地位

工程测量学是测绘学的二级学科。测绘学又称测绘科学与技术,它是一门具有悠久发展历史和现代科技含量的一级学科。测绘学的二级学科可作如下划分:

（1）大地测量学。包括天文大地测量学、几何大地测量学、物理大地测量学、地球物理大地测量学、卫星大地测量学、空间大地测量学和海洋大地测量学等。

（2）工程测量学。包括矿山测量学、精密工程测量学、工程的变形监测分析与预报。

（3）摄影测量学与遥感。可分为摄影测量学、遥感学，摄影测量与遥感有许多相同之处，也有本质上的不同之处。摄影测量学包括航空摄影测量学和地面摄影测量学，遥感学包括航空遥感学和航天遥感学。

（4）地图制图学。包括地图投影、地图综合、地图编制和地图制印等。

（5）地理信息系统。是测绘学、大气科学、地理学和资源科学等一级学科的二级学科。

（6）不动产测绘（或称地籍测绘）。与工程测量并无多大差别，但在法律上有特殊意义。

1.1.3　工程测量的任务

工程测量的任务是为工程建设提供测绘保障，满足工程建设各阶段的各种需求。具体地讲，在工程勘测设计阶段，提供设计所需要的地形图等测绘资料，为工程的勘测设计、初步设计和技术设计服务；在施工建设阶段，主要是施工放样测量，保证施工的进度、质量和安全；在运营管理阶段，则是以工程健康监测为重点，保障工程的安全高效运营。

1.2　工程测量学的内容和应用领域

1.2.1　工程测量学的内容

1）按工程建设阶段划分

工程测量按工程建设的规划设计、施工建设和运营管理三个阶段分为"工程勘测""施工测量"和"安全监测"，这三个阶段对测绘工作有不同的要求，现简述如下：

（1）工程建设规划设计阶段的测量工作。每项工程建设都必须按照自然条件和预期目的进行规划设计。在这个阶段中的测量工作，主要是提供各种比例尺的地形图，另外还要为工程地质勘探、水文地质勘探以及水文测验等进行测量。对于重要的工程（例如某些大型特种工程）或在地质条件不良的地区（例如膨胀土地区）进行的工程建设，则还要对地层的稳定性进行观测。

（2）工程建设施工阶段的测量工作。每项工程建设的设计经过讨论、审查和批准之后，即进入施工阶段。这时，首先要将所设计的工程建筑物按照施工的要求在现场标定出来（即所谓定线放样），作为实地修建的依据。为此，要根据工地的地形、工程的性质以及施工的组织与计划等，建立不同形式的施工控制网，作为定线放样的基础。然后再按照施工的需要，采用各种不同的放样方法，将图纸上所设计的内容转移到实地。此外，还要进行施工质量控制，这里主要是几何尺寸如高层建筑物的竖直度、地下工程的断面等的监控。为监测工程进度，还要进行开挖与建筑方量测绘、工程竣工测量、变形观测以及设备的安装测量等。

（3）工程建设运营管理阶段的测量工作。在运营期间，为了监视工程建筑物安全情况，了解设计是否合理，验证设计理论是否正确，需要对工程建筑物的水平位移、沉陷、倾斜以及摆动等进行定期或持续的监测。这些工作，就是通常所说的变形观测。对于大型的工业设备,还要进行经常性的检测和调校,以保证其按设计安全运行。为了对工程进行有效的管理、维护,为了日后扩展的需要,还应建立工程信息系统。

2)按服务对象划分

工程测量学按所服务的对象分为工程测量、水利工程测量、线路工程测量、桥隧工程测量、地下工程测量、海洋工程测量、军事工程测量、三维工业测量以及矿山测量、城市测量等。各项服务对象的测量工作各有特点与要求(个性),但从其测量的基本理论技术与方法来看,又有很多共同之处(共性)。学习时,我们要注意特殊和一般、个性与共性的关系。学习完工程测量学后,对于上述任一种工程测量,都能易于理解和掌握。

工程测量学的主要内容包括:模拟或数字的地形资料的获取与表达;工程控制测量及数据处理;建筑物的施工放样;大型精密设备的安装和调试测量;工业生产过程的质量检测和控制;工程变形及与工程有关的各种灾害的监测分析与预报;工程测量专用仪器的研制与应用;工程信息系统的建立与应用等。现将上述内容归纳为以下几个方面。

(1)测量中的地形图测绘

在工程规划设计中所用的地形图比例尺一般较小,根据工程的规模可直接使用1:1万~1:10万比例尺的国家基本地形图。对于一些大型工程,往往还需要专门测绘1:2000~1:5000比例尺的区域性或带状性地形图,一般采用航空摄影测量的模拟法、解析法或全数字化法图。而对于一般工程的地形图测绘,则大多采用地面测量方法用模拟的白纸成图或数字化机助成图法。在施工建设和运营管理阶段,往往需要用数字成图法测绘1:1000、1:500乃至更大比例尺的地形图或专题图。工程测量中的地形测绘还包括水下(含江、河、库、湖、海等)地形测绘和各种纵横断面图绘。各种比例尺的地形图是工程信息系统的基础地理信息。

城市1:500或1:1000的基本地形图和城乡地籍图测绘属于国家基本测绘范畴,虽然与工程测量的关系密切,但不属于工程测量学的内容。

(2)工程控制网布设及优化设计

工程控制网分为测图控制网、施工控制网、变形监测网和安装控制网,它们不同于国家基本网和城市等级网,在选点、埋标、观测方案设计、质量控制、平差计算、精度分析以及其他与之相关的数据处理等方面都具有自身的鲜明特色。目前,除特高精度的工程专用网和设备安装控制网外,绝大多数首级工程控制网都可采用 GPS 定位技术来建立。如何将现代卫星测量技术与地面测量技术相互结合、取长补短显得非常重要。无加密控制网的控制测量将走进工程测量领域。对于各种精密工程中的施工控制网、变形监测网以及安装控制网,都应该或者说都必须进行网的优化设计。优化设计涉及坐标系确定,基准选择,仪器与方法选取,网的精度、可靠性、灵敏度和建网费用等质量准则问题。

(3)施工放样技术和方法

将设计的抽象的几何实体放样(或称测设)到实地上去,成为具体几何实体所采用的测量方法和技术称为施工放样,机器和设备的安装也是一种放样。放样可归纳为点、线、面、体的放样。点放样是基础,施样点必须满足特定的条件:如在一条给定的直线或曲线上,在已知曲面上且空间形状符合设计要求。放样与测量的原理相同,使用的仪器和方法也相同,只是目的不一样。放样一般采用方向交会法、距离交会法、方向距离交会法、极坐标法、坐标法、偏角法、偏距法、投点法等。除常规的光学及电子经纬仪、水准仪、全站仪外,GPS 技术亦可用于工程的施工放样、施工机械导航定位和建筑物构件的安装定位。机器设备的安装往往需要达到计量级精度,为此,往往需要研究专门的测量方法和研制专用的测量仪器和工具。施工放样的工作量很大,因此,施工放样一体化、自动化显得特别重要。

(4)工程的变形监测分析和预报

工程建筑物的变形及与工程有关的灾害监测、分析和预报是工程测量学的重要研究内容。变形分析和预报都需要对变形观测数据进行处理,还涉及工程、地质、水文、应用数学、系统论和控制论等学科,属于多学科的交叉领域。

变形监测网的布设和优化设计较之其他工程控制网更加丰富,网的精度越高越好,需要具有更高的可靠性和灵敏度;应针对精度、可靠性以及灵敏度做网的优化设计计算;还要确定所使用的仪器、网的等级、观测周期和观测时间等。变形监测几乎包括了全部的工程测量技术,除常规的仪器和方法外,大量地使用各种传感器和专用仪器。变形观测数据处理,首先是对监测网周期观测值的处理。其中,参考点稳定性分析,目标点位移量计算,变形模型的建立、检验以及参数估计是变形几何分析的重要内容。其次是对目标点上的时间序列进行数据处理,包括多元线性回归分析、时间序列分析等方法。对周期性变形还可采用时间序列频谱分析法,对变形体的动态变化可用状态方程与观测方程描述和递推的卡尔曼滤波法。上述数据处理方法建立在大量变形观测值基础之上,属于统计分析法。

另一种基于受力和变形之间函数关系的分析方法称为确定函数法,它是变形的一种物理解释方法。根据变形体的物理力学参数和边界条件,常采用有限元法解算位移场的动力微分方程,计算在外力作用下变形体离散结点上的位移值,与实测值比较,可以反演物理学参数和改进动力微分方程模型。如果用低阶的、简化的、在数学上可解的动力学方程来描述变形体系统的运动,不是采用有限元法求解,而是直接求解,则要采用系统论方法求解并研究解空间的特征及解的拓扑结构,这种方法可以更深刻地描述系统的变化过程和机理。用系统论方法作为指导,基于精确完整的监测数据,以几何分析为基础,与物理解释相结合,可以对变形体的静态、准静态、运动态和动态模型作确切的描述,能满足工程安全对变形分析预报的要求。变形分析预报也包括对变形观测成果的整理和图表输出等内容。变形监测分析与预报是工程或设备安全运营的基本保障,变形分析结果是对设计正确性的检验,是修改设计或类似工程新设计的依据。

(5)工程测量的通用和专用仪器

经纬仪、水准仪、全站仪是工程测量的通用仪器,光学经纬仪、水准仪逐渐被电子经纬仪、电子全站仪、电子水准仪代替。GPS 接收机也已成为通用仪器而被广泛使用。陀螺经纬仪可直接测定方位角,主要用于联系测量和地下工程测量。通用仪器可测方向、角度、距离、高差、坐标差等几何量。从数据获取到数据处理,一体化、自动化程度越来越高。测量机器人是电子全站仪中最先进的仪器,它实现了整个测量过程的自动化。将 GPS 接收机与电子全站仪或测量机器人连接在一起,称为超站仪,它将 GPS 的实时动态定位技术与全站仪灵活的三维极坐标测量技术完美结合,可实现无加密控制的各种工程测量。CCD 传感器与电子全站仪结合,构成摄像全站仪,可实现面状数据的快速获取,具有很好的应用前景。

专用仪器是工程测量学仪器发展最活跃的领域,主要应用在精密工程测量领域,包括机械式、光电式及光机电(子)多传感器集成式仪器或测量系统。

用于建立水平或竖直的基准线或基准面,确定待测点相对于基准线(或基准面)的偏距(或垂距)的测量,称为基准线测量或准直测量。这方面的仪器有正锤、倒锤及垂线观测仪、引张线仪、各种激光准直仪、铅直仪(向下、向上)、自准直仪以及尼龙丝或金属丝准直测量系统等。

在距离测量方面,含中长距离(数百米至数十公里)、短距离(数米至数十米)和微距离(毫米至数厘米)及其变化量的精密测量。以 ME5000 为代表的精密激光测距仪和 TERRA-METER-LDM2 双频激光测距仪,使得中长距离测量精度可达亚毫米级;许多短距离、微距离测量都实现了测量数据采集的自动化,其中最典型的是铟瓦线尺测距仪 DISTINVAR、应变仪 DISTERMETER 与激光快速遥测仪等。采用多普勒效应的双频激光干涉仪,能在数十米范围内达到 0.1μm 的计量精度,成为重要的长度检校和精密测量设备;采用 CCD 线列传感器测量微距离可达到百分之几微米的精度,使距离测量精度从毫米、微米级进入到纳米级世界。

高程测量方面,显著发展是液体静力水准测量系统。这种系统通过各种类型的传感器测量容器的液面高度,可同时获取数十乃至数百个测点的高程,具有高精度、遥测、自动化、可移动和持续测量等特点。两容器间的距离可达数十公里,如用于跨河与跨海峡的水准测量。通过一种压力传感器,允许两容器之间的高差从过去的数厘米达到数米。

与高程测量相关的倾斜测量(又称挠度曲线测量)可用于确定被测对象(如桥、塔)在竖直平面内相对于水平或铅直基准线的挠度曲线。各种机械式测斜(倾)仪、电子测倾仪都向着数字显示、自动记录和灵活移动等方向发展,其精度达到微米级。

三维激光扫描仪可对被测对象在不同位置进行扫描,快速地获取物体在给定坐标系下的三维坐标,通过坐标转换和建模,可输出被测对象的各种图形和数字模型,还能直接转换到 CAD 成图。车载、机载激光扫描仪将成为 21 世纪地面数据采集的主要手段,一种称为图像工程测量的研究方向正悄然兴起。

具有多种功能的混合测量系统是工程测量专用仪器发展的显著特点,采用多传感器的高速铁路轨道测量系统,用测量机器人自动跟踪沿铁路轨道前进的测量车,测量车上装有棱镜、斜倾传感器、长度传感器和微机,可同时测量轨道的三维坐标、轨道的宽度和倾角。液体静力水准测量与金属丝准直集成的混合测量系统在百米长的基准线上可精确测量测点的高程和偏距。由 GPS 接收机、惯导仪、激光扫描仪、跟踪全站仪、CCD 相机以及其他传感器等集成的地面移动式测量系统和由 GPS OEM 板、通信模块、太阳能电源、自动寻标激光测距仪等集成的变形遥控监测预警系统都是典型的混合测量系统。

综上所述,工程测量专用仪器具有高精度(亚毫米、微米乃至纳米)、快速、遥测、无接、可移动、连续、自动记录、微机控制等特点,可进行精密定位测量、准直测量,可测量坐标、偏距、倾斜度、厚度、表面粗糙度和平直度,还可测量振动频度以及物体的动态变化等。

(6)工程测量学中的误差及测量平差理论

最小二乘法广泛应用于测量平差。经典最小二乘法建立在观测值服从正态分布的随机变量的基础上。测量误差导致了测不准理论。在对误差的研究上,有平差中函数模型误差和随机模型误差诊断。方差和协方差分量估计实质上是通过对观测值的权迭代计算精化平差的随机模型。还要研究模型误差对参数估计的影响、对参数和残差统计性质的影响。研究病态方程与控制网及其观测方案设计的关系等。由于变形监测网参考点稳定性检验的需要,导致了自由网平差和拟稳平差的出现和发展。观测值粗差的研究促进了控制网可靠性理论以及变形监测网网点变形之间、变形与观测值粗差之间的可区别性理论的研究和发展。针对观测值存在粗差的客观实际,出现了稳健估计(或称抗差估计)。巴尔达的数据探测法对观测值中只存在一个粗差时有效,稳健估计法具有抵抗多个粗差影响的优点。建立改正数向量与观测值真误差向量之间的函数关系,可对多个粗差同时定位定值。针对法方程系数阵存在病态的可能,发展了有偏估计。为了与最小二乘估计相区别,稳健估计和有偏估计称为非最小二乘估计。与此同时,还有从参数估计到非参数估计和到半参数估计的发展,从线性估计到非线性估计的发展。

1.2.2　工程测量学的应用领域

工程测量学是一门应用性很强的工程学科,在国家经济建设、国防建设、环境保护及资源开发中都必不可少,其应用领域,可按工程建设阶段和服务对象划分。

按工程建设的勘测设计、施工建设和运营管理三个阶段,工程测量可分为工程勘测、施工测量和安全监测。工程勘测主要是提供各种大、中比例尺,如 1:2000 和 1:5000 的地形图,为工程地质、水文地质勘察等提供测量服务,重要工程的地层稳定性观测等。施工测量包括建立施工控制网、施工放样、施工进度和质量监控、开挖与建筑方量的测绘、施工期的变形监测、设备安装以及竣工测量等。运营管理阶段的测量工作主要是安全监测。

按所服务的对象,工程测量可分为建筑工程测量、水利工程测量、线路工程量测、桥隧工程测量、地下工程测量、矿山测量、海洋工程测量、军事工程测量、三维工业测量等。各项服务对象的测量工作,各有其特点与要求。

测量学是国家经济建设的先行。随着科学技术的飞速发展,测量学在国家经济建设和发展的各个领域中发挥着越来越重要的作用。工程测量是直接为工程建设服务的,它的服务和应用范围包括城建、地质、铁路、交通、房地产管理、水利电力、能源、航天和国防等各种工程建设部门。

(1)城乡规划和发展离不开测量学。我国城乡面貌正在发生日新月异的变化,城市和村镇的建设与发展,迫切需要加强规划与指导,而做好城乡建设规划,首先要有现势性好的地图,提供城市和村镇面貌的动态信息,以促进城乡建设的协调发展。

(2)资源勘察与开发离不开测量学。地球蕴藏着丰富的自然资源,需要人们去开发。勘探人员在野外工作,离不开地图,从确定勘探地域到最后绘制地质图、地貌图、矿藏分布图等,都需要用测量技术手段。随着测量技术的发展,如重力测量可以直接用于资源勘探。工程师和科学家根据测量取得的重力场数据可以分析地下是否存在重要矿藏,如石油、天然气、各种金属等。

(3)交通运输、水利建设离不开测量学。铁路公路的建设从选线、勘测设计,到施工建设都离不开测量。大、中水利工程也是先在地形图上选定河流渠道和水库的位置,划定流域面积,再测得更详细的地图(或平面图)作为河渠布设、水库及坝址选择、库容计算和工程设计的依据。如三峡工程从选址、移民,到设计大坝等,测量工作都发挥了重要作用。

（4）国土资源调查、土地利用和土壤改良离不开测量学。建设现代化的农业，首先要进行土地资源调查，摸清土地"家底"，而且还要充分认识各地区的具体条件，进而制订出切实可行的发展规划。测量为这些工作提供了一个有效的工具。地貌图，反映出了地表的各种形态特征、发育过程。

1.3 工程测量学的发展历史

工程测量学是一门历史悠久的学科，是从人类生产实践中逐渐发展起来的。在古代，它与测量学并没有严格的界限。到近代，随着工程建设的大规模发展，才逐渐形成了工程测量学。

早在公元前 27 世纪的埃及大金字塔，其形状与方位都很准确，这说明当时就已有了放样的工具和方法。我国早在两千多年前的夏商时代，为了治水就开始了水利工程测量工作。司马迁在《史记》中对夏禹治水有这样的描述："陆行乘车，水行乘船，泥行乘橇，山行乘撵，左准绳，右规矩、载四时，以开九州，通九道，陂九泽，度九山。"这里所记录的就是当时的工程勘测情景，准绳和规矩就是当时所用的测量工具，"准"是可揆平的水准器，"绳"是丈量距离的工具，"规"是画圆的器具，"矩"则是一种可定平，可测长度、高度、深度和画圆、画矩形的通用测量仪器。早期的水利工程多为河道的疏导，以利防洪和灌溉，其主要的测量工作是确定水位和堤坝的高度。秦代李冰父子领导修建的都江堰水利枢纽工程，曾用一个石头人来标定水位，当水位超过石头人的肩时，下游将受到洪水的威胁，当水位低于石头人的脚背时，下游将出现干旱。这种标定水位的办法与现代水位测量的原理完全一样。北宋时沈括为了治理汴渠，测得"京师之地比泗州凡高十九丈四尺八寸六分"，是水准测量的结果。1973 年从长沙马王堆汉墓出土的地图包括地形图、驻军图和城邑图三种，不仅所表示的内容相当丰富，绘制技术也非常熟练，在颜色使用、符号设计、内容分类和简化等方面都达到了很高水平，是目前世界上发现的最早的地图，这与当时测绘技术的发展分不开。

公元前 14 世纪，在幼发拉底河与尼罗河流域曾进行过土地边界的划分测量。我国的地籍管理和土地测量最早出现在殷周时期，秦、汉过渡到私田制。隋唐实行均田制，建立户籍册。宋代按乡登记和清丈土地，出现地块图。到了明代洪武四年，全国进行土地大清查和勘丈，编制的鱼鳞图册是世界最早的地籍图册。

我国是世界上采矿业发展最早的国家，在公元前两千多年的黄帝时代，就已开始应用金属如铜器、铁器等，到了周代，金属工具已普遍应用。据《周礼》记载，在周代已建立专门的采矿部门，开采时很重视矿体形状，并使用矿产地质来辨别矿产的分布。我国四大发明之一的指南针，从司南、指南鱼算起，有两千多年的历史，对矿山测量和其他工程勘测有很大的贡献。在国外，意大利都灵保存有公元前 15 世纪的金矿巷道图。公元前 13 世纪埃及也有按比例缩小的巷道图。公元前 1 世纪，希腊学者格罗·亚里山德里斯基对地下测量和定向进行了叙述。德国在矿山测量方面有很大贡献，1556 年格·阿格里柯拉出版的《采矿与冶金》一书，专门论述了开采中用罗盘测量井下巷道的一些问题。

工程测量学的发展也受到了战争的促进。中国战国时期修筑的午道，公元前 210 年秦始皇修建的"堑山堙谷，千八百里"直道，古罗马构筑的兵道，以及公元前 218 年欧洲修建的通向意大利的"汉尼拔通道"等,都是著名的军用道路。修建中应用了测量工具进行地形勘测、定线测量和隧道定向开挖测量。唐代李荃指出"以水佐攻者强,…先设水平测其高下,可以漂城,灌军,浸营,败将也",说明了测量地势高低对军事成败的作用。中华民族伟大象征的万里长城修建于秦汉时期,这一规模巨大的防御工程,从整体布局到修筑,都要进行详细的勘察测量和施工放样工作。

工程测量学的发展在很长的一段时间内是非常缓慢的。直到20世纪初,由于西方的第一、二次技术革命和工程建设规模的不断扩大,工程测量学才受到人们的重视,并发展成为测绘学的一个重要分支。以核子、电子和空间技术为标志的第三次技术革命,使工程测量学获得了飞速发展。20世纪50年代,世界各国在建设大型水工建筑物、长隧道、城市地铁中,对工程测量提出了一系列要求;20世纪60年代,空间技术的发展和导弹发射场建设促使工程测量进一步发展;20世纪70年代以来,高能物理、天体物理、人造卫星、宇宙飞行、远程武器发射等,需要建设各种巨型实验室,从测量精度和仪器自动化方面都对工程测量提出了更高的要求。20世纪末,人类科学技术不断向着宏观宇宙和微观粒子世界延伸,测量对象不仅限于地面,而且深入地下、水域、空间和宇宙,如核电站、摩天大楼、南北极站、太空站、海底隧道、跨海大桥、大型正负电子对撞机等。由于仪器的进步和测量精度的提高,工程测量的领域日益扩大,除了传统的工程建设三阶段的测量工作外,在地震观测、海底探测、巨型机器、车床、设备的荷载试验、高大建筑物(电视发射塔、冷却塔)变形观测、文物保护,乃至在体育、医学、法学领域,都应用了最新的精密工程测量仪器和方法。1964年,国际测量师联合会(FIG)为了促进和繁荣工程测量,成立了工程测量委员会(第六委员会),从此,工程测量学在国际上作为一门独立的学科开展活动。

现代工程测量已经远远突破了为工程建设服务的狭窄概念,而向所谓的"广义工程测量学"发展,认为"一切不属于地球测量,不属于国家地图集范畴的地形测量和不属于官方的测量,都属于工程测量"。

从工程量学的发展历史可以看出,它的发展经历了一条从简单到复杂、从手工操作到测量自动化、从常规测量到精密测量的发展道路,它的发展始终与当时的生产力水平相适应,并且能够满足大型特种精密工程中对测量所提出的越来越高的需求。如举世瞩目的长江三峡水利枢纽工程,溪洛渡、向家坝、小浪底和二滩等大型水利枢纽工程;长达30多公里的杭州湾大桥和东海大桥工程;已竣工的秦岭隧道(18.4km),山西省引黄工程南干线的7号隧洞(长42.6km)以及辽宁省大伙房引水工程隧道(长达85.3km);上海磁悬浮铁路;北京国家

图1-1 长江三峡水利枢纽工程

大剧院等大型精密特种工程,都堪称世界之最。大型特种精密工程建设和对测绘提出的越来越高的要求是工程测量学发展的动力。

长江三峡水利枢纽工程(图1-1)变形监测和库区地壳形变、滑坡、岩崩以及水库诱发地震监测,其规模之大,监测项目之多,都堪称世界之最。如对滑坡体变形与失稳研究的计算机智能仿真系统,拟进行研究的三峡库区滑坡泥石流预报的3S工程等,都涉及精密工程测量。

隔河岩大坝外部变形观测的 GPS 实时持续自动监测系统,监测点的位置精度达到亚毫米级。该工程用地面方法建立的变形监测网,其最弱点精度优于 ±1.5mm。

北京正负电子对撞机(图 1-2)的精密控制网,点位精度达 ±0.3mm,设备定位精度优于 ±0.2mm,200m 长的直线段漂移管准直精度达 ±0.1mm。大亚湾核电站控制网最弱点点位精度达 ±2mm,秦山核电站的环形安装测量控制网的精度高达 ±0.1mm。

武汉长江二桥全桥的贯通精度(跨距和墩中心偏差)达毫米级。长达 30 多公里的杭州湾大桥的 GPS 首级控制网的最弱点点位精度高达 ±1.4mm。高 454m 的上海东方明珠电视塔对于长 114m、重 300t 的钢桅杆天线,安装的铅垂准直误差仅 ±9mm。

长 18.4km 的秦岭隧道(图 1-3),洞外 GPS 网的平均点位精度优于 ±3mm,一等精密水准线路长 120 多公里。已贯通的辅助隧道,在仅有一个贯通面的情况下,贯通后实测的横向贯通误差为 12mm,高程方向的贯通误差只有 3mm。

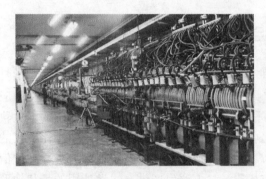

图 1-2　北京正负电子对撞机　　　　　　图 1-3　秦岭隧道

国外的大型特种精密工程更不胜枚举。以大型粒子加速器为例,德国汉堡的粒子加速器研究中心,堪称特种精密工程测量的历史博物馆。1959 年建的同步加速器,直径仅 100m,1978 年的正负电子储存环,直径 743m,1990 年的电子质子储存环,直径 2000m。为了减少能量损失,改用直线加速器代替环形加速器,正在建的直线加速器长达 30km,100~300m 的磁件相邻精度要求优于 ±0.1mm,磁件的精密定位精度仅几个微米,并能以纳米级的精度确定直线度。用精密激光测距仪 TC2002K 进行距离测量,其测距精度与 ME5000 相当,平均边长为 50m 的 3800 条边,改正数小于 ±0.1mm 的占 95%。欧洲原子核研究中心 1990 年建成的环形正负电子对撞机,直径 8.6km,周长 27km,整个工程位于百米深的地下。美国的超导超级对撞机,其直径就长达 27km,为保证椭圆轨道上的投影变形最小且位于一平面上,采用了一种双重正形投影,所作的各种精密测量,均考虑了重力和潮汐的影响。

德国的露天煤矿大型挖煤机开挖量动态测量计算系统是 GPS、GIS 技术相结合在大型特种工程中应用的一个典型例子。大型挖煤机长 140m,高 65m,自重 8000t,其挖斗轮的直径达 17.8m,每天挖煤量可达 10 多万吨。为了实时动态地得到挖煤机的采煤量,在其上安置了 3 台 GPS 接收机,与参考站进行无线电实时数据传输和差分动态定位,挖煤机上两点间距离的精度可达 ±1.5cm,根据三台接收机的坐标,按一定几何模型可计算出挖煤机挖斗轮的位置及采煤层的截面,其平面精度为 ±3cm,高程精度为 ±2cm。结合露天煤矿的数字地面模型,可计算出采煤量,经对比试验,其精度高达 4%。

南非某一核电站的冷却塔高 165m,直径 163m,在整个施工过程中,要求每一高程面上塔壁中心线与设计尺寸的限差小于±50mm,在塔高方向上每10m的相邻精度优于±10mm。由于在建造过程中发现地基地质构造不良,出现不均匀沉陷,使塔身产生变形,为此,要根据精密测量资料拟合出实际的塔壁中心线作为修改设计的依据。采用测量机器人用极坐标法做三维测量,对每一施工层,沿塔外壁设置了1600多个目标点,在夜间可完成全部精密测量工作。对大量的测量资料,通过恰当的数据处理模型使精度提高了一至数倍,所达到的相邻精度高于设计要求。精密测量不仅可保证施工质量,还为整治工程病害提供可靠的资料,同时也能对整治效果作出精确评价。

瑞士阿尔卑斯山的哥特哈德特长双线铁路隧道长达57km,为该工程的修改特别地重新进行了国家大地测量(LV95),以厘米级的精度确定出了整个地区的大地水准面。为加快进度和避开不良地质段,中间设了3个竖井,共4个贯通面,较只设一个贯通面可缩短工期11年。整个隧道的工程投资相当于我国的长江三峡水利枢纽工程。

1.4 工程测量学与相邻课程的关系

工程测量学与测绘学及其他学科课程之间有密切的关系(参见图1-4)。大地测量学是工程测量学的理论基础,主要包括:几何大地测量中的椭球体部分,国家控制网的建立和应用;物理大地测量学中大地水准面、重力异常、垂线偏差等内容;卫星大地测量学中的卫星轨道运动、GPS定位原理及其应用等。在工程规划设计阶段,常常需要用到国家中小比例尺的地形图系列;建立工程或专题信息系统,必须以各种比例尺的数字或电子地图为基础地理信息;在新建铁路公路初步设计阶段,常采用航空摄影测量方法生产供选线设计用的带状地形图;近景摄影测量方法在特殊情况下的地形图测绘、变形监测、三维工业测量、文物保护、公安侦破、医疗体育等方面广为采用;工程竣工测量与地籍测量和城市基本图测绘有密切关系。所以,工程测量工作者必须具备大地测量学、地图制图学、摄影测量与遥感、地理信息系统以及地籍测量与土地管理方面的有关知识。

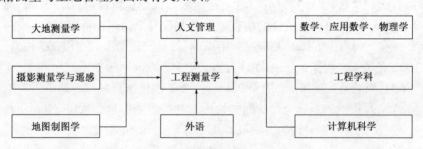

图1-4 工程测量学与其他学科和课程的关系

误差理论、测量平差、数理统计是工程控制网及变形观测数据处理的基础,与之相关的还包括最优化设计理论、数值计算方法、线性代数等方面的知识。

高等数学中的级数、微积分、微分方程,物理学中的电磁波传播、力学、光学等内容在工程测量学中也应用得很普遍;工程测量专用仪器及测量自动化则要求具备光、机、电(子)以及传感器方面的基础知识。

工程测量的服务对象是各种工程,因此,必须具备有关土建工程、机械工程、工程地质、水文地质和环境地质方面的知识,对变形作物理解释需要材料力学、结构力学的有关知识,变形分析与预报还涉及现代系统论乃至非线性科学方面的有关理论。

毫无疑问,工程测量学中大量的数据处理、图形图像处理、建立信息系统以及基于知识的专家系统都离不开计算机科学与技术方面的知识,要有一定的软件设计和编程能力,具有计算机软硬件和网络方面的知识。工程测量工作者不仅要学习和掌握相邻学科和交叉学科的知识,还要善于与相邻学科和交叉学科的专业人员一同工作。

最后,值得指出的是,随着空间技术、通信技术、信息技术、计算机技术的飞速发展,人类进入了信息时代,数字地球的建立和应用,地球村概念的出现,地球上人们相互往来日益增多,信息、技术和经验交流日益迫切,测绘成为信息产业中的地理信息产业。

思 考 题

1. 试述对工程测量学定义的理解。
2. 工程测量学的研究、服务对象是什么?
3. 测绘科学和技术的二级学科有哪些?
4. 按研究应用的领域和服务行业,工程测量可怎样划分?
5. 工程建设规划设计阶段的测量工作有哪些?
6. 工程建设施工建设阶段的测量工作有哪些?
7. 工程建设运营管理阶段的测量工作有哪些?
8. 工程测量的内容主要包括哪些方面?
9. 简述工程测量学的发展概况。
10. 工程测量学与测绘学和其他哪些学科课程之间有密切的关系?

第2章 工程测量控制网

控制测量是科学研究、工程建设的基础性工作,其精度的高低直接决定着国家基准、工程项目的准确与否。控制测量工作在不同的阶段有着不同的工作内容与要求,应该根据国家控制网的等级、工程建设的进度,选择合适的方法。

2.1 控制测量的基本概念

2.1.1 控制测量的定义与分类

测量工作的基本原则是"从整体到局部,先控制后碎部",其中,"控制"指的就是控制测量。控制测量是测绘工作中最为重要的环节之一,在测绘工作乃至整个工程中都发挥着重要的作用。所谓控制测量,是指在一定区域内,按测量任务所要求的精度,测定一系列地面标志点(控制点)的水平位置或高程,建立平面控制网或高程控制网的测量工作。

在进行控制测量工作时,需要以数学、测量学、测量平差、大地测量学等学科为基础,共同为建立控制网、测定地面点位而服务,由此形成控制测量学。

控制测量按照工作用途分类可以分为大地控制测量和工程控制测量两类:在一个或几个国家乃至全球范围内布设足够的大地控制点,将这些大地控制点以一定的关系连接构成大地控制网,按照统一的规程、规范所进行的控制测量,称为大地控制测量;为了某项工程的设计、施工、运营管理等需要,在较小区域内布设足够的控制点,将控制点以一定的关系连接构成工程控制网,按照国家或部门颁布的规程、规范所进行的控制测量,称为工程控制测量。

控制测量按照工作内容分类可以分为平面控制测量和高程控制测量两类:测定控制点平面位置(x,y)的工作称为平面控制测量;测定控制点高程(H)的工作称为高程控制测量。

2.1.2 控制测量的任务与作用

从广义上来讲,控制测量要为研究地球的形状与大小提供基准与起算数据,而从狭义上来说,控制测量主要为工程建设而服务,根据工程施工的不同阶段,发挥着不同的作用。

一般的,一项工程从设计到竣工,可以分为勘察设计、工程施工和运营管理三个阶段,在不同阶段具有不同的特点,因此,在不同的阶段,工程控制测量有着不同的工作任务。

1)勘察设计阶段

在工程的勘察设计阶段,设计人员需要获得施工区域及周边的大比例尺地形图,并以地形图为基础,进行工程所需要的地质勘察、区域规划和建筑物设计,并从地形图上获取设计所需要的各项数据。作为此阶段重要数据来源的大比例尺地形图,在测绘之前为了满足测图精度的要求,需要根据测区大小、地理位置、地物地貌的特点及地形图的比例尺建立相对应的图根控制网,以确保图中任意碎部点的点位精度都符合要求以及各图幅之间能够准确拼接。

2)工程施工阶段

这一阶段的主要任务是将图纸上设计的建筑物、道路、设施、管线等放样到实地中去。放样,即测设,是根据控制点数据和设计数据反算得到的方向、距离、高差等放样元素,在实地标记出建筑物的平面位置和高程。放样包括平面位置放样和高程放样。由于工程建筑物形式多样,区域建筑物的设计位置和放样要求也不尽相同,例如,桥梁施工要确保桥轴线方向的精度高于其他方向、地下工程的纵向精度要高于横向精度、超高层建筑要使建筑物的主要轴线位置十分精确等,因此,为了保证施工放样的精度和整体性,需要建立满足施工要求,特别是关键部位施工要求的具有必要精度的施工控制网。

3)运营管理阶段

在工程施工过程中,工程建设破坏了地面和地下土体的原有状态,地面荷载急剧增大,改变了地基的土力学性质,地基及其周围地层可能发生不均匀变化,进而引发建筑物的沉降、水平位移、倾斜等变形,如果变形值超过一定的限度或变形速率过快,就可能导致地基和建筑物失稳,影响工程的施工安全。当工程竣工后,在运营管理阶段,由于建筑物内部荷载变化以及环境变化等诸多因素的影响,地基及其周围地层也会发生一定的变化,加之建筑结构和材料的老化,工程建筑物也会发生一定的变形,如果变形超过一定的量值,将影响工程的运营安全。因此,对于大型工程,应该定期地进行变形监测。由于工程变形监测的项目较多,监测点分布在建筑物各个位置上,依靠一个或少数几个控制点难以完成全部监测工作,监测数据的准确性也难以保证,而且建筑物的变形量都十分微小,因此,需要建立能够满足各项变形监测工作要求的高精度变形监测控制网,并需要对控制网进行定期的复测,以确保变形监测结果的准确性。

控制测量不仅是各类工程建设中不可替代的一个环节,在其他方面,控制测量也发挥着重要的作用。首先,地形图是一切经济建设和城市规划发展所必需的基础性资料,为了测制地形图,需要布设全国范围内或局域性的大地测量控制网。因此,必须建立合理的大地测量坐标系以及确定地球的形状、大小及重力场等参数。其次,控制测量在防灾、减灾、救灾及环境监测、评价与保护中发挥着特殊的作用。近年来,地震、洪水、泥石流、海啸等自然灾害频繁发生,给人们的生命财产造成了巨大损失。各类自然灾害表面看来具有突发性和不确定性,但是,如果能够对自然灾害高发区或有隐患的区域进行长期不间断的监测,便可以对大多数的自然灾害进行预报或预警,大大减少灾害发生时人员伤亡和财产损失。无论何种监测手段与技术,都需要以高精度的控制网为基础,才能展开相应的监测工作。另一方面,在灾害发生后,灾情的评估、灾区的救援以及灾后的重建都需要以控制网为基础获取相应的数据。控制测量在发展空间技术和国防建设中,在丰富和发展当代地球科学的有关研究中,以及在发展测绘工程事业中,都将发挥着越来越重要的作用。

2.2　工程控制网的布设

工程建设主要分为勘察设计阶段、施工建设阶段和运营管理阶段,各阶段相对应地分别要建立图根控制网、施工控制网和变形监测专用控制网。建立这些控制网时,与建立国家平面控制网相类似,也要遵循同样的原则,并根据不同工程的具体特点制订相应的布网方案。

2.2.1 工程平面控制网

1)平面控制网的布设原则

(1)分级布网、逐级控制

对于平面测图控制网,通常先布设精度要求最高的首级控制网,随后根据测图需要、测区面积的大小再加密若干级较低精度的控制网。用于工程放样的专用控制网,往往分二级布设。第一级作总体控制,第二级直接为建筑物放样而布设。对于变形监测控制网,根据变形监测的范围和变形监测的需要,通常采用一次性布网,特殊情况下可加密少量的二级点。

控制网的加密可以采用插网或者插点的方式进行,根据工程的特点与需求,选用前方交会法、后方交会法、极坐标法、导线测量、GNSS 测量等方法对控制网进行逐级加密,但是在特殊情况下,控制点也可以根据工程实际特点和需要进行越级加密。

(2)具有足够的精度

工程控制网是为测图、施工或变形监测而服务的,因此,控制网的精度主要取决于工程的等级和精度要求,控制网中的最弱点必须能够满足工程的相应要求。

对于测图控制网来说,一般要求最低一级控制网的点位中误差能满足 1∶500 比例尺地形图的测图要求。按图上 0.1mm 的绘制精度计算,相当于地面上的点位精度为 5cm。由于图根点点位误差是其加密误差和控制点起始误差共同影响的结果,因此从上述精度要求中除去图根点的加密测量误差,就是起始控制点应该达到的最低精度。

对于施工控制网来说,控制网中最弱点必须要能够满足施工放样的最高精度要求。由于放样点的点位误差是其放样误差和控制点起始误差共同影响的结果,因此需要在所要求的施工放样点位误差的基础上,去除放样误差后得到首级控制点应该达到的最低精度。如果施工放样只能在加密控制点上进行,还需要考虑加密误差的影响。

变形监测控制网必须要能够发现建筑物的微小变形量,其精度要求更高。变形监测点的点位误差是其监测误差和控制点起始误差共同影响的结果,因此,需要在所要求的变形监测点点位误差的基础上,去除监测误差后得到首级控制点应该达到的最低精度。

(3)具有足够的密度

无论是大比例尺地形图的测绘还是施工放样或变形监测,都要求测区内具有一定数量的控制点,即具有足够的密度,以满足后续工作对控制点的要求。《工程测量规范》(GB 50026—2007)中对测图控制网、施工控制网和变形监测控制网的控制点密度提出了明确的要求。

测图控制网中点的密度是以每幅图中控制点的数量来体现的,不同比例尺的地形图、不同的测图方法对控制点的数量要求也不相同,具体要求如表 2-1 所示。

对于施工控制网来说,应根据工程规模和工程需要分级布设。对于建筑场地大于 $1km^2$ 的工程项目或重要工业区,应建立一级或一级以上精度等级的平面控制网;对于场地面积小于 $1km^2$ 的工程项目或一般性建筑区,可建立二级精度的平面控制网。平面控制网可采用三角测量、导线测量、GNSS 测量等方法进行施测,控制点的密度一般以平均边长来表示,如表 2-2所示。

一般地区图根点的数量要求 表2-1

测图比例尺	图幅尺寸	图根点数量(个)		
	(cm×cm)	全站仪测图	GPS-RTK 测图	平板测图
1:500	50×50	2	1	8
1:1000	50×50	3	1~2	12
1:2000	50×50	4	2	15
1:5000	50×50	6	3	30

注:表中所列数量是指施测该幅图可利用的全部图根点数量。

施工控制网平均边长要求(单位:m) 表2-2

等级	三角测量	导线测量	GNSS 测量
一级	300~500	100~300	300~500
二级	100~300	100~200	100~300

对于变形监测控制网来说,应该根据工程的规模和精度要求布设一等、二等、三等或四等控制网,不同的等级要求控制网的平均边长也各不相同,如表2-3所示。

变形监测控制网平均边长要求(单位:m) 表2-3

等级	一等	二等	三等	四等
平均边长	≤300	≤400	≤450	≤600

(4)要有统一的规格

尽管一般的工程控制网仅为某一特定工程项目而服务,但是为了使不同的部门或单位施测的控制网能够互相利用、互相协调,使其具有通用性,同时也是为了使布网过程中所有问题均有据可查,国家测绘局和其他相关部门制定了一系列的规范,规范中规定了布网方案、作业方法、观测仪器、各种精度指标等内容,测量作业时,必须以此为技术依据而遵照执行。

目前常用的工程测量规范主要有《全球定位系统(GPS)测量规范》(GB/T 18314—2009)、《工程测量规范》(GB 50026—2007)、《城市测量规范》(CJJ/T 8—2011)、《建筑变形测量规范》(JGJ 8—2016)、《公路勘测规范》(JTG C10—2007)、《精密工程测量规范》(GB/T 15314—1994)、《城市地下管线探测技术规程》(CJJ 61—2017)等。

2)平面控制网的布设方法

平面控制网由于受到测区范围、精度要求、通视条件、植被状况等多种因素的影响,有多种布网方法可供选择,目前,平面控制网常用的布网方法主要有三角测量、导线测量、GNSS测量等。

(1)三角测量

①网形

如图2-1所示,在地面上选埋一系列点 A、B……尽量保持相邻点之间通视,将它们按基本图形即三角形的形式连接起来,构成三角网。图中实线表示对向观测,虚线表示单

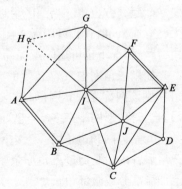

图2-1 三角网

向观测,单线代表未知边,双线代表已知边。如果观测元素仅为水平角(或方向),该网称为测角网;如果观测元素仅为边长,该网称为测边网;如果观测元素既有水平角(或方向)又有边长,该网称为边角网。边角网的观测元素可为全部角度(或方向)和全部边长、全部角度(或方向)和部分边长、全部边长和部分角度(或方向)、部分角度(或方向)和部分边长。

②坐标计算原理

以图 2-1 为例,在 ΔABI 中,已知 A 点的平面坐标(x_A,y_A)、点 A 至点 B 的边长 S_{AB}、坐标方位角 α_{AB},先根据角度观测值推算三角形各边的坐标方位角,然后根据正弦定理计算 AI 的边长:

$$S_{AI} = S_{AB}\frac{\sin B}{\sin I} \tag{2-1}$$

最后,根据 A 点坐标、AI 边的边长和坐标方位角,求解 I 点坐标:

$$\begin{cases} x_I = x_A + S_{AI}\cos\alpha_{AI} \\ y_I = y_A + S_{AI}\sin\alpha_{AI} \end{cases} \tag{2-2}$$

③起算数据和推算元素

为了得到所有三角点的坐标,必须已知三角网中某一点的起算坐标(x_A,y_A)、某一起算边长 S_{AB} 和某一边的坐标方位角 α_{AB},它们统称为三角测量的起算数据或起算元素。在三角点上观测的水平角(或方向)是三角测量的观测元素。由起算元素和观测元素的平差值推算出的三角形边长、坐标方位角和三角点的坐标统称为三角测量的推算元素。

对于控制网的起算数据一般可通过以下方法获得:

a. 起算坐标。若测区附近有高等级控制点,则可联测已有的控制点传递坐标;若测区附近没有可利用的控制网点,则可在一个三角点上用天文测量方法测定其经纬度,再换算成高斯平面直角坐标作为起算坐标。对于小测区或保密工程,可假定其中一个控制点的坐标,即采用任意坐标系统。

b. 起算边长。当测区内有高等级控制网点时,若其精度满足项目的要求,则可利用已有网的边长作为起算边长;若已有网的边长精度不能满足测量要求或无已知边长可利用,则可采用高精度电磁波测距仪按照精密测距的方法直接测量控制网中的一条边或几条边边长作为起算边长。

c. 起算方位角。当测区附近有高等级控制网点时,可由已有网点传递坐标方位角。若无已有成果可利用,可用天文测量方法测定网中某一条边的天文方位角,再换算为坐标方位角,特殊情况下也可用陀螺经纬仪测定陀螺方位角,再换算为起算坐标方位角。

如果三角网中只有必要的一套起算元素(如一个点的坐标、一条边长、一个坐标方位角),则该网称为独立网;如果三角形网中有多于必要的一套起算元素,则该网称为非独立网。当三角形网中有多套起算元素时,应对已知点的相容性做适当的检查。

d. 三边网和边角网。三边网的网形结构与三角网相同,只是观测量不是角度而是边长,三角形各内角是通过三角形余弦定理计算而得到的。而边角网是指在三角网只测角的基础上加测部分或全部边长。

三角网、三边网和边角网中,三角网早在 17 世纪即被采用。随后经过前人不断研究与改进,无论从理论上还是实践上,都逐步形成一套较完善的控制测量方法,称为"三角测量"。由于这种方法主要使用经纬仪完成大量的野外观测工作,所以在电磁波测距仪问世之前,三角网以其图形简单、网的精度较高、有较多的检核条件、易于发现观测中的粗差、便于计算等优点成为布设各级控制网的主要形式。然而,三角网也存在着一定的缺点,例如在平原地区或隐蔽地区易受障碍物的影响,布网困难大,有时不得不建造较高的觇标,布网效率低,平差计算工作量较大等,这些缺点在一定程度上制约着三角网的发展和应用。

随着电磁波测距仪的不断完善和普及,边角网逐渐得到广泛的应用。由于完成一个测站上的边长观测通常要比方向观测容易,因而在仪器设备和测区通视条件都允许的情况下,也可布设完全的测边网。在精度要求较高的情况下,例如精密的变形监视测量,可布设部分测边、部分测角的控制网或者边、角全测的控制网。

（2）导线测量

如图 2-2 所示,将测区内相邻控制点连成直线而构成的折线称为导线,导线测量就是依次测定各导线边的边长和转折角值,再根据起算数据,推算各导线点的坐标。导线包括单一导线和具有一个或多个节点的导线网。导线网中的观测值是角度（或方向）和边长。若已知导线网的起算元素,即至少一个点的平面坐标(x,y)、与该点相连的一条边的边长和方位角,便可根据起算元素和观测元素进行平差计算,获得各边的边长、坐标方位角和各点的平面坐标,并进行导线网的测量精度评定。

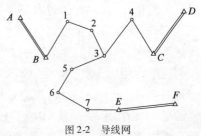

图 2-2　导线网

导线网起算元素的获取方法与三角网相同。同样的,如果导线网中只有一套必要的起算元素,则该网为独立导线网;如果导线网中的起算元素多于必要的一套,则该网为非独立导线网。当导线网中有多套起算元素时,应对已知点的相容性作适当的检查。

导线网与三角网相比,主要有以下优点:

①导线网中各点上的方向数较少,除节点外,均只有两个观测方向,因此受通视要求的限制较小,易于选点和布网。

②导线网较为灵活,选点时可根据具体情况随时改变,特别适合于障碍物较多的平坦地区或隐蔽地区。

③导线网中的边长都是直接测定的,因此边长的精度较为均匀。

但是导线网也存在着一定的缺点,例如,其结构简单、检核条件较少,有时不易发现观测中的粗差,因此其可靠性和精度均比三角网低。由于导线网是采用单线方式推进的,因此其控制面积也不如三角网大。

（3）GNSS 测量

GNSS 的全称是全球导航卫星系统（Global Navigation Satellite System）,它泛指所有的卫星导航系统。

采用 GNSS 技术建立的平面控制网,称为 GNSS 网。网形的设计主要取决于接收机的数量和作业方式。如果只有两台接收机进行同步观测,则一次只能测定一条基线向量。如果能有三台接收机进行同步观测,则一般可以布设成如图 2-3 所示的点连式控制网。如果能有四台或更多接收机进行同步观测,则一般可以布设成如图 2-4 所示的边连式控制网或者网连式控制网。

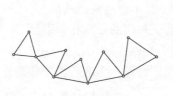

图 2-3　点连式 GNSS 网　　　　　图 2-4　边连式 GNSS 网

在进行 GNSS 测量时,也可以在网的周围设立两个以上的基准点,在观测过程中,基准点上始终安放 GNSS 接收机进行观测,最后取逐日观测结果的平均值,这样可以显著提高基线观测的精度,并以此作为固定边来处理全网的成果,将有利于提高全网的精度。

GNSS 测量具有精度高、速度快、全天候、操作简单等优点,而且 GNSS 网布网较为简单,灵活性较大,控制点间无须通视,对控制网的网形也没有过多的要求,目前已成为建立平面控制网最常用的方法。但是,GNSS 测量也存在一定的弊端,在树木茂密、城市街区、厂房内部等高空遮挡严重的地区,观测效果较差或者无法观测。而且 GNSS 观测精度受到高电压、强磁场、大面积水域等诸多因素的影响,并不能时时处处都发挥着高精度的优势,需要在实际工作中加以注意,尽量避开不利地区,同时可以加强相关理论的研究与改进。

3)平面控制网的技术要求

《工程测量规范》(GB 50026—2007)中规定,工程平面控制网的建立,可采用 GNSS 测量、导线测量、三角形网测量等方法。GNSS 测量控制网按精度依次分为二、三、四等和一、二级,导线及导线网按精度依次分为三、四等和一、二、三级,三角形网按精度依次分为二、三、四等和一、二级。

不同的方法、不同的等级有不同的技术要求。选用 GNSS 测量方法布设控制网时,其主要技术要求如表 2-4 所示。

GPS 控制网的主要技术要求　　　　　　　　　　　　　　　　表 2-4

等级	平均边长 (km)	固定误差 A (mm)	比例误差系数 B (ppm)	约束点间的边长 相对中误差	约束平差后最弱边 相对中误差
二等	9	≤10	≤2	≤1/250000	≤1/120000
三等	4.5	≤10	≤5	≤1/150000	≤1/70000
四等	2	≤10	≤10	≤1/100000	≤1/40000
一级	1	≤10	≤20	≤1/40000	≤1/20000
二级	0.5	≤10	≤40	≤1/20000	≤1/10000

表 2-4 中,A、B 为控制网基线精度解算参数。基线长度中误差用下式表示:

$$\sigma = \sqrt{A^2 + (B \cdot d)^2}$$

　　　　　　　(2-3)

式中：σ——基线长度中误差，mm；

    d——平均边长，km。

选用导线测量方法布设控制网时，其主要技术要求如表2-5所示。选用三角测量方法布设控制网时，其主要技术要求如表2-6所示。

表 2-5

导线网的主要技术要求

等级	导线长度（km）	平均边长（km）	测角中误差（"）	测距中误差（mm）	测距相对中误差	测回数			方位角闭合差（"）	导线全长相对闭合差
						1"级仪器	2"级仪器	6"级仪器		
三等	14	3	1.8	20	1/150000	6	10	—	$3.6\sqrt{n}$	≤1/55000
四等	9	1.5	2.5	18	1/80000	4	6	—	$5\sqrt{n}$	≤1/35000
一级	4	0.5	5	15	1/30000	—	2	4	$10\sqrt{n}$	≤1/15000
二级	2.4	0.25	8	15	1/14000	—	1	3	$16\sqrt{n}$	≤1/10000
三级	1.2	0.1	12	15	1/7000	—	1	2	$24\sqrt{n}$	≤1/5000

注：表中 n 为测站数；当测区测图的最大比例尺为1:1000，一、二、三级导线的导线长度、平均边长可适当放长，但最大长度不应大于表中规定相应长度的2倍。

表 2-6

三角网的主要技术要求

等级	平均边长（km）	测角中误差（"）	测边相对中误差	最弱边边长相对中误差	测回数			三角形最大闭合差（"）
					1"级仪器	2"级仪器	6"级仪器	
三等	9	1	≤1/250000	≤1/120000	12	—	—	3.5
四等	4.5	1.8	≤1/150000	≤1/70000	6	9	—	7
一级	2	2.5	≤1/100000	≤1/40000	4	6	—	9
二级	1	5	≤1/40000	≤1/20000	—	2	4	15
三级	0.5	10	≤1/20000	≤1/10000	—	1	2	30

注：当测区测图的最大比例尺为1:1000，一、二级网的平均边长可适当放长，但不应大于表中规定相应长度的2倍。

2.2.2 工程高程控制网

1）高程控制网的布设方法

高程控制网按照精度由高到低可以分为一、二、三、四等四个等级，每个等级有其对应的应用范围。高程控制网主要有水准网、测距三角高程网、GNSS高程网三种形式。

（1）水准网

水准网是目前高程控制网中最常用的一种布设形式，包括单一水准路线和具有一个或多个节点的水准网，水准网具有精度高、图形设计灵活、易于选点等优点，可以用于各个等级的高程控制网。

水准网中的高程起算点通常采用已知的高等级高程控制点，如果是小测区且与已知高程控制点联测有困难时，视情况可采用假定高程。如果水准网中只有一个已知高程点，则该网为独立水准网；如果水准网中的已知高程点多于一个，则该网为非独立水准网。在实际工作中，为了确保成果的准确性，一般均要求采用非独立水准网，水准网中的已知高程点个数一般不少于 2 ~ 3 个。当水准网中有多个已知高程点时,应对已知高程点的准确性和稳定性做适当的检查。

（2）测距三角高程网

测距三角高程是指通过观测测站点至照准点的竖直角,再用电磁波测距仪测取此两点间的距离,根据平面三角公式计算此两点间的高差,进而推求待定点高程的方法。按照此方法布设的高程控制网称为测距三角高程网。

根据控制网的用途和精度要求,测距三角高程网主要用于高差较大、水域较多等水准测量实施难度大的测区。测距三角高程网可以单独布设,但通常在平面控制网的基础上布设,或在导线网的基础上布设成测距三维导线网。为了提高观测精度,测距三角高程网中的点间高差应采用对向观测,当垂直角和水平距离的直觇测量完成后,应即刻迁站进行反觇测量。当仅布设高程导线时,也可采用全站仪中点法测量高差。

随着精密电磁波测距仪的出现与发展,测距精度越来越高,测距三角高程测量的精度也逐步提高,使得测距三角高程网替代三、四等水准测量成为可能。当其替代四等水准时,测距三角高程导线应起算于不低于三等水准的高程点;当其替代三等水准时,测距三角高程导线应起算于不低于二等水准的高程点。而在上述两种情况下,测距边长都不应大于 1km,高程导线的路线长度不应超过相应等级水准路线的长度限值。目前,随着技术的发展和仪器的进步,人们正在研究如何利用精密测距三角高程测量替代二等水准测量。

（3）GNSS 高程网

GNSS 高程网一般用于四等或等外的高程控制测量。GNSS 高程网宜在平面控制网的基础上布设,与平面控制点共用一个测量标志。GNSS 高程网应与三等及以上的水准点联测,对联测的水准点应进行可靠性检验,联测的 GNSS 高程点应覆盖整个测区。联测点数应大于高程拟合计算模型中未知参数个数的 1.5 倍,高差较大的测区应适当增加联测点数。GNSS 高程测量应遵循 GNSS 测量的技术要求。

GNSS 高程拟合应充分利用当地的重力大地水准面模型及资料,GNSS 高程拟合模型应进行优化,拟合点应不超过拟合模型所覆盖的范围。对 GNSS 高程拟合点应进行检测,检测点数一般不少于全部高程点的 10% 且不少于 3 个点,高差检测可采用相应等级的水准测量或测距三角高程测量,高差较差不应大于 $30\sqrt{D}$ mm,其中,D 为检测路线的长度,单位为 km。

2）高程控制网的布设技术要求

城市和工程建设高程控制网相对于国家高程控制网来说要较为灵活,布网时有较强的针对性,精度要求各不相同,测区范围情况也较为复杂,因此,其布网的方法也不局限于水准测量,还经常采用三角高程测量、GNSS 高程测量等方法进行布网。

（1）城市高程控制网的技术要求

在《城市测量规范》（CJJ/T 8—2011）中指出,城市高程控制网的等级宜划分为一、二、三、四等,并宜采用水准测量方法施测。水准测量确有困难的山岳地带及沼泽、水网地区的四等高程控制测量,也可采用高程导线测量方法;平原和丘陵地区的四等高程控制测量可采用卫星定位测量方法。城市首级高程控制网的等级不应低于三等,并应根据城市的面积大小、远景规划和路线的长度确定。

采用高程导线测量方法进行四等高程控制测量时,高程导线应起闭于不低于三等的水准点,边长不应大于1km。路线长度不应大于四等水准路线的最大长度。布设高程导线时,宜与平面控制网相结合。高程导线可采用每点设站或隔点设站的方法施测,隔点设站时,每站应变换仪器高度并观测两次,前后视线长度之差不应大于100m。

采用卫星定位测量方法建立四等高程控制网时,应包括高程异常模型建立、卫星定位测量、高程计算与检查等过程。卫星定位高程控制测量应采用静态观测方法,按四等平面控制测量的要求施测,并宜与卫星定位平面测量同时进行。

由于城市高程控制网布网范围相对较小,点位较为密集,受城市地面沉降的影响较大,因此,要注重城市高程控制网的复测,以确保高程控制点切实可靠准确。

对于点位的密度,《城市测量规范》(CJJ/T 8—2011)中的规定如表2-7所示。

城市高程控制网的点位密度要求(单位:km)　　　　表2-7

项　目	区域或等级	距　离
高程控制点间的距离 (测段长度)	建筑区	1 ~ 2
	其他地区	2 ~ 4
环线或附合于高级点间 路线的最大长度	二等	400
	三等	45
	四等	15

(2)工程测量高程控制网的技术要求

《工程测量规范》(GB 50026—2007)中规定,工程测量高程控制网按精度等级的划分,依次为二、三、四、五等。各等级高程控制宜采用水准测量,四等及以下等级可采用电磁波测距三角高程测量,五等也可采用GNSS拟合高程测量。首级高程控制网的等级,应根据工程规模、控制网的用途和精度要求合理选择,精密工程应以二等水准网为首级高程控制网,并应布设成闭合环形,若有两个或两个以上的国家一、二等水准点,则均应包含在环线之中,以便对期间高差的正确性进行有效的检核。

工程测量高程控制点间的距离,一般地区应为1 ~ 3km,工业厂区、城镇建筑区应小于1km,但一个测区及周围至少应有3个高程控制点。

对于工程测量高程控制网的精度要求如表2-8所示。

工程测量高程控制网精度要求　　　　表2-8

等级	每千米高差全中误差(mm)	路线长度(km)	水准仪型号	水准尺	观测次数		往返较差、附合或环线闭合差	
					与已知点联测	附合或环线	平地(mm)	山地(mm)
二等	2	—	DS1	铟瓦	往返各一次	往返各一次	$4\sqrt{L}$	—
三等	6	≤50	DS1	铟瓦	往返各一次	往一次	$12\sqrt{L}$	$4\sqrt{n}$
			DS3	双面		往返各一次		
四等	10	≤16	DS3	双面	往返各一次	往一次	$20\sqrt{L}$	$6\sqrt{n}$
五等	15	—	DS3	单面	往返各一次	往一次	$30\sqrt{L}$	—

注:1. 结点之间或结点与高级点之间其路线的长度不应大于表中规定的0.7倍。

　　2. L为往返测段、附合或环线的水准路线长度,单位:km;n为测站数。

　　3. 数字水准仪测量的技术要求同同等级的光学水准仪相同。

四等和五等高程控制网还可以采用电磁波测距三角高程测量的方法布设,但四等网应附合或闭合于不低于三等水准的高程控制点上,五等网应附合或闭合于不低于四等水准的高程控制点上,路线长度不应超过相应等级水准路线长度的限值。在布设时宜在平面控制点的基础上布设成三角高程网或高程导线,并满足表2-9中的技术要求。

电磁波测距三角高程测量布设工程高程控制网的技术要求 表2-9

等级	每千米高差全中误差(mm)	边长(km)	观测方式	对向观测高差较差(mm)	附合或环形闭合差(mm)
四等	10	≤1	对向观测	$40\sqrt{D}$	$20\sqrt{\sum D}$
五等	15	≤1	对向观测	$60\sqrt{D}$	$30\sqrt{\sum D}$

注:D 为测距边的长度,单位:km。

对于平原或丘陵地区的五等及以下等级高程测量还可以采用 GNSS 拟合高程测量的方法施测,GNSS 拟合高程测量宜与 GNSS 平面控制测量一起进行。GNSS 网应与四等或四等以上的水准点联测。联测的 GNSS 点,宜分布在测区的四周和中央。若测区为带状地形,则联测的 GNSS 点应分布于测区两端及中部。联测点数宜大于选用计算模型中未知参数个数的 1.5 倍,点间距宜小于 10km。地形高差变化较大的地区,应适当增加联测的点数。

GNSS 拟合高程计算时应充分利用当地的重力大地水准面模型或资料,对联测的已知高程点要进行可靠性检验,并剔除不合格点。对于地形平坦的小测区,可采用平面拟合模型,对于地形起伏较大的大面积测区,宜采用曲面拟合模型。

2.3 工程控制网质量标准和优化设计

2.3.1 工程控制网的质量标准

对控制网进行优化设计及质量评价时,需要从多方面进行论证和评判,以达到整体上的最优状态。一般控制网的质量标准有以下几个方面。

1)精度标准

精度是任何控制网都要考虑的首要质量标准。控制网的精度标准可以分为整体精度和局部精度。整体精度就是选用某种指标从整体上描述网的综合精度,一般需要利用全部未知数的方差—协方差阵进行计算。而在大多数工程控制网,特别是精密工程控制网的优化设计中,更多采用的是控制网的局部精度标准,强调工程重点部位的精度,例如环形项目的径向方向精度、隧道或桥梁的轴线方向精度等。局部精度指标主要有点位误差椭圆、相对点位误差椭圆以及未知数某些函数的精度。

2)可靠性标准

可靠性是指能够成功地发现粗差的一种概率,或者说用以判断某一观测不含粗差的概率。较大的粗差一般是很容易被发现并剔除的,但较小粗差的探测和确定则是比较困难的。

目前,一般常用统计检验的方法对粗差进行探测与剔除。据此,可以将控制网的可靠性分为内可靠性和外可靠性。内可靠性是指在一定的显著水平 α 和检验功效 β 下,能够判断出观测值粗差的最小值;外可靠性是指在一定的显著水平 α 和检验功效 β 下,未发现的最大粗差对平差参数及其函数的影响大小。一般对于控制网来说,往往首先考虑内可靠性。对于内可靠性来说,控制网能够探测的最小粗差值与观测值的中误差成正比,即中误差越小,所能发现的粗差也就越小,为此,为提高内可靠性应增加多余观测,以增强图形结构,提高观测精度,增强图形强度。

3)灵敏度标准

在对变形监测控制网进行优化设计时,必须要考虑两个问题,一个是当观测精度和图形结构已知时,该监测网可以发现的最小变形量是多少。另一个是当网形和必须监测的变形量已知时,控制网应以怎样的精度观测。这两个问题都与变形监测控制网的灵敏度有关。所谓的灵敏度就是指在一定概率 (α, β) 下,通过统计检验可能发现某一方向变形向量的下界值。因此,对于变形监测控制网来说,必须确保控制网有足够的灵敏度,以满足变形监测项目的需要。

4)费用标准

在工程实践中,以上三个标准并不一定是越高越好,而是满足要求即可,如果一味地提高精度、可靠性、灵敏度标准,可能不仅对工程无实际意义,而且还会大幅度增加施工周期与费用。因此在评价控制网标准时,还需要考虑费用标准。费用标准主要有两种情况,一是在满足控制网的精度或其他标准的前提下,使费用最低;二是在费用一定的前提下,使控制网的精度或其他标准最高。控制网的费用涵盖了控制网建立的整个过程,包括收集资料、踏勘、选点、建标、埋石、观测、计算等,往往无法用确切的数学表达式来表达,而是根据控制网设计的具体情况进行计算。

2.3.2 控制网的优化设计

1)优化设计的定义

控制网的图上设计可以给出多套方案,各方案在精度、效率、费用等方面各不相同,不同的工程项目对控制网的要求也不相同,因此,需要对图上设计给出的控制网进行优化设计,以得出符合各方面要求的最佳方案和必要的备选方案。

所谓的优化设计是指在复杂的科研和工程问题中,从所存在的许多可能决策内选择最好决策的一门科学。进行优化设计,通常有以下三个步骤。第一,建立一个能考察决策问题的数学模型,这个数学模型主要包括有确定变量的有待于实现最优化的目标函数和约束条件。第二,对数学模型进行分析,并选择一个合适的求最优解的数值解法。第三,求最优解,并对结果做出评价。一般地,优化设计的数学模型为:

$$\begin{cases} \min & Z(x) \\ g_i(x) \geq 0 & i = 1, 2, \cdots, m \\ h_j(x) = 0 & j = 1, 2, \cdots, p \end{cases} \tag{2-4}$$

式中: x ——设计变量,是实变量 $x_i (i = 1, 2, \cdots, n)$ 的列向量,可以由设计人员调整,其不同的取值表示不同的设计方案,是优化设计问题中最终要确定的变量;

$Z(x)$ ——目标函数,其函数值的大小表示设计方案的好坏,是优化设计的准则;

$g_i(x) \geq 0$——不等式约束条件；

$h_j(x) = 0$——等式约束条件。

假如 $Z(x)$、$g_i(x)$、$h_j(x)$ 全是 x 的线性函数，则称为线性规划；如果其中一个是 x 的非线性函数，则称为非线性规划。优化的含义就是求一个满足式(2-4)的变量 x_0，使目标函数 $Z(x_0)$ 取最小值。

在控制网优化设计中，设计变量 x、目标函数 $Z(x)$ 及约束条件 $g(x)$、$h(x)$ 依控制网优化的目的，即质量要求而定，一般要体现控制网的下列质量标准：

(1)满足控制网的必要精度标准；

(2)满足控制网有较多的多余观测，以控制观测值中粗差影响的可靠性标准；

(3)变形监测网应满足监测出微小位移的灵敏度标准；

(4)布点及观测等应满足一定的费用标准。

2)控制网优化设计的分类

如果用 A 表示设计矩阵，权阵 P 为观测值向量协因数阵 Q_x 的逆阵，由此可以导出未知数 x 的协因数阵 Q_x 为：

$$Q_x = (A^T P A)^- \tag{2-5}$$

式中，符号 $(\quad)^-$ 既表示秩亏网 $(\quad)^*$，又表示满秩网 $(\quad)^{-1}$，于是可用固定参数和自由参数将控制网优化设计分为以下四类：

(1)零类设计

零类设计又称为基准设计，其固定参数是 A、P，待定参数是 x、Q_x。它是指在给定图形和观测精度的情况下，为待定参数 x 选定最优的参考基准，使 Q_x 最小。即对一个已知图形结构和观测计划的自由网，为控制网点的坐标及其方差阵选择一个最优的坐标系。因此，零类设计问题就是一个平差问题。

(2)一类设计

一类设计又称为图形设计，其固定参数是 P、Q_x，待定参数是 A。它是指在给定观测精度和平差后点位精度的情况下，如何确定最佳的图形结构，使网中某些元素的精度达到预定值或最高精度，或者使坐标的协因数阵最佳逼近一个给定的准则矩阵 Q_x'。由于地形、交通、水系和建筑物等外界条件限制，控制点位置的选择余地较小，一类设计往往体现在最佳观测值类型的选择。

(3)二类设计

二类设计又称为权设计，其固定参数是 A、Q_x，待定参数是 P。它是指在满足给定图形 A 和平差后点位精度 Q_x 的情况下，通过全网观测量的合理分配，达到预期的平差效果，并使观测量最少或不超过一定范围。由于观测类型增多，二类设计还存在确定各类观测量在网中的最佳位置和密度等的最佳组合的问题。在特种精密工程测量中，权的优化设计是最常见的。

(4)三类设计

三类设计又称为原网改进设计，其固定参数是 Q_x、部分的 A 或 P，待定参数是另外一部分的 A 或 P。它是指通过增加新点和新的观测值，以改善原网的质量，在给定的改善质量前提下，使改善测量工作量最小，或者在改善费用一定的条件下，使改造方案的效果最佳。

将各类设计的参数列于表 2-10 中，可以看出，三类设计相当于一类设计和二类设计的混合,而一、二、三类设计的解又必须预先或同时解零类设计的问题,因此,各类设计通常不能严格分开,要综合进行。

控制网优化设计的分类 表2-10

类 别	别 称	已 知 参 数	待 定 参 数
零类设计	基准设计	A、P	x、Q_x
一类设计	图形设计	P、Q_x	A
二类设计	权设计	A、Q_x	P
三类设计	原网改进设计	Q_x、部分的 A 或 P	另外一部分的 A 或 P

3)控制网优化设计的方法

控制网优化设计主要有两种方法,即解析法和模拟法。

解析法是根据设计问题中的已知参数,用数学解析方法求解待定参数。对式(2-5)所提出的规划问题,如果是线性的,可采用单纯形法或改良单纯形法;如果是非线性的,可采用二次规划法、梯度法、梯度—共轭梯度法以及动态规划法等。解析法的优点是能找到严格的最优解。

对有些问题,建立数学模型和求解最优解都比较困难,此时可采用模拟法。模拟法又称机助设计法,包括蒙特—卡洛(Monte-carlo)法和人机对话法。蒙特—卡洛法是利用计算机产生伪随机数,模拟出一组组外业观测值,之后依不同优化问题作模拟计算和实验分析,最后确定一组优化解。人机对话法是利用计算机的计算、显示、绘图、打印等功能,编制程序进行多种方案的计算和实时分析,并对方案进行不断地修改和完善,最终得到最为满意的结果。由于优化设计和测量平差紧密相关,目前一些用于测量控制网平差计算的商业软件已经将二者统一起来,既可实现控制网的平差计算,又可进行控制网的优化设计。现在控制网的一、二、三类优化设计大多采用机助设计法,但这种方法依赖于设计者的经验,需要预先设计出多种备选方案,否则会遗漏最优方案。

2.4 工程控制网的技术设计

2.4.1 工程平面控制网

平面控制网在设计时一般按照以下顺序进行:资料的收集与分析→控制网的图上设计→控制网的优化设计→编写技术设计书。本节将对控制网的技术设计过程中的相关问题进行详细说明。

1)资料的收集与分析

为了平面控制网布设工作能够顺利进行,首先需要收集大量资料,并对其分析,获取全面而详尽的信息后再进行后续工作。

一般来说,需要收集的资料主要有以下几种。

(1)测区内各种比例尺地形图及影像资料

利用航空摄影测量相片、遥感影像等图像资料可以对测区内的地形、地貌等有初步的了解,并对测区有整体上的认识,而利用各种比例尺的地形图可以较为详尽地了解测区内地物、地貌的基本情况,有助于合理地确定控制点的位置和控制网的结构,并可初步判定控制点间的通视情况。

(2)已有的控制资料

所需要收集的控制资料主要包括控制点坐标与高程、点之记、控制点所属的坐标系统和高程系统、控制点的等级、控制点的施测方法、完成时间、现场踏勘报告等所有的技术性文件。在收集控制资料时,不要局限于测区之内,应适当地扩大范围,以避免出现由于测区内某些控制点被破坏或无法使用导致控制点数量不足无法布网的现象发生。

(3)测区的自然概况

在收集上述测量资料的基础上,还需要了解测区的经纬度、高程、地质条件、水文状况、不同季节的气温、降水量、风向、风速、雾气等信息,以便合理地制订作业计划,有效地调度人员。

(4)测区的人文概况

在进场作业之前,要了解测区的行政区划、交通概况等信息,并且要充分了解测区当地的风俗习惯,特别是在一些少数民族地区,作业时一定要尊重其民族习惯,以确保测量工作的顺利进行。

对收集到的上述资料要进行全面的分析,以确定网的布设形式、起始数据的获得方法、网的扩展方式等。其次还应考虑控制网的坐标系投影带和投影面的选择,此外还应考虑网的图形结构、旧有标志可否利用等问题。

2)控制网的图上设计

控制网的图上设计是指通过对测区已有资料的分析和测区情况的调查研究,按照有关规范的技术规定,在地形图上确定控制点的位置和控制网的基本形式。控制网的图上设计的主要步骤及注意事项如下:

(1)展绘已知点

把收集到可用的控制点展绘到地形图上,展绘时要注意控制点所采用的坐标系统与地形图的坐标系统是否一致,如果不一致,需要首先进行坐标换算,然后再进行展绘。

(2)设计控制网

在图上设计控制网时,要按点位和图形设计的基本要求,从已知点开始扩展。这是控制网图上设计中的关键环节,在选择点位时需要注意以下事项:

①要具有良好的图形结构,边长适中,并尽量使各边长度相近。如果是三角网,内角一般不能小于30°。

②为了便于测图、施工放样及控制网加密,控制点要选在视野开阔、远离障碍物的地方,如果是 GNSS 网,还要求高度角在15°以上的范围内应无障碍物或障碍物较少,避开大面积水域、高大建筑物和电磁波干扰,以减弱多路径效应的影响。

③控制点要选在土质坚实、稳定可靠、易于排水之处,并尽量选在施工影响较小的地方,以便于长期保存。

④充分利用已有控制点,并且新点尽量设在建筑物顶部、山顶等制高点,以便节省建标、埋石的费用。

⑤为了作业安全,也为了减弱不利因素的影响,控制点要与公路、铁路、水系等要保持一定的距离,并远离高压线、变压器、变电站、输油、输气管线等。

（3）通视性分析

如果布设三角网或导线网，都要求控制点间必须通视，所以，对图上初步设计完成的控制网的每条边都要进行通视性分析。如果两个控制点连线方向上所有点的高程均小于两个控制点高程时，则两个控制点一定通视；反之，如果两个控制点连线方向上有一个或多个点的高程大于两个控制点中高程较大的点时，则两个点不通视。但是，如果两个控制点连线方向上有一个或多个点的高程值介于两个控制点高程值之间时，则需要采用一些方法进行判定。目前常用图解法进行判定。

图解法的基本原理如图 2-5 所示，A 和 B 为选定的控制点，高程分别为 123m 和 106m，在 AB 连线方向上最高点 C 高程为 115m，为了判断 A 点和 B 点是否通视，首先连接 A、B，然后过 A 点和 C 点分别做直线 AB 的垂线 AA' 与 CC'，垂线长度 $S_{AA'}$ 与 $S_{CC'}$ 应满足下式的要求：

$$\frac{S_{AA'}}{h_{AB}} = \frac{S_{CC'}}{h_{CB}} \tag{2-6}$$

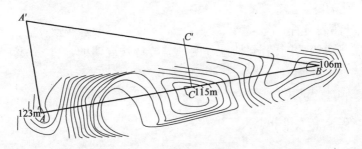

图 2-5　通视性分析

如果 CC' 与 $A'B$ 相交，则说明 A、B 两点间不通视，反之，如果 CC' 与 $A'B$ 不相交，则可初步判定 A、B 两点通视。值得注意的是，如果 CC' 与 $A'B$ 不相交，但是 C' 点非常接近 $A'B$，则受到球气差等因素的影响，A、B 两点很有可能不通视。另外，图解法只能在图上初步判定两点间是否通视，具体通视条件需要到现场踏勘选点时确定。

（4）估算控制网中各推算元素的精度

网形初步确定后，要对控制网中各推算元素的精度进行估算，以初步判定控制网是否能够达到精度要求。

控制网中各推算元素精度的估算，可以根据控制网略图，采用控制网间接平差程序进行计算。设待求的推算元素的中误差、权（或权函数）分别为 M_i、P_i（或 Q_i），后者与网形和边角观测值权的比例有关（如导线网、边角网），不具有随机性。在控制网间接平差程序中，单位权中误差 μ 通常由观测值改正数计算得到，应用于精度估算时应作适当修改，使之不采用观测值改正数计算 μ，而是由计算者直接输入有关规范规定的观测中误差或经验值。程序中要输入的观测值为控制网中的方向和边长，由控制网设计图上直接量取，或通过控制点的概略坐标反算获得，观测的精度按设计值给定，如此计算便可得到 M_i。

3）平面控制网技术设计书的编制

编制平面控制网技术设计书的主要任务是根据工程建设的要求，结合测区的自然地理条件，选择最佳的布网方案。编制技术设计书是一项系统性的工作，技术设计书中的各项指标、各种标准、各种方案都将直接影响着控制网乃至整个测量工作、整项工程的精度与质量，因而,编制控制网技术设计书是工程前期一项非常重要的工作。

平面控制网技术设计书中一般要包含以下内容:

(1)控制测量的目的、任务、技术要求等;

(2)工程概况,包括工程任务、对测量工作的要求等;

(3)测区概况,包括测区的自然地理概况和测区的人文环境概况;

(4)测区已有的测量资料,包括地形图、控制点、控制点的保存情况、对已有成果的分析和利用情况等;

(5)控制测量的依据,包括所依据的规范、规程、技术标准等;

(6)控制网设计方案的论证,包括坐标系统的选择、布设的具体方案、通视性分析、方案的对比与分析等;

(7)观测方案的论证,包括所选的仪器设备、观测纲要的确定等;

(8)现场踏勘报告,包括场地的概况、布网的可行性、需要调整位置的控制点、设计时没有考虑或发生变化的特殊因素等;

(9)各类设计图表,包括人员组织、作业计划、上交成果和经费预算等;

(10)其他需要说明的问题,包括控制网中需要特殊说明的地方、方案实施中遇到的问题等;

(11)工程主管部门的审批意见。

2.4.2 工程高程控制网

高程控制网的技术设计是根据测量任务,按水准测量规范的有关规定,结合测区实际情况,在大比例尺地形图上,拟定出合理的水准网和水准路线的布设方案,并编制技术设计书。技术设计主要包括收集资料、图上设计、技术设计书的编制等内容。

1)收集资料

技术设计开始前,应收集相关的资料,主要包括测区大比例尺地形图,已知水准成果,水准点点之记及路线图,需要联测的气象台(站)、地震台(站)、验潮站、应联测的平面控制点资料和测区的已测重力等测量相关资料,以及测区的气候、交通、人文、地质、土壤冻结深度、地下水位深度等其他资料。

2)图上设计

在对所收集的资料综合分析之后,选择测区适当比例尺的地形图,首先用不同颜色的笔分别标出已知点和需要联测的点的位置,以及重要城镇、交通路线及河流的位置。然后根据测量任务的要求及相关的测量规范的规定,在图上逐级拟定水准点的概略位置和水准路线的概略走向。在进行图上设计时,需要注意以下问题:

(1)水准路线应尽量沿坡度较小的道路布设,以减弱前后视垂直折光误差的影响,尽量避免跨越河流、湖泊、沼泽等地物。

(2)按照水准路线布设原则和要求,先进行高等级的水准路线设计,后进行低等级水准路线设计,再进行支线水准设计。

(3)布设首级高程控制网时,应考虑到高程控制网的进一步加密。

(4)在设计出水准路线之后,再设计出各个水准点的初步位置。对于一、二等水准测量,要设计出各个基本水准点的位置。

（5）水准网应尽可能布设成环形网或结点网，在个别情况下，可以布设成附合路线，水准点间的距离一般地区为2~4km，城市建筑区为1~2km，工业区为1km。

（6）应注意利用已有的成果，并与国家水准点进行联测，以确保高程系统的统一。

（7）其中一部分水准点应该满足GNSS测量的点位条件。

3）编制技术设计书

高程控制网技术设计书的主要内容有：任务的性质与内容、测区概况、技术设计的主要依据、各等级水准路线及水准点的数量、各类型的标石数量、起算点的高程及高程系统、观测方案的论证、人员组织、作业计划、经费预算、主管部门的审批意见等。

技术设计书是高程控制网具体施测的指导性文件，必须全面考虑布网过程中所遇到的各种问题，必须给出合理的方案，以确保高程控制网的顺利布设。

2.5 控制网的选点与标石埋设

完成控制网的图上设计和优化设计，并制定技术设计书后，将根据技术设计书中的点位设计和技术要求，到测区现场踏勘选点，确定控制点的最终位置，然后根据控制网的等级和使用期限，建立相应的标志，埋设标石。如果在较大范围内布设三角网，通视条件不利的情况下，还应该建立适当的觇标。

2.5.1 平面控制网的选点与埋石

1）踏勘选点

踏勘选点是要将图上设计的控制点落到实际地面上。选点时，控制点的位置要以图上设计为基础，重点需要考虑设计位置是否适合设点、与相邻控制点是否通视等。因此，踏勘选点工作能否顺利进行，很大程度上取决于图上设计所用的地形图是否准确。如果实地与原图差别较大，则根据实际情况确定点位，对原来的图上设计做出修改。对于一些较小的工程项目，由于测区范围较小，往往是图上设计与踏勘选点同步交叉进行。

选点时，应携带设计好的网图和已有的地形图，携带望远镜、通信工具、清障工具、花杆、小红旗、木桩等工具。点位在实地选定后，打下木桩作为简易标志。为了便于日后寻找，控制点应编制点之记。点之记上应填写点名、等级、所在地等信息，绘制点位略图，标注与本点有关的特征点、特征物的方向和距离，并尽可能提出对觇标、埋石的建议，如表2-11所示。

当所有控制点均选点结束之后，需要上交以下资料：

（1）选点图。即将测区内所有的控制点的实际选点位置标于地形图上。

（2）点之记。每一个控制点都需要有详细而准确的点之记。

（3）控制点一览表。表中应填写点名、等级、至邻点的概略方向和边长、建议建造的觇标类型及高度、对造埋和观测工作的意见等。

2）标石埋设

平面控制点点位确定之后，需要在地面上埋设标石。控制点的标石中心是控制点的实际点位，通常所说的控制点坐标指的就是标石中心的坐标。

控 制 点 点 之 记   表 2-11

点名	小北山	等级	四等	标志类型	水泥墩
点号	KZ205			觇标类型	无觇标
所在地	××市××县中寨子村小北山山顶			交通路线	县级公路马华线 2km + 200m 处到达山下
与本点有关的方向和距离				点位略图	

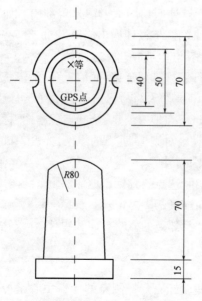

备注

控制点的等级不同,所选用的标石形式也不相同。《工程测量规范》(GB 50026—2007)中规定,一、二级平面控制点及三级导线点、埋石图根点等平面控制点标志可采用直径为14～20mm、长度为30～40cm的普通钢筋制作,钢筋顶端应锯"＋"字标记,距底端约5cm处应弯成钩状,如图2-6所示。

二、三、四等平面控制点标志可采用瓷质或金属等材料制作,尺寸分别如图2-7和图2-8所示。

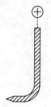

图 2-6　低等级控制点标志

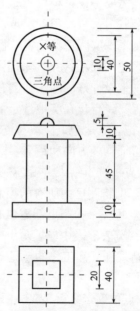

图 2-7　瓷质控制点标志(尺寸单位:mm)

图 2-8　金属控制点标志(尺寸单位:mm)

等级三角点的标石由两块组成,下面一块叫盘石,上面一块叫柱石,如图 2-9 所示。盘石和柱石一般用钢筋混凝土预制,然后运到实地埋设。预制时,应在柱石顶面印字注明埋设单位及时间。标石也可用石料加工或用混凝土在现场浇制。盘石和柱石中央埋有如图 2-7 或图 2-8 所示的中心标志,埋石时必须使盘石和柱石上的标志位于同一铅垂线上。

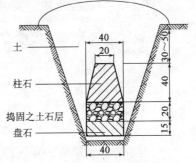

图 2-9 等级三角点标石(尺寸单位:cm)

在精密工程施工控制网或变形监测控制网的布设中,经常采用安置在钢筋混凝土观测墩顶部的不锈钢强制对中板作为平面控制点的标志。强制对中板埋设在观测墩上表面,一般稍微高出观测墩。强制对中板为不锈钢材质,通常直径为 250mm,厚度为 20mm,圆心开螺孔,用于固定照准螺杆,观测时用小螺杆强制对中测量仪器。观测墩浇筑前,将强制对中板用四根铆筋焊接固定在观测墩主筋上。强制对中板中央圆孔的中心即为标志中心,也是平面控制点的中心。仪器通过连接螺丝与圆孔连接,可使对中误差不超过 $\pm(0.1 \sim 0.2)$ mm。观测墩由底座和墩身组成,底座通常为正四棱柱形,墩身通常为正四棱柱形或正四棱台形,底座和墩身的规格可参照有关规范或根据实际情况自行设计,但地表以上的墩身高度一般不低于 1.2m。观测墩通常采用钢筋混凝土现场浇制而成,混凝土强度等级一般为 C30。通常情况下,底座建立在基岩上,当地表覆盖层较厚时,可开挖或钻孔至基岩,条件困难时,可埋设在土层下,一般要求开挖至地面下 1.8m 或冻土层以下 0.5m,这时底座的尺寸应适当加大,最好在底座下埋设 3 根以上的钢管,以增强观测墩的稳定

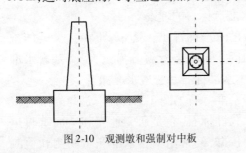

图 2-10 观测墩和强制对中板

性。浇制墩身时,应使墩身基本呈垂直状态。安装强制对中板时,应使底盘基本呈水平状态。观测墩和强制对中板如图 2-10 所示。

控制点标志受法律保护,应在控制点上印字或在控制点附近建立警示标牌,如“测量标志,破坏违法”等,加强人们对控制点标志的保护意识。埋设工作全部完成后,应绘制点之记,并与当地有关单位和人员办理托管手续。

2.5.2 高程控制网的选点与埋石

确定了高程控制网的等级和布设方法后,需要对高程控制网进行技术设计,论证通过后进行现场选点与标石埋设。

1)水准路线的选择与点位的确定

高程控制网的技术设计完成后,即可根据图上的初步设计进行现场选线与定点。在进行实地选线时,需要重点考虑两个问题,即图上的水准路线是否合乎相关规范的要求、是否便于水准观测工作的顺利进行。所以,选线时要注意应尽量沿坡度较小的公路、大路进行,避开土质松软的地段和磁场较强的区域,应尽量避开高速公路或车流量较大的普通公路,同时还应该尽量避开行人、车辆来往频繁的街道、大的河流、湖泊、沼泽与峡谷等障碍物,当采用数字水准仪作业时,水准路线还应避开电磁场的干扰。

线路选定后,根据图上设计的方案和线路的走向,在实地进行选点。选点时要注意以下问题:

(1)应将点位选在土质坚实、稳固可靠的地方或稳定的建筑物上,且便于寻找、保存和引测;

(2)选点时应尽量避开地势低洼潮湿、土质松软及容易发生地质灾害的地方;

(3)选点时要尽量避开强电压、强磁场以及人员活动密集的区域;

(4)易受水淹或地下水位较高处不宜设点;

(5)距离铁路50m以内、距离公路30m以内或其他剧烈震动的地点不宜设置高等级水准点;

(6)准备拆除或维修的建筑以及不坚固的建筑上不宜设点;

(7)不利于长久保存或不利于观测的地点不适合设点;

(8)道路或场地内填方的区域不适合设点。

水准点位置选定后,应在点位上埋设或竖立注有点号、水准标石类型的点位标志,并填绘水准点点之记。

选点工作结束后,应上交水准点点之记、水准路线图、交叉点接测图、新收集到的有关资料和选点工作的技术总结。

2)水准点标石的埋设

埋设的水准标石,既要能长期保存,又要能长期保持稳固。水准点标石分为三大类:基岩水准标石、基本水准标石和普通水准标石。

基岩水准标石如图2-11所示,是与岩层直接联系的永久性标石,它是研究地壳和地面垂直运动的主要依据,经常用精密水准测量联测和检测基岩水准标石和高等级水准点的高差,研究其变

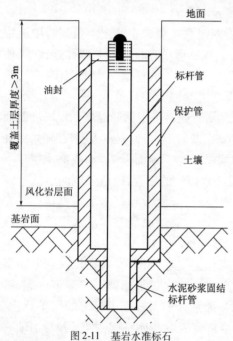

图2-11 基岩水准标石

化规律,可在较大范围内测量地壳垂直形变,为地质构造、地震预报等科学研究服务。

基本水准标石又分为混凝土基本水准标石和岩层基本水准标石,分别如图2-12和图2-13所示,其作用在于能长久地保存水准测量成果,以便根据它们的高程联测新设水准点的高程或恢复已被破坏的水准标石。基本水准标石一般埋设在一、二等水准路线上,每隔60km左右埋设一座。

普通水准标石如图2-14所示,其作用是直接为地形测量和其他测量工作提供高程控制,要求使用方便。

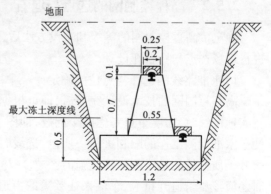

图2-12 混凝土基本水准标石(尺寸单位:m)

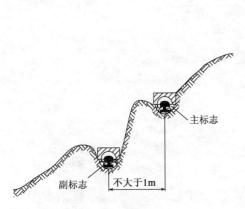

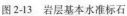

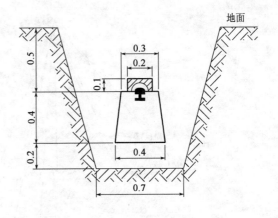

| 图 2-13 岩层基本水准标石 | 图 2-14 普通水准标石(尺寸单位:m) |

各类水准标石在埋设时要严格按照相关测量规范中的规定进行,并且均要埋至最大冻土深度线以下,以确保水准点的稳定可靠。

埋石工作结束后,测量部门须向当地政府机关或委托方办理测量标志委托保管手续。并应上交测量标志委托保管书、水准点点之记和埋石工作技术总结等文件资料。

2.6 典型的工程测量控制网

2.6.1 隧道控制网

某新建铁路起点里程 DK16+000,终点里程 DK149+651,线路里程长 133.65km,此铁路段内涵盖多座隧道、特大桥,并且隧道内铺设整体道床,对测量精度要求高,设计院交桩精度为四等 GPS 控制网和四等水准高程,点位密度和精度不能完全满足隧道贯通、特大桥精确施工以及整体道床铺设的要求,需要将部分段落的控制网提高等级。

根据《铁路工程测量规范》(TB 10101—2009)和《高速铁路工程测量规范》(TB 10601—2009)要求,测前进行了本次控制网提级精度设计,该铁路中,第一段隧道的桩号为 DK33+397~DK37+730,长度 4333m,平面 GPS 测量执行铁路二等精度要求;第二段隧道的桩号为 DK89+970~DK92+097,第三段隧道的桩号为 DK99+434~DK100+353,长度均小于4000m,平面 GPS 执行铁路三等精度要求。将 DK89+970~DK100+353 段整体作为三等网观测,统一平差。

如图 2-15 所示铁路隧道控制网,第一段隧道三维无约束平差的最弱边相对精度为1/813000,最优边的相对精度为1/9290000,最弱点中误差3.8mm,最优点中误差为2.2mm;二维约束平差最弱边相对精度1/848000,最弱边的方位角中误差为0.25″。第二、三段隧道的三维无约束平差的最弱边相对精度为1/311000,最优边的相对精度为1/10680000,最弱点点位中误差为5.3mm,最优点点位中误差为1.5mm;二维约束平差最弱边边长相对精度1/118000,最弱边的方位角中误差为1.29″。

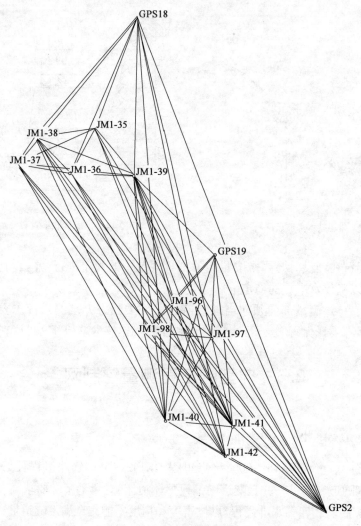

图 2-15　隧道外部控制网

2.6.2　桥梁控制网

长江中下游某桥梁处于冲积平原的新三角洲,地势低平,海拔高程仅 2～3m。河沟成网,纵横交错。南岸居民点较密。桥位处水面宽约 5.8km,两江堤之间宽约 6.1km,江堤高 4～5m、宽 4～6m。两岸江堤均可通大车和汽车。桥位区外围四周市、集镇均有公路通至桥位附近,交通十分方便。

桥位区属亚热带湿润季风气候区。气候较温和,雨水充沛。受季风影响,四季分明。年平均气温 15.2℃,最热月平均 28～30℃(七月),最冷月平均 -0.2～3.1℃(一月)。年高温 ≥35℃(仅 3.4～6.2 天)。年平均降水量 1082.6mm,年最多降水日数为 143 天(8～9 月)。每年 5～10 月为汛期,11 月至次年 3 月为枯水期,1 月或 2 月水位最低,洪峰多出现在 6～8 月。常规风力 4～6 级,台风主要出现在 7～9 月,瞬间极大风速为 30.4m/s。年均雾日为 29.4 天,一般出现在春、秋、冬季的上午。

按照桥梁施工的技术要求,平面控制网中最弱点点位中误差应小于 ±5mm,高程控制网中各相邻点高程中误差不大于 ±5mm。因此综合上述条件,平面控制网决定采用 B 级 GPS 网(图 2-16),高程控制网采用二等水准网(图 2-17)。

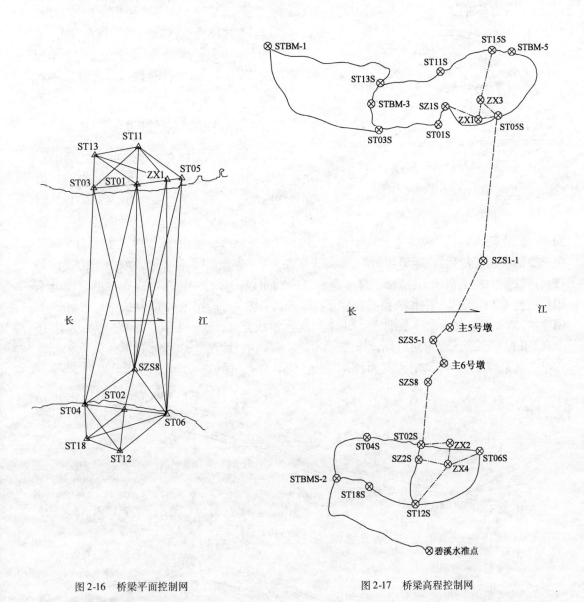

图 2-16　桥梁平面控制网　　　　　　　　　图 2-17　桥梁高程控制网

GPS 观测按常规静态作业方式,观测技术要求参照《全球定位系统(GPS)测量规范》(GB/T 18314—2009)B 级规定执行,采用 6 台双频 GPS 接收机 Trimble5700 组成同步图形观测,同步环和同步环之间采用网连接,共测 4 个时段。经数据处理后,该控制网经平差后最弱边(ST02 ～ ST18)相对中误差为 1/27.4 万,平面点位最大中误差为 3.9mm、最小中误差为 2.9mm、平均误差为 3.1mm。高程控制点相对于起算点的高程中误差均小于 2mm,最大为 1.87mm。相邻点高程中误差均小于 2mm,最大为 1.87mm。

2.6.3 变形监测控制网

图 2-18 为一典型的拱坝变形监测网,全网由 13 个点组成,其中,1、2、3、4、5 为工作基点,位于拱坝下游便于观测目标点的地方,6、7、8 为参考点,位于拱坝下游较稳定的地方,9、

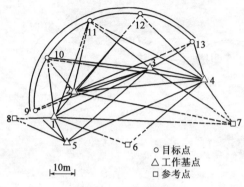

10、11、12、13 为目标点,位于拱坝下游一侧。要求工作基点除自身构成坚强图形外,还便于采用交会方法,以参考点定向,对目标点进行周期观测,以确定拱坝的水平位移。

2.6.4 高铁测量控制网

某段高速铁路包含高铁正线和动车运用所,正线里程 DK1 + 800 ~ DK38 + 028.6,线路长度 36.229km,动车所起点里程为 DK423 + 513.98,长度 3.15km。该铁路经过华北平原暖温带亚湿

图 2-18 拱坝变形监测网

润季风性大陆气候区,冬、春季少雨干旱,夏季多雨湿润,沿线所经的地貌单元主要为平原及少部分的低山丘陵地区,地势较为平缓,海拔多在 10 ~ 100m,沿线河流水系发达。为了保证该高速铁路的施工精度,其精密工程平面控制网的布设由设计单位按分级布网的原则分基础控制网 CPⅠ(图 2-19)和线路控制网 CPⅡ(图 2-20)布设,精度分别为铁路二等和三等 GPS 网,高程控制网为二等水准网。CPⅠ控制点沿线路 4 ~ 5km 布设一个或一对,共计 15 个;CPⅡ控制点沿线路走向布设,点间距 800 ~ 1000m,共计 55 个;二等水准基点有 1 个深埋水准点其余与 CPⅠ或 CPⅡ点共用,沿线路走向布设,点间距 1 ~ 2km;二等水准点共 33 个。

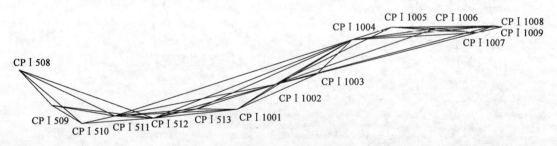

图 2-19 高速铁路 CPI 控制网

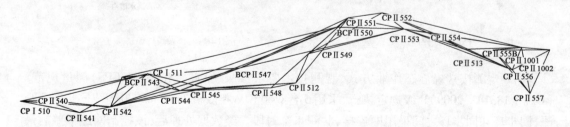

图 2-20 高速铁路 CPⅡ 控制网

其中,CPⅠ控制网以 CPⅠ点作为连接边,采用边联式构网附合到另一端的 CPⅠ点上,控制网以三角形或大地四边形为基本图形组成带状网;CPⅡ控制网沿线路形成带状网,附合

至相邻的 CP I 控制点构成附合网,全网采用边联式构网。GPS 测量遵循的主要要求如下:

(1)观测组必须严格遵守调度命令,按规定时间同步观测同一组卫星。当没按计划到达点位时,及时通知其他各组,并经观测计划编制者同意后对观测时段作必要调整,观测组不得擅自更改观测计划。

(2)经检查,接收机的电源电缆、天线电缆等项连接正确,接收机预置状态和工作状态正常后,方能启动接收机开始测量。

(3)每个时段观测前后,各量取天线高一次,两次量测值互差不得大于 2mm,取平均值作为最后天线高。当互差超限时,查明原因,提出处理意见并记入测量手簿。观测中,作业员应使用 2H 铅笔逐项填写测量手簿。

(4)接收机开始记录数据后,及时将测站名、测站号、时段号、天线高等信息记录在手簿上。同时注意仪器的警告信息,及时处理各种特殊情况。

(5)一个时段观测过程中严禁进行以下操作:关闭接收机重新启动,进行自测试,改变接收设备预置参数,改变天线位置,按关闭和删除文件功能键等。

(6)静置和观测期间应防止仪器震动,不得移动仪器,要防止人员或其他物体碰动天线或阻挡信号。

(7)在作业过程中,禁止在天线附近使用无线电通信。如必须使用,对讲机应距天线 10m 以上,车载电台应距天线 50m 以上。

(8)经检查,调度命令已执行完毕,所有规定的作业项目已完成并符合要求,记录和资料完整无误,且将点位标识和觇标恢复原状后,方可执行下一个调度命令。

平差后 CPI 点间基线最弱边相对中误差为 ≤1/1189000 和方向中误差 ≤0.21″,精度完全满足《高速铁路工程测量规范》(TB 10601—2009)中二等高铁 GPS 测量精度要求;CP II 点间基线最弱边相对中误差 ≤1/251000 和方向中误差 ≤1.07″,精度完全满足《高速铁路工程测量规范》中三等高铁 GPS 测量精度要求;水准测量每千米高差中数的偶然中误差为 ±0.62mm,满足二等水准测量每千米高差中数的偶然中误差小于 ±1.0mm 的要求,数据质量可靠,成果质量优良。

思　考　题

1. 名词解释:三角锁;优化设计;高程基准面;水准原点;正高高程系统;正常高高程系统;力高高程系统。

2. 简述国家水平控制网的布设原则和方案。为何要分级布网逐级控制?

3. 布设工程平面控制网时需要遵循怎样的原则?

4. 布设工程平面控制网时,不同等级的三角网、导线网、GPS 网各应满足哪些主要技术要求?

5. 平面控制网在进行技术设计时应按照怎样的顺序进行?

6. 平面控制网技术设计前应收集哪些方面的资料?

7. 在进行平面控制网的图上设计时,主要有哪些步骤? 每一步骤中主要应考虑哪些方面的因素?

8. 平面控制网的优化设计主要有哪几类？每一类的已知参数和待定参数各是什么？

9. 对控制网进行优化设计及质量评价时，主要应考虑哪些方面的质量标准？

10. 为何要编制平面控制网技术设计书？编制平面控制网技术设计书时应包括哪些方面的内容？

11. 控制网进行踏勘选点时主要应注意哪些问题？选点结束后应上交哪些资料？

12. 什么是点之记？点之记中应包含哪些信息？

13. 我国的高程系统是如何确定的？

14. 不同的水准面为何不平行？水准面的不平行性对测量结果会造成哪些影响？

15. 在大地测量中，定义了哪几种高程系统？各种高程系统间的主要差别有哪些？

16. 布设国家水准网时需要遵循怎样的原则？

17. 在布设工程测量高程控制网时，在什么情况下可以采用电磁波测距三角高程法？采用电磁波测距三角高程测量时，主要的技术要求有哪些？

18. 高程控制网的技术设计主要有哪些工作？技术设计过程中主要应注意哪些问题？

19. 针对不同等级的高程控制网，水准标石可分为哪几种？埋设不同的水准标石时应注意哪些问题？

第3章 地形图的工程应用

地形图是包含丰富的自然地理、人文地理和社会经济信息的载体。它是进行工程建设项目可行性研究的重要资料,是工程规划、设计和施工的重要依据。借助地形图,可以了解自然和人文地理、社会经济诸方面因素对工程建设的综合影响,使勘测、规划、设计能充分利用地形条件,优化设计和施工方案,有效地节省工程建设费用。在施工中,利用地形图可以获取施工所需的坐标、高程、方位角等数据和进行工程量的估算等工作。

3.1 地形图识读方法

正确识读、应用地形图是工程专业技术人员必须具备的基本技能。地形图的识读就是要通过对地物、地貌和植被的识读,综合分析本图幅所在区域的状态,形成客观、真实的立体模型概念。读图时,首先应了解和掌握常用的地形图符号和注记,懂得用等高线方法来表示地貌的基本形态等基础知识。其次应识读图外注记,清楚地形图的比例尺、坐标系统、高程系统、编号及测绘时间等。最后,仔细地阅读地形图上所测绘的地物和地貌,包括建筑物、道路管线、河流湖泊、绿化植被、农业状况等各种地物的分布、所在方位、面积大小及性质,以及表示地形起伏变化的丘陵、洼地、平原、山脊、山谷等地貌特征。

3.1.1 图外注记的识读

根据地形图图廓外的注记,可全面了解地形的基本情况。首先要了解本幅图的图名和编号,特别是测图日期和高程系统、坐标系统等。如根据测图的日期可以知道地形图的新旧程度,对图面比较陈旧、实地变化较大的地形图,应考虑补测或重测;由地形图的比例尺可以知道该地形图反映地物、地貌的详略;从图廓坐标可以掌握图幅的范围;通过接图表可以了解与相邻图幅的关系。了解地形图的坐标系统、高程系统、等高距等,对正确用图有很重要的作用。

1)图名与图号

图名是指本图幅的名称,一般以本图幅内最重要的地名或主要单位名称来命名,注记在图廓外上方的中央。如图 3-1 所示,地形图的图名为"西三庄"。图号,即图的分幅编号,注在图名的下方。本图图号为 3510.0-220.0,它由左下角纵、横坐标组成。

2)接图表与图外文字说明

为便于查找、使用地形图,在每幅地形图的左上角都附有相应的图幅接图表,用于说明本图幅与相邻八个方向图幅位置的相邻关系。如图 3-1 所示,中央为本图幅的位置。

文字说明是了解图件来源和成图方法的重要资料。通常在图的下方或左右两侧注有文字说明,内容包括测图日期、坐标系、高程基准、测量员、绘图员和检查员等。在图的右上角标注图纸的密级。

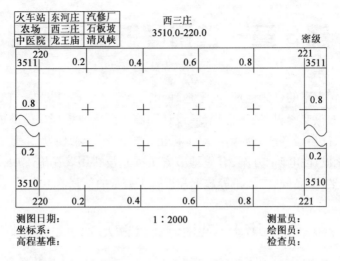

图 3-1 图名、图号接图表

3) 图廓与坐标格网

图廓是地形图的边界,正方形图廓只有内、外图廓之分。内图廓为直角坐标格网线,外图廓用较粗的实线描绘。外图廓与内图廓之间的短线用来标记坐标值。如图 3-1 所示,左下角的纵坐标为 3510.0km,横坐标为 220.0km。

4) 直线比例尺与坡度尺

直线比例尺也称图示比例尺,它是将图上的线段用实际的长度来表示,如图 3-2 所示。因此,可以用分规或直尺在地形图上量出两点之间的长度,然后与直线比例尺进行比较,就能直接得出该两点间的实际长度值。

为了便于在地形图上量测两条等高线(首曲线或计曲线)间两点直线的坡度,通常在中、小比例尺地形图的南图廓外绘有图解坡度尺,如图 3-2 所示。坡度尺是按等高距与平距的关系 $d = h \cdot \tan\alpha$ 制成的。如图所示,在底线上以适当比例定出 0°、1°、2°…各点,并在点上绘垂线。将相邻等高线平距 d 与各点角值 α_i 按关系式求出相应平距 d_i。然后,在相应点垂线上按地形图比例尺截取 d_i 值定出垂线顶点,再用光滑曲线连接各顶点而成。应用时,用卡规在地形图上量取等高线 a、b 点平距 ab,在坡度尺上比较,如图所示,即可查得 ab 的角值约为 1°45′。

5) 三北方向

在中、小比例尺地形图的南图廓线右下方,通常绘有真北、磁北和轴北之间的角度关系,如图 3-3 所示。利用三北方向图,可对图上任一方向的真方位角、磁方位角和坐标方位角进行相互换算。

3.1.2 地物地貌的识读

通过地形图来分析、研究地形,主要是根据《地形图图式》符号、等高线的性质和测绘地形图时综合取舍的原则来识读地物、地貌。

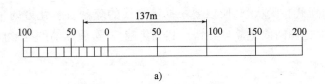

a)

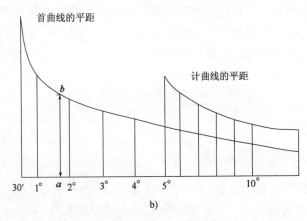

b)

图3-2 直线比例尺与坡度

1）地物识读

地物识读的目的是了解地物的大小、种类、位置和分布情况。通常按先主后次的程序，并顾及取舍的内容与标准进行。地物的种类很多，主要包括以下内容：

（1）测量控制点。包括三角点、导线点、图根点、水准点等。控制点在地形图上一般注有点号或名称、等级及高程。

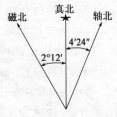

图3-3 三北方向

（2）居民地。包括居住房屋、寺庙、纪念碑、学校、运动场等。房屋建筑分为特种房屋、坚固房屋、普通房屋、简单房屋、破坏房屋和棚房六类。房屋符号中注写的数字表示建筑层数。

（3）工矿企业建筑。是国民经济建设的重要设施，包括矿井、石油井、探井、吊车、燃料库、加油站、变电室、露天设备等。

（4）独立地物。是判定方位、确定位置的重要标志，如纪念碑、宝塔、亭、庙宇、水塔、烟囱等。

（5）交通设施。包括公路及铁路、车站、路标、桥梁、天桥、高架桥、涵洞、隧道等。

（6）管线和垣栅。管线主要包括各种电力线、通信线以及地上、地下的各种管道、检修井、阀门等。垣栅是指长城、砖石城墙、围墙、栅栏、篱笆、铁丝网等。

（7）水系及其附属建筑。包括河流、水库、沟渠、湖泊、岸滩、防洪墙、渡口、桥梁、拦水坝、码头等。

（8）境界。包括国界、省界、县界、乡界。

2）地貌识读

地貌主要是用等高线表示的，因此要先熟悉等高线表示地貌的原理、特点和规定，然后由等高线的形状、走向判定山头、山脊、山谷、鞍部和洼地等。地貌识读的目的是要了解各种地貌分布和地面的高低起伏状态,所以要根据等高线的疏密及变化方向来判定地面的坡度变化情况,从总体上把握图内地貌分布特点和变化趋势,形成立体的地形概念。

3.1.3 植被识读

植被是指覆盖在地表上的各种植物的总称。植被识读的目的就是了解本图幅区域内植被的种类、分布特征,以及植被的分布区域和范围等情况。植被识读也应本着先主后次的顺序进行,然后根据需要详细查找,量算面积等。

3.2 地形图的基本应用

3.2.1 野外使用地形图的基本方法

在野外使用地形图时,经常要进行地形图的定向、在图上确定站立点位置、地形图与实地对照,以及野外填图等项工作。当使用的地形图图幅数较多时,为了使用方便则须进行地形图的拼接和粘贴,方法是根据接图表所表示的相邻图幅的图名和图号,将各幅图按其关系位置排列好,按左压右、上压下的顺序进行拼贴,构成一张范围更大的地形图。

(1)地形图的野外定向地形图的野外定向就是使图上表示的地形与实地地形一致。常用的方法有以下两种:

①罗盘定向。根据地形图上的三北关系图,将罗盘刻度盘的北字指向北图廓,并使刻度盘上的南北线与地形图上的真子午线(或坐标纵线)方向重合,然后转动地形图,使磁针北端指到磁偏角(或磁坐偏角)值,完成地形图的定向。

②地物定向。首先,在地形图上和实地分别找出相对应的两个位置点,例如,本人站立点、房角点、道路或河流转弯点、山顶、独立树等,然后转动地形图,使图上位置与实地位置一致。

(2)在地形图上确定站立点位置。当站立点附近有明显地貌和地物时,可利用它们确定站立点在图上的位置。例如,站立点的位置是在图上道路或河流的转弯点、房屋角点、桥梁一端,以及在山脊的一个平台上等。当站立点附近没有明显地物或地貌特征时,可以采用交会方法来确定站立点在图上的位置。

(3)地形图与实地对照。当进行了地形图定向和确定了站立点的位置后,就可以根据图上站立点周围的地物和地貌的符号,找出与实地相对应的地物和地貌,或者观察了实地地物和地貌来识别其在地形图上所表示的位置。地形图和实地通常是先识别主要和明显的地物、地貌,再按关系位置识别其他地物、地貌。通过地形图和实地对照,了解和熟悉周围地形情况,比较出地形图上内容与实地相应地形是否发生了变化。

(4)野外填图是指把土壤普查、土地利用、矿产资源分布等情况填绘于地形图上。野外填图时,应注意沿途具有方位意义的地物,随时确定本人站立点在图上的位置,同时,站立点要选择视线良好的地点,便于观察较大范围的填图对象,确定其边界并填绘在地形图上。通常用罗盘或目估方法确定填图对象的方向,用目估、步测或皮尺确定距离。

3.2.2　求图上某点的坐标

如图 3-4 所示,欲求 A 点的坐标值,先连接 A 点所在的方格网 $abcd$,过 A 点作格网线的平行线,得交点 e、f、g、k,用比例尺量得 af、ae 长度。再根据图廓坐标注记求得 A 点所在方格西南角角点的坐标 x_a、y_a。

(1)当精度要求不高时,可用下式计算:

$$x_A = x_a + af \times M$$
$$y_A = y_a + ae \times M$$

$$(3\text{-}1)$$

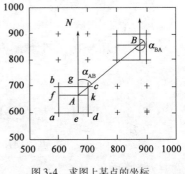

(2)当精度要求较高时,考虑图纸伸缩变形及量距误差的影响,即 ab、cd 长度不等于 10cm 或量取的 $af + fb$、$ae + ed$ 不等于 10cm 时,则按下式计算:

$$\left.\begin{array}{l} x_A = x_a + \dfrac{10}{af + fb} \cdot af \times M \\[3mm] y_A = y_a + \dfrac{10}{ae + ed} \cdot ae \times M \end{array}\right\}$$

$$(3\text{-}2)$$

图 3-4　求图上某点的坐标

3.2.3　求图上某点的高程

如图 3-5 所示,某点 P 位于某条等高线上,则该点高程 $H_P = H_{线}$,即 $H_P = 109\text{m}$。当点位于相邻两条等高线之间时,如图 3-5 所示中的 K 点。则过 K 点作近似垂直于两条等高线的直线 ab,量取 ab 的长度 d,aK 长度 d_1,则

$$H_K = H_a + \Delta h = H_a + \frac{d_1}{d} \cdot h$$

$$(3\text{-}3)$$

在无等高线只用高程注记点表示地面高程的区域,如果两高程注记点的高程不同,可以认为两高程注记点间坡度均匀,如果欲求点在高程注记点的两连线上,用式(3-3)来求。如图 3-6 所示,如果欲求点 K 位于 A、B、C 点之间,先连任意两点(如 A、B),再连接 CK 并延长交于 AB 线于 D 点,在图上量取 AB 和 AD 的长度,根据 A、B 两点高程,先用式(3-3)计算出 D 点高程,再量取 CD、CK 的长度,根据 C、D 点高程,按式(3-3)计算出 K 点的高程。

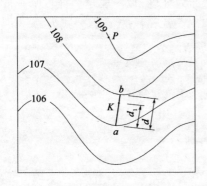

图 3-5　求图上某点的高程

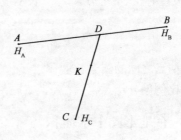

图 3-6　根据高程注记点求高程

3.2.4 在图上求某两点间的距离

1)图解法(直接量取)

$$D = d \times M \tag{3-4}$$

式中:D——两点之间的实地水平距离;

$\quad d$——图上量得长度;

$\quad M$——比例尺分母。

2)解析法

如图 3-4 所示,求水平距离 D_{AB},先用求点坐标的方法求出 x_a、y_a、x_b、y_b,则

$$D_{AB} = \sqrt{(x_b - x_a)^2 + (y_b - y_a)^2} \tag{3-5}$$

3.2.5 在图上求某直线的方位角

如图 3-4 所示,欲求直线 AB 的坐标方位角,可采用以下两种方法。

1)图解法

当精度要求不高时,采用图解法直接量取,先过 A、B 两点作坐标格网纵轴线的平行线,然后用量角器分别量取 AB 直线上的坐标方位角 α'_{AB} 和 α'_{BA}。则直线 AB 的坐标方位角为

$$\alpha_{AB} = \frac{1}{2}(\alpha'_{AB} + \alpha'_{BA} \pm 180°) \tag{3-6}$$

2)解析法

先求出 A、B 两点的坐标,则直线 AB 的坐标方位角为

$$\alpha_{AB} = \arctan \frac{y_B - y_A}{x_B - x_A} = \arctan \frac{\Delta y_{AB}}{\Delta x_{AB}} \tag{3-7}$$

使用式(3-7)计算 α_{AB} 时,应根据 Δx_{AB}、Δy_{AB} 的正负号,判断直线 AB 所在的象限,然后才能求得 α_{AB}。

3.2.6 求图上某直线的坡度

直线两点间的高差 h 与水平距离 D 之比称为坡度,以 i 表示。坡度 i 一般用百分率(%)表示,坡度有正、负之分。"$+$"表示上坡,"$-$"表示下坡,计算公式为

$$i = \frac{h}{D} = \frac{h}{d \cdot M} \tag{3-8}$$

式中:d——两点之间的图上长度;

$\quad M$——比例尺分母。

3.2.7 在地形图中求面积

1)求多边形的面积

(1)几何图形法对规则的几何图形,直接量取几何要素,按几何图形计算面积公式计算。

如图3-7所示,对不规则的多边图形,可分解成多个规则图形分别计算,最后求和。

$$A = A_1 + A_2 + \cdots + A_n = \sum_{i=1}^{n} A_i \qquad (3\text{-}9)$$

(2)坐标法对于任意多边形,也可在图上求出各折点的坐标,利用坐标计算面积公式进行计算。如图3-8所示,任意四边形1、2、3、4点,各点坐标分别为(x_1,y_1)、(x_2,y_2)、(x_3,y_3)、(x_4,y_4),对x轴投影,则四边形的面积A为

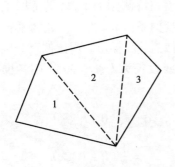

图3-7 求多边形的面积

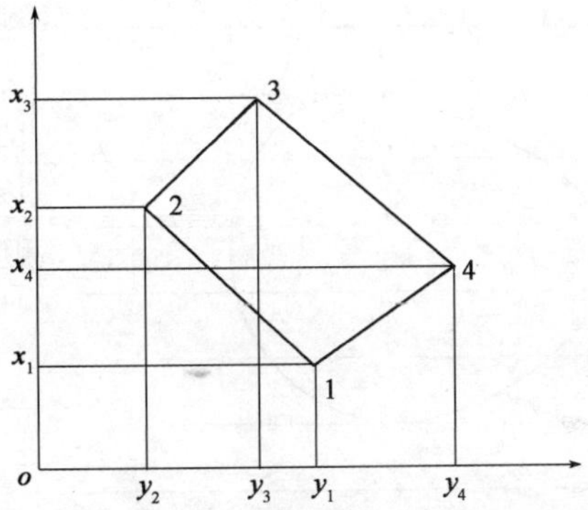

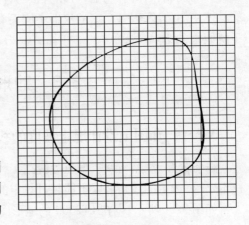

图3-8 坐标法

$$A = \frac{1}{2}\Big[(y_3 + y_4) \cdot (x_3 - x_4) + (y_4 + y_1)(x_4 - x_1) - (y_3 + y_2) \cdot (x_3 - x_2) -$$
$$(y_2 + y_1) \cdot (x_2 - x_1) \Big]$$
$$= \frac{1}{2}\Big[x_1(y_2 - y_4) + x_2(y_3 - y_1) + x_3(y_4 - y_2) + x_4(y_1 - y_3) \Big]$$

若图形有n个折点,则图形面积为

$$A = \frac{1}{2}\Big[x_1(y_2 + y_n) + x_2(y_3 - y_1) + \cdots + x_n(y_1 - y_{n-1}) \Big]$$

即
$$A = \frac{1}{2}\sum_{i=1}^{n} x_i(y_{i+1} - y_{i-1}) \qquad (3\text{-}10)$$

若对y轴投影,同理推出

$$A = \frac{1}{2}\sum_{i=1}^{n} y_i(x_{i-1} - x_{i+1}) \qquad (3\text{-}11)$$

注意,在式(3-10)和式(3-11)中,当$i=1$时,$i-1$取n值;当$i=n$时,$i+1$取1值。如果折点按逆时针方向编号,计算结果取绝对值。式(3-10)和式(3-11)计算结果可作为计算检核。

2)求不规则的曲边图形的面积。

(1)透明方格网法。如图3-9所示,先在透明纸上按一定边长绘成小正方形格网,然后将透明方格纸覆盖在待测面积的图形上,数出图形内的整方格数$n_{整}$和非整格的格数$n_{非}$,则曲边图形的

图3-9 透明方格网法

面积为

$$A = \left(n_{整} + \frac{1}{2} n_{非} \right) a^2 M^2 \tag{3-12}$$

式中：a——小方格的边长；

M——比例尺分母。

（2）平行线法。如图 3-10 所示，先在透明纸上按一定间距 h 绘制平行线，将绘有平行线的透明纸覆盖在待测图形上，转动透明纸使平行线与图形出现两条线相切，则相邻两平行线间截取的图形近似为等高梯形。用比例尺分别量取图形内的平行线段长为 l_1、l_2、$\cdots$、l_n，则各梯形的面积为

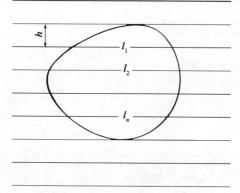

图 3-10　平行线法

$$A_1 = \frac{1}{2}(0 + l_1) \cdot h$$

$$A_2 = \frac{1}{2}(l_1 + l_2) \cdot h$$

$$\cdots\cdots$$

$$A_{n+1} = \frac{1}{2}(l_n + 0) \cdot h$$

将上式相加，即得待测图形的总面积为

$$A = A_1 + A_2 + \cdots + A_{n+1} = (l_1 + l_2 + \cdots + l_n) \cdot h$$

$$= h \cdot \sum_{i=1}^{n} l_i \tag{3-13}$$

（3）求积仪法。求积仪是一种专门在图上量算面积的仪器，有机械式和数字式两种，现在主要使用的是先进的数字式求积仪，其优点是操作简便、速度快、精度高，适用于各种曲线图形面积的量算。数字式求积仪具有自动显示量测面积结果、储存测得的数据、计算周围边长、数据打印、边界自动闭合等功能，计算精度可以达到 0.2%。同时，具备各种计量单位，例如，公制、英制；有计算功能，可以直接与计算机相连进行数据管理和处理。有关数字求积仪的具体使用方法，因各厂家的仪器不同而有所不同，可参阅所使用的数字求积仪使用说明书了解使用方法。

3.3　地形图的工程应用

3.3.1　在图上设计规定坡度的线路

在对公路、铁路、管线、渠道等线路工程进行初步设计时，通常先在地形图上选线。按照技术要求，选定的线路坡度不能超过规定的限制坡度，并且线路最短。

如图 3-11 所示，设在 1:2000 的地形图上选定一条从 A 点到 B 点的线路，要求线路的纵向坡度不超过 5%，图上等高距为 5m，选线步骤如下：

（1）坡度不超过5%的线路通过相邻等高线间的最短距离d。

$$d = \frac{h}{iM} = \frac{5}{0.05 \times 2000}(\text{m}) = 50(\text{mm})$$

（2）在地形图上以A为圆心、d为半径，画弧与45m等高线交于1点；再以1点为圆心，用同样的方法画弧与50m等高线交于2点，依次到B点为止。最后连接$A-1-2-3-4-5-6-7-B$，便在图上得到符合规定坡度的线路。这只是A到B的线路之一，为了便于选线比较，还需要另选其他线路进行综合比较。

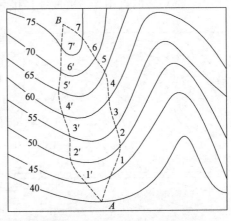

图3-11 在图上选择规定坡度的线路

按上述方法选定线路方向时，可能会出现下面两种情况：一是相邻等高线的平距大于d时，说明地面坡度小于规定坡度，在这种情况下，可直接按最短距离线路连线，如图中6-7、7-B；二是以d为半径作弧与某一等高线相交于两点，此时可根据线路所需方向及其他因素而取其中的一点。最后选用哪条，则主要根据占用耕地、拆迁民房、施工难度及工程费用等因素决定。

3.3.2 根据地形图绘制规定方向的断面图

地形断面图是指沿某一方向描绘地面起伏状态的竖直面图。在交通、渠道以及各种管线工程中，可根据断面图地面起伏状态，量取有关数据进行线路设计。断面图可以在实地直接测定，也可根据地形图绘制。

绘制断面图时，首先要确定断面图的水平方向和垂直方向的比例尺。通常，在水平方向采用与所用地形图相同的比例尺，而垂直方向的比例尺要比水平方向大10~20倍，以突出地形起伏状况。

如图3-12所示，要了解图上A、B两点间的地形起伏情况，可以沿AB线作一断面图，步骤如下：

（1）连接AB两点，找出AB直线与等高线的交点，并进行编号，如图中的1、2、…、6等点。

（2）绘制一横轴表示水平距离D、纵轴表示高程H的直角坐标轴。为了能明显地反映出地面的起伏形态，取高程比例尺比水平距离比例大10~20倍。

（3）在横轴上定出A点位置，在地形图中用卡规量出A_1、A_2、…、AB的距离，并转绘横轴上。

（4）通过横轴上的点作垂线与相应高程线相交，找出交点。当断面过山脊、山谷时，需根据等高线或碎部点的高程内插增设最高或最低

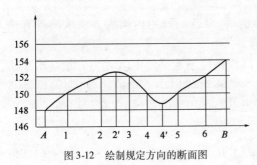

图3-12 绘制规定方向的断面图

高程点(如2、3和4、5之间的2′和4′点)。

(5)把相邻的点用光滑的曲线连接起来,便得到AB方向线的断面图。

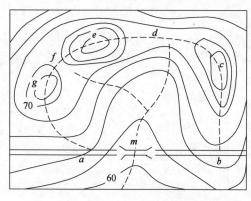

图3-13　在图上确定汇水面积

3.3.3　在图上确定汇水面积

在桥涵、堤坝及排水工程中,需要知道有多大面积的雨水和雪水往这条河流或谷地汇集,这个面积,就称为汇水面积。

因落在山脊上的水,向其两侧流下,只要将某一地区的一些相邻的山脊线连接起来,则它所包围的面积,就是汇水面积。如图3-13所示,m点为修筑道路时经过山谷需要建造的桥涵。涵洞的大小,应根据流经该处的水量大小来决定,而水量的大小又与汇水面积有关。

从图3-13中可以看出,由分水线bc、cd、de、ef、fg、ga及道路ab所围成的面积即为汇水面积,用求面积的方法,求得汇水面积的大小,结合气象水文资料,可计算出流经m处的水流量。

3.3.4　地形图在场地平整中的应用

工程建设中,除了对建筑物要做合理的规划设计外,往往还要对拟建场地的地貌做必要改造,使之适合整体布局的需要。此类地貌改造称为土地平整。在平整土地工作中,常需要预估土方的工程量,即利用地形图进行填挖土方量的概算。常用的方法有3种:方格网法、断面法和等高线法。三者各有其优缺点和适用场合,可以根据现场地形起伏情况以及任务要求选用。当实际工程要求以更高精度估算土石方量时,往往需要在现场实测方格网图、断面图或更大比例尺地形图,然后再计算土石方量。

1)方格网法

当地形变化不大或地形变化比较有规律时,通常采用方格网法。

(1)设计面为水平面时的场地平整:如图3-14所示,假设要求将拟建场地地貌按填挖土方量平衡的原则改造成平面,其具体步骤如下:

①绘制方格网。在地形图上拟建场地内绘制方格网。方格网的大小取决于地形复杂情况、地形图的比例尺及土方概算的精度要求等。一般边长取10m或20m即可,图中方格边长为10m。

②求方格网角点的地面高程。根据地形图中的等高线高程,用内插的方法求出各方格角点的地面高程,并标注在各方格角点的右上位置。

③计算设计高程。在场地平整中最佳的设计高程是使场地平整中填(挖)方量基本平衡时的高程,计算方法是算出所有小方格平均高程的总和再除以小方格的格数,即得设计高程。从计算平均高程时可知,角点高程用到一次,边点高程用到两次,拐点高程用到三次,中间点高程用到四次,则设计高程的简化计算公式为

$$H_{设} = \frac{1}{4n}\left(\sum H_{角} + 2\sum H_{边} + 3\sum H_{拐} + 4\sum H_{中}\right)$$

(3-14)

式中:n——方格总数;

  $H_{角}$——角点高程;

  $H_{拐}$——拐点高程;

  $H_{边}$——边点高程;

  $H_{中}$——中间点高程。

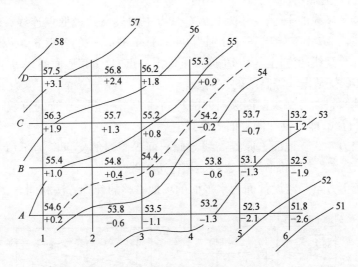

图3-14 设计面为平面的场地平整

将图3-14中各方格角点的高程及方格数代入式(3-14)中,得设计高程为$H_{设}=54.4\text{m}$。

④绘制填、挖边界线。根据地形图等高线的高程用内插法定出设计高程54.4m的点位,连接各点,即为填(挖)边界线(图中虚线)。

⑤计算填(挖)高度。每格角点上的填(挖)高度为:

$$h_{填(挖)}=H_{地}-H_{设} \tag{3-15}$$

计算结果中,"+"表示挖方,"-"表示填方,并将填挖高度分别标注在角点的左上方位置。

⑥计算填(挖)方量。填挖土方量可根据方格点的位置特点,按下列公式计算:

$$
\begin{aligned}
&角点:填(挖)高度\ h\times\frac{1}{4}方格面积\\[6pt]
&边点:填(挖)高度\ h\times\frac{2}{4}方格面积\\[6pt]
&拐点:填(挖)高度\ h\times\frac{3}{4}方格面积\\[6pt]
&中点:填(挖)高度\ h\times\frac{4}{4}方格面积
\end{aligned}
\tag{3-16}
$$

然后再统计填方总量和挖方总量,两者应基本相等,满足填挖土方平衡的要求。将图3-14中计算出的填(挖)方高度代入式(3-16)中得:

$$V_{挖} = 1855m^3$$

$$V_{填} = 1851m^3$$

（2）设计面为倾斜面时的场地平整：如图 3-15 所示，图中 A、B、C 三点是倾斜场地平整后要保留的高程不变的控制点，其地面高程分别为 84.8m、81.5m 和 83.6m，将原地形平整成通过 A、B、C 三点的倾斜面。其步骤如下：

①确定设计等高线的平距。选取 A、B、C 三点中的最高及最低点连线，图中为 AB，用比例内插法在直线段 AB 上点绘出高程分别为 84m、83m、82m、…的各点 a、b、c、…。

②确定设计等高线的方向。在 AB 连线上求出一点 Q，使其地面高程等于 C 点高程。连接 QC，则虚线 QC 就是设计等高线的方向线。

③插绘设计倾斜面等高线。因倾斜面的等高线为一组相互平行的直线，故过 a、b、c、…各点作 QC 的平行线，即为设计倾斜面等高线。

④确定填挖边界线。地面上原等高线与倾斜面等高线的交点即为不填不挖点，即图中 1、2、3、…各点，连接这些点的平滑曲线即为填挖边界线。

⑤计算填挖土方量。与设计面为水平面的场地平整的计算方法相同。

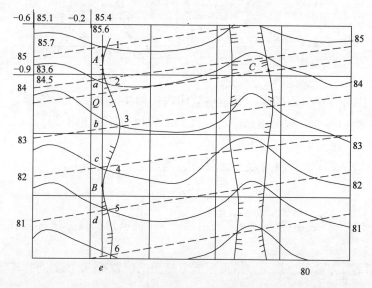

图 3-15 设计面为倾斜面的场地平整

2）断面法

在地形起伏变化较大的地区，或者如道路、管线等线状建设场地，则宜采用断面法来估算填挖土方量。如图 3-16 所示，ABCD 是某建设场地的边界线。按设计要求，拟按设计高程 85m 将建设场地进行平整，并分别估算填方和挖方的土方量。

根据建设场地边界线 ABCD 内的地形情况，每隔一定间距绘一垂直于场地左、右边界线 AD、BC 的断面图。图 3-16 中仅绘制出 A-B 和 Ⅰ-Ⅰ、Ⅴ-Ⅴ、Ⅵ-Ⅵ的断面图。

由于设计高程定为 85m，在每个断面图上，凡低于 85m 的地面与 85m 设计等高线所围成的面积即为该断面的填方面积，如图 3-16 中的 S'_{A-B}、S'_{I-I}、S''_{I-I}、S'_{V-V}、S'_{VI-VI} 等；凡高于 85m 的地面与 85m 设计等高线所围成的面积即为该断面的挖方面积，如图 3-16 中的 S_{A-B}、S_{I-I} 等。

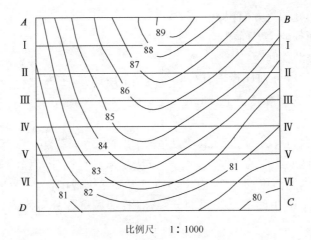

比例尺 1:1000

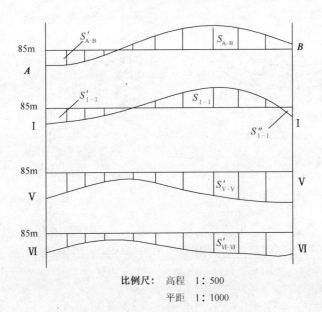

比例尺: 高程 1:500
平距 1:1000

图3-16 断面法估算土石方量

分别计算出每一断面的总填、挖土方面积后,即可计算相邻两断面间的填挖土方量。具体方法是将相邻两断面的总填挖土方面积相加后取平均值,再乘上相邻两断面间距 L,可分别得到填方和挖方的土方量。例如,在 A-B 断面与 Ⅰ-Ⅰ 断面间的填挖土方量计算公式可以分别表述为:

挖方

$$V_{A-B} = \frac{S_{A-B} + S_{I-I}}{2} \times L \qquad (3-17)$$

填方

$$V'_{A-B} = \frac{S'_{A-B} + (S'_{I-I} + S''_{I-I})}{2} \times L \qquad (3-18)$$

式中:V、V'——相邻断面间的挖、填土方量;

        S——断面处的挖方面积；

     S'、S''——断面处的填方面积；

        L——相邻断面间距。

用同样的方法可以分别计算出其他相邻断面间的填挖土方量。汇总后则可以估算出 $ABCD$ 场地的总填土方量和总挖土方量。

3）等高线法

当场地起伏较大，且仅计算挖方或填方量时，可采用等高线法。在水利建设工程中常利用等高线法计算库区或洼地的容水量。这种方法是从场地设计高程的等高线开始，首先量出各条等高线范围内的面积，再分别用相邻两条等高线围成的面积平均值乘以等高线的间隔高度（即等高距）。算出两等高线间的分层体积，最后将各分层体积相加，即为所求的总体积。

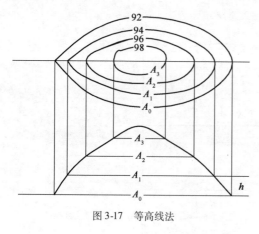

图 3-17　等高线法

如图 3-17 所示，设欲将高程 100m 以上的土丘平整为水平场地。设各条等高线范围内的面积为 S_0、S_1、S_2、S_3，h 为等高距，V_{01}、V_{12}、V_{23} 为各等高线夹层的体积，V_k 为顶上部分的体积，则

$$V_{01} = \frac{1}{2}(A_0 + A_1)h$$

$$V_{12} = \frac{1}{2}(A_1 + A_2)h$$

$$V_{23} = \frac{1}{2}(A_2 + A_3)h$$

$$V_k = \frac{1}{3}A_k h_k$$

式中：h_k——最上一条等高线至山顶的高度（即不足一个等高距的高度）；

    V_k——把不足一个等高距高度的山头当作圆锥体计算的体积。

将上列各式相加，总体积为

$$V = V_{01} + V_{12} + V_{23} + V_k = \frac{1}{2}h(A_0 + 2A_1 + 2A_2 + A_{3'}) + \frac{1}{3}A_3 h_k \tag{3-19}$$

式（3-19）为利用等高线法计算体积的公式。各条等高线范围内的面积，可用求积仪量算并换算为实地面积。

3.4　电子地形图及其应用

3.4.1　电子地图的基本概念与特点

电子地图（Electronic Map）又称数字地图，是利用计算机技术和数字制图技术，以数字方式存储和查阅并能以图形形式表现的新型地图。电子地图以计算机系统为处理平台，在计算机屏幕上显示地图数据信息。

电子地图与传统的纸质地图相比具有很多特点，包括：

（1）电子地图的数字存储介质容量大，存储了各种地理要素和交通属性信息，并以图形、图像、文档、统计数据等多种形式显示信息。

（2）传统的纸质地图以纸张作为信息的载体，而电子地图以计算机屏幕或投影大屏幕作为媒介。

（3）电子地图把图形、图像、声音和文字等各种元素合成，其制作、管理、使用和阅读实现了一体化，便于对地图进行修改、更新和传输。

（4）电子地图可以根据使用者的需要调整地图显示内容，地图可以旋转或任意缩小、放大显示比例，同时可以实现地图上的角度、长度、面积等要素的自动量算。

（5）电子地图可以实时实地地更新显示地理信息，并将地图要素分层显示。

（6）电子地图利用虚拟显示技术将地图立体化、动态化。

（7）电子地图的使用依赖专门的软件和硬件设备，不能随时随地的使用。电子地图受屏幕分辨率和计算机屏幕尺寸的限制，会对显示效果造成一定的影响，同时不能给地图使用者深刻的整体印象，不能清楚明了地表现地理要素相互之间的关系。

3.4.2 电子地图的基本模式及用途

随着测绘技术和计算机技术的结合与不断发展，储存介质容量的海量增大，传统测绘产业向地理信息产业转化，数字化测绘生产从最初的机助制图发展到现在的"3S"技术和"4D"产品，地图不再局限于以往的模式。现代数字地图主要由 DOM（数字正射影像图）、DEM（数字高程模型）、DRG（数字栅格地图）、DLG（数字线划地图）以及它们的复合模式组成，下面分别做一介绍。

1）数字正射影像图（DOM）

数字正射影像图是利用航空相片、遥感影像，经象元纠正，按图幅范围裁切生成的影像数据。它的信息丰富直观，具有良好的可判读性和可量测性，从中可直接提取自然地理和社会经济信息。DOM 具有精度高、信息丰富、直观真实等优点，可作为背景控制信息，评价其他数据的精度、现实性和完整性；可从中提取自然资源和社会发展信息，为防止灾害和公共设施建设规划等提供可靠依据；还可从中提取和派生新的信息，实现地图的修测更新。在城市测绘领域，DOM 被广泛应用于城市规划设计、交通规划设计、城市绿化覆盖率调查、城市建成区发展调查、风景名胜区规划、城市发展与生态环境调查与可持续发展研究等诸多方面。

2）数字高程模型（DEM）

数字高程模型是以高程表达地面起伏形态的数字集合。可制作透视图、断面图，进行工程土石方计算、表面覆盖面积统计，用于与高程有关的地貌形态分析、通视条件分析、洪水淹没区分析。DEM 的应用，在于通过计算机采用一定的算法，能够很方便地将 DEM 数据转换为等高线、透视图、断面图、坡度图以及专题图等各种产品，或者按照用户的需求计算出体积、空间距离、表面覆盖面积等工程数据和统计数据以及进行通视分析、域特征地貌与地形自动分割等。

3）数字栅格地图（DRG）

数字栅格地图是纸制地形图的栅格形式的数字化产品。DRG 可作为背景用于数据参照或修测其他地理相关信息,用于数字线划地图(DLG)的数据采集、评价和更新,还可与数字高程模型(DEM)、数字正射影像图(DOM)等数据信息集成使用,派生出新的可视信息,从而提取、更新地图数据,绘制纸质地图。

4)数字线划地图(DLG)

数字线划地图是现有地形图上基础地理要素分层存储的矢量数据集。数字线划图既包括空间信息,也包括属性信息,可用于建设规划、资源管理、投资环境分析等各个方面以及作为人口、资源、环境、交通、治安等各专业信息系统的空间定位基础。DLG 满足地理信息系统进行各种空间分析要求,可随机地进行数据选取和显示,与其他几种产品叠加,便于分析、决策。

4D 产品构成了地理信息系统的基础数据框架,是其他信息空间载体,用户可依据自身的要求,选择适合自己的基础数据产品,研制各种专题地理信息系统。这四种基本模式产品的组合,可以形成多种多样的复合产品。例如可以在 DLG 基础上叠加上 DOM,可以形成既具有矢量地形图精度又具有 DOM 直观性的高科技产品。在电力管理信息系统中引入适当的 GIS 系统,可以为电力管理提供行之有效的辅助决策方法;地理信息系统应用于地名数据库管理,提高人们对城市的监控能力;地理信息系统应用于房地产管理,将空间数据与大量的非空间数据(属性数据)结合起来,为维护主地产市场正常、高效运行发挥重要作用;地理信息系统应用于规划管理,提高办事效率,而且利用矢量数据(DLG)与栅格数据(DOM)相结合,使 GIS 的信息表达更加丰富,形象生动,而且为系统交通、管线、通信、银行、土地等部门。目前数字城市作为城市建设的一个热点,已得到各级政府的广泛重视,有些地区已进入前期的实施阶段,基础地理信息数据库作为数字城市的基础框架,在数字城市的建设中发挥着重要作用。

3.5 竣工总图实测与编绘

3.5.1 编绘竣工总图的意义

竣工总图是施工单位在工程竣工后、交付使用前向建设单位提交的重要的技术文件之一。工业与民用建筑工程是根据设计的总平面图进行施工。但是,在施工过程中,由于设计时没有考虑到的因素及临时变更、施工误差等原因,会造成工程的竣工位置与规划和设计不太一样,因此工程的竣工位置不可能与设计位置完全一致。此外,在工程竣工投产以后的经营过程中,为了顺利地进行维修,及时消除地下管线的故障,并考虑到为将来建筑的改建或扩建准备充分的资料,一般应编绘竣工总平面图。竣工总平面图及附属资料,也是考查和研究工程质量的依据之一。编绘竣工总图,需要在施工过程中收集一切有关的资料,加以整理,及时进行编绘。为此,在开始施工时即应有所考虑和安排。

3.5.2 竣工总图编绘原则与要求

竣工总图遵循现场测量为主、资料编绘为辅的原则进行编绘。具体要求如下:

(1)施工中应根据施工情况和设计变更文件及时编绘竣工总图。

(2) 单项工程竣工后应立即进行实测并编绘竣工总图。

(3) 对于设计变更部分,应按实测资料绘制。

(4) 地下管道及隐蔽工程,应根据回填前的实测数据编绘。

(5) 竣工测量应以工程施工中有效的测量控制网点为依据进行测量。控制点被破坏时,应在保证施测细部点的精度下进行恢复。

(6) 对已有的资料应进行实地检测,其允许偏差应符合国家现行有关施工验收规范的规定。

3.5.3 竣工总平面图的编绘

1) 绘制竣工总平面图的依据

(1) 设计总平面图、单位工程平面图、纵横断面图和设计变更资料;

(2) 定位测量资料、施工检查测量及竣工测量资料。

2) 根据设计资料展点成图

凡按设计坐标定位施工的工程,应以测量定位资料为依据,按设计坐标(或相对尺寸)和高程编绘。建筑物和构筑物的拐角、起止点、转折点应根据坐标数据展点成图;对建筑物和构筑物的附属部分,如无设计坐标,可用相对尺寸绘制。若原设计变更,则应根据设计变更资料编绘。

3) 根据竣工测量资料或施工检查测量资料展点成图

在工业与民用建筑施工过程中,在每一个单位工程完成后,应该进行竣工测量,并总结该工程的竣工测量成果。

对凡有竣工测量资料的工程,若竣工测量成果与设计值之比差不超过所规定的定位允许偏差,按设计值编绘;否则应按竣工测量资料编绘。

根据上述资料编绘成图时,对于厂房应使用黑色墨线绘出该工程的竣工位置,并应在图上注明工程名称、坐标和高程及有关说明。对于各种地上、地下管线,应用各种不同颜色的墨线绘出其中心位置,注明转折点及井位的坐标、高程及有关注明。在一般没有设计变更的情况下,墨线绘的竣工位置与按设计原图用铅笔绘的设计位置应该重合,但坐标及高程数据与设计值比较有的会有微小出入。随着施工的进展,逐渐在底图上将铅笔线都绘成墨线。

在图上按坐标展绘工程竣工位置时,和在图底上展绘控制点的要求一样,均以坐标格网为依据进行展绘,展点对邻近的方格而言,其允许偏差为 ±3mm。

3.5.4 编绘竣工总平面图时的现场实测工作

凡属下列情况之一者,必须进行现场实测,以编绘竣工总平面图:

(1) 由于未能及时提出建筑物或构筑物的设计坐标,而在现场指定施工位置的工程;

(2) 设计图上只标明工程与地物的相对尺寸而无法推算坐标和高程;

(3) 由于设计多次变更,而无法查对设计资料;

(4) 竣工现场的竖向布置、围墙和绿化情况,施工后尚保留的大型临时设施。

为了进行实测工作,可以利用施工期间使用的平面控制点和水准点进行施测。如原有控制点不够使用时,应补测控制点。

建筑物或构筑物的竣工位置应根据控制点采用极坐标法或直角坐标法实测其坐标。实测坐标与高程的精度应不低于建筑物和构筑物的定位精度。外业实测时,必须在现场绘出草图,最后根据实测成果和草图,在室内进行展绘,便成为完整的竣工总平面图。

3.5.5 竣工总平面图最终绘制

1)分类竣工总平面图的编绘

对于大型企业和较复杂的工程,如将厂区地上、地下所有建筑物和构筑物都绘在一张总平面图上,这样将会导致图面线条密集,不易辨认。为了使图面清晰醒目,便于使用,可根据工程的密集与复杂程度,按工程性质分类编绘竣工总平面图。

2)综合竣工总平面图

综合竣工总平面图即全厂性的总体竣工总平面图,包括地上地下一切建筑物、构筑物和竖向布置及绿化情况等。如地上地下管线及运输线路密集,则只编绘主要的部分。

(1)工业管线竣工总平面图

工业管线竣工总平面图又可根据工程性质分类编绘,如上下水道竣工总平面图、动力管道竣工总平面图等。

(2)厂区铁路、公路竣工总平面图

图上须注明线路的起止点、转折点、变坡点、桥涵及附属建筑物和构筑物的坐标,以及曲线元素的数值等。

3)随工程的竣工相继进行编绘

工业企业竣工总平面图的编绘,最好的办法是:随着单位或系统工程的竣工,及时地编绘单位工程或系统工程平面图;并由专人汇总各单位工程平面图编绘竣工总平面图。这种办法可及时利用当时的竣工测量成果进行编绘,如发现问题,能及时到现场实测查对。同时由于边竣工边编绘竣工总平面图,也可以及时考核和反映施工进度。

4)竣工总平面图的图面内容和图例

竣工总平面图的图面内容和图例,一般应与设计图取得一致。图例不足时,可补充编制,但必须加图例说明。

5)竣工总平面图的附件

为了全面反映竣工成果,便于生产管理、维修和日后企业的扩建或改建,下列与竣工总平面图有关的一切资料,应分类装订成册,作为竣工总平面图的附件保存。

(1)地下管线竣工纵断面图。

(2)铁路、公路竣工纵断面图。工业企业铁路专用线和公路竣工以后,应进行铁路轨顶和公路路面(沿中心线)水准测量,以编绘竣工纵断面图。

(3)建筑场地及其附近的测量控制点布置图及坐标与高程一览表。

(4)建筑物或构筑物沉降及变形观测资料。

(5)工程定位、检查及竣工测量的资料。

(6)设计变更文件。

(7)建设场地原始地形图。

思 考 题

1. 地形图应用有哪些基本内容?

2. 地形图在工程建设中主要有哪些应用?

3. 电子地图与传统的纸质地图相比具有哪些特点?

4. 何谓数字地面模型?

5. 编绘竣工总图有何意义?

6. 在已给的部分 1∶2000 地形图中,如图 3-18 所示,完成下列作业(注:方格边长 10m)。

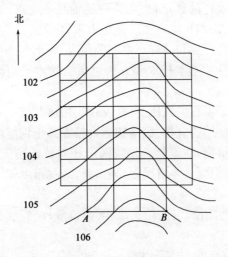

图 3-18　方格法平整场地

　(1)将打方格范围内的地面平整为同一高程的平面,求出设计高程、填挖高度和填、挖方总量?

　(2)将打方格范围的地面平整为一均匀倾斜平面,AB 线的设计高程为 105m,以 5%坡度向北下倾斜,计算各方格顶点的填挖高度、填挖方总量。

第4章 工程施工放样的基本方法

4.1 概　述

施工放样是将图纸上设计的建筑物、构筑物各轴线的交点、道路中线、桥墩等的平面位置和高程按设计要求,以一定的精度在实地标定出来,作为施工的依据。这些点的位置是根据控制点或已有建筑物的特征点与放样点之间的角度、距离和高差等几何关系,应用仪器和工具标定出来的。施工放样的基本技术和方法包括已知水平距离、水平角、高程的测设,点的平面位置的测设。

施工放样的精度决定于工程的性质、规模、材料、用途及施工方法等因素。一般而言,高层建筑物的测设精度高于低层建筑物,钢结构测设精度高于钢筋混凝土结构,装配式建筑物测设精度高于非装配式建筑物,建筑物各轴线间的相对放样精度高于建筑物的整体放样精度。总之,施工放样精度应根据具体情况,合理选择,忽视精度将会影响到工程施工质量,甚至造成质量事故。

施工放样的种类可分为角度放样、距离放样、点位放样、直线放样、铅垂线放样和高程放样等。

(1)角度放样。角度放样的实质是以某一已知方向为基准,放样出另一方向,使两方向的夹角等于预定的角度。角度放样可以使用全站仪或经纬仪,通过盘左盘右定点取中的方法进行。

(2)距离放样。将设计图纸上的已知距离按给定的方向和起点标定出来。可用钢尺或电磁波测距放样。

(3)点位放样。根据图纸上待放样点的设计坐标将其标定到实地的测量工作。点位放样是建筑物放样的基础。

(4)直线放样。将设计图纸上的直线如建筑物的轴线在实地标定出来。常用全站仪或经纬仪的正倒镜法进行放样。

(5)铅垂线放样。为保证高层建筑物的垂直度,需放样铅垂线。

(6)高程放样。将设计图上的高程在实地标定出来。

4.2　水平角放样

如图 4-1a)所示,A、B 为已知点,需要放样出 AC 方向,设计水平角(顺时针) $\angle BAC = \beta$。

4.2.1　一般方法(盘左放样)

当水平角放样精度要求较低时,可置经纬仪于点 A,以盘左位置照准后视点 B,设水平度盘读数为零(或任意值 α),再顺时针旋转照准部,使水平度盘读数为 β,则此时视准轴方向即为所求。

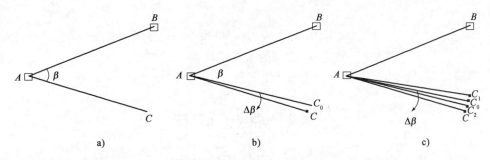

图 4-1 直接法放样水平角

将该方向测设到实地上,并于适当位置标定出点位 C_0(先打下木桩,在放样人员的左右指挥下,使定点标志与望远镜竖丝严格重合,然后在桩顶标定出 C_0 点的准确位置)。

理论上,AC_0 方向应该与 AC 方向严格重合,但由于仪器误差等因素的影响,两方向实际上会有一定偏差,出现水平角放样误差 $\Delta\beta$,如图 4-1b)所示。

4.2.2 正倒镜分中法(双盘放样)

在以往习惯中,经纬仪盘左位置常叫作正镜,盘右称为倒镜。水平角放样时,为了消除仪器误差的影响以及校核和提高精度,可用上述同样的操作步骤,分别采用盘左(正镜)、盘右(倒镜)在桩顶标定出两个点位 C_1、C_2,最后取其中点 C_0 作为正式放样结果,如图 4-1c)所示。

虽然正倒镜分中法比一般方法精度高,但放样出的方向和设计方向相比,仍会有微小偏差 $\Delta\beta$。

4.3 距离放样

4.3.1 钢尺放样

当距离值不超过一尺段时,由量距起点沿已知方向拉平尺子,按已知距离值在实地标定点位。如果距离较长时,则按钢尺量距的方法,自量距起点沿已知方向定线、依次丈量各尺段长度并累加,至总长度等于已知距离时标定点位。为避免出错,通常需丈量两次,并取中间位置为放样结果。这种方法只能在精度要求不高的情况下使用,当精度要求较高时,应使用测距仪或全站仪放样。

4.3.2 全站仪(测距仪)放样

如图 4-2 所示,A 为已知点,欲在 AC 方向上定一点 B,使 A、B 间的水平距离等于 D。具体放样方法如下:

(1)在已知点 A 安置全站仪,照准 AC 方向,沿 AC 方向在 B 点的大致位置置棱镜,测定水平距离,根据

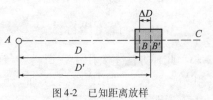

图 4-2 已知距离放样

测得的水平距离与已知水平距离 D 的差值沿 AC 方向移动棱镜,至测得的水平距离与已知水平距离 D 很接近或相等时钉设标桩(若精度要求不高,此时钉设的标桩位置即可作为 B 点)。

(2)由仪器指挥在桩顶画出 AC 方向线,并在桩顶中心位置画垂直于 AC 方向的短线,交点为 B'。在 B' 点放置棱镜,测定 A、B' 间的水平距离 D'。

(3)计算差值 $\Delta D = D - D'$,根据 ΔD 用钢卷尺在桩顶修正点位。

4.4　点位放样

工程建筑物的形状和大小,通常通过其特征点在实地表示出来,如矩形建筑的四个角点、线形建筑的转折点等。放样点位时应有两个以上的控制点,且已知待定点坐标,通过距离和角度放样待测点。

坐标法放样的常用方法有极坐标法、直角坐标法、全站仪坐标法,直接坐标法(GPS RTK 法)等,分别采用经纬仪、全站仪、GPS 接收机进行。

4.4.1　极坐标法

如图 4-3a)所示,设 A、B 为已知点,P 为待放样点,其设计坐标为已知。在 A 处架设经纬仪,放样一个角 α,在放样出的方向上标定一个 P' 点,再从 A 出发沿 AP' 方向放样距离 S,即得待定点 P 的位置。用某种标志在实地表示出 P 的位置。

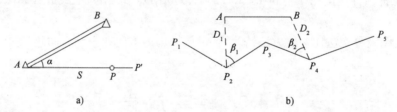

图 4-3　极坐标放样

极坐标法的两个放样元素 α 和 S 是由 A、B、P 三点的极坐标反算求得,在放样元素角度的计算中,需要注意坐标增量的正负号。

$$\alpha = \alpha_{AP} - \alpha_{AB} = \arctan\left(\frac{y_P - y_A}{x_P - x_A}\right) - \arctan\left(\frac{y_B - y_A}{x_B - x_A}\right) \tag{4-1}$$

$$S = \sqrt{(x_P - x_A)^2 + (y_P - y_A)^2}$$

实地测设时,测设两个以上点位时,可根据需要丈量测设的两个点位的距离以进行检核,如图 4-3b)的 A、B 两点。

4.4.2　直角坐标法

此种方法主要用于建筑物或与建筑物有关的测设,如建筑施工中的定位测量、工程验线和竣工验收中的用地红线、界址、建筑红线的测设和检验等。下面以建筑施工中的定位测量为例说明此种方法的原理。

如图4-4所示,OY、OX为两条互相垂直的主轴线,建筑物的两个轴线AB、AC分别与OY、OX平行。设计图中已给出建筑物四个角点的坐标,如A点的坐标(X_A,Y_A)。先在建筑方格网的O点上安置经纬仪,瞄准Y方向测设距离Y_A得E点,然后搬仪器至E点,仍瞄准Y方向,向左测设90°角,沿此方向测设距离X_A,即得A点位置,并沿此方向测设出C点,同法测设出B点和D点。最后应检查建筑物的边长是否等于设计长度,四角是否为90°,误差在限差内即可。

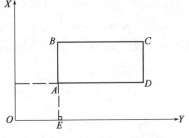

图4-4　直角坐标法点位测设

此方法计算简单,施测方便,精度较高,但要求场地平坦,有建筑方格网可用。

4.4.3　全站仪坐标法

在极坐标法放样中,需要事先根据坐标计算放样元素,而放样元素的计算是根据仪器架设的位置而定的,有时现场仪器的架设位置会变化,又要重新计算放样元素。而用全站仪坐标放样,就不需要事先计算放样元素,只要提供坐标即可。其本质还是极坐标法,适合于各类地形,且精度高,操作简便,在生产中已被广泛采用。

全站仪架设在已知点A上,只要输入测站点A、后视点B以及待放样点P的三点坐标,瞄准后视点定位,按下反算方位角键,则仪器自动将测站与后视的方位角设置在该方向上。然后按下放样键,仪器自动在屏幕上用左右箭头提示仪器的旋转方向,这样就可以使仪器到达设计的方向线上。接着通过测距离,仪器自动提示棱镜前后移动,直到放样出设计的距离,这样就能方便地完成点位的放样。若需要放样下一个点位,只需要重新输入或调用待放样点的坐标即可,按下放样键后,仪器会自动提示旋转的角度和移动的距离。

用全站仪放样点位,可事先输入气象元素,即现场的温度和气压,仪器会自动进行气象改正。因此用全站仪放样点位既能保证精度,同时操作十分方便,无须做任何手工计算。

在桥梁工程施工放样中,主要是先根据设计图纸计算路桥各里程中桩、边桩等点的坐标,然后使用全站仪在沿途施工路线已布设的控制点上设站,再对各里程中桩等进行放样测量,从而达到指导路桥施工的目的。

4.4.4　自由设站法

自由设站法是测量和放样的一种方法,包括极坐标法,但比极坐标法更方便灵活。

自由地选择便于设站的位置,用全站仪对2个或2个以上控制点进行测角、测边,然后利用最小二乘法求得测站点坐标,同时完成测站定向,确定设站点的平面坐标。确定了测站点坐标后即可放样其他点的坐标了。放样是根据测站点和放样点的坐标,计算出放样元素,采用极坐标法放样出各点。自由设站法特别适用于已知点上不便于安置仪器的情况,在大部分情况下,可以代替交会法、归化法和其他放样方法。自由设站当观测值只有方向(一般不少于4个),则为方向后方交会;当观测值只有边长(一般不少于3个),则为边长后方交会。

为了快速确定待定点坐标,通常可采用边长测量来解算;精度要求高时,可以边角同测,增加多余观测进行平差：

1）自由设站法原理

如图 4-5 所示，XOY 为施工坐标系，N 为控制点，P 为自由设站点，xPy 是以 P 为坐标原点，以仪器度盘零方向为 x 轴的局部坐标系，α_0 为 X 和 x 方向间的夹角，在 P 点观测得水平距离和水平方向后，即可在 xPy 坐标系中求出 N 点的局部坐标。

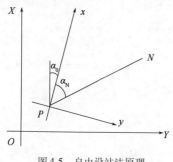

图 4-5 自由设站法原理

$$\begin{cases} x_N = S_N\cos\alpha_N \\ y_N = S_N\sin\alpha_N \end{cases} \quad (4\text{-}2)$$

根据坐标转换原理可得式（4-3）：

$$\begin{cases} X_N = X_P + Kx_N\cos\alpha_0 - Ky_N\sin\alpha_0 \\ Y_N = Y_P + Kx_N\sin\alpha_0 + Ky_N\cos\alpha_0 \end{cases} \quad (4\text{-}3)$$

式中：K——局部坐标系与施工坐标系长度比例系数。

令

$$c = K\cos\alpha_0 , d = K\sin\alpha_0 \quad (4\text{-}4)$$

则

$$\begin{cases} X_N = X_P + cx_N - dy_N \\ Y_N = Y_P + dx_N + cy_N \end{cases} \quad (4\text{-}5)$$

式（4-5）中，X_N、Y_N、x_N、y_N 均为已知，c、d 和 X_P、Y_P 均为未知数，为了求解上述四个未知数，必须有两组上述方程组，即在边角同时观测的情况下至少要观测两个已知控制点，为提高测站点的精度，观测点个数应多于两个。若观测了 n 个已知点，根据间接平差原理求得四个未知参数，

$$\begin{cases} c = \dfrac{[Yy] + [Xx] - \dfrac{1}{n}([X][x] + [Y][y])}{[yy] + [xx] - \dfrac{1}{n}([x][x] + [y][y])} \\[4mm] d = \dfrac{[Yx] - [Xy] - \dfrac{1}{n}([Y][x] - [X][y])}{[yy] + [xx] - \dfrac{1}{n}([x][x] + [y][y])} \end{cases} \quad (4\text{-}6)$$

$$\begin{cases} X_P = \dfrac{[X]}{n} - c\dfrac{[x]}{n} + d\dfrac{[y]}{n} \\[3mm] Y_P = \dfrac{[Y]}{n} - c\dfrac{[y]}{n} - d\dfrac{[x]}{n} \end{cases}$$

即可求得测站点坐标与 α_0。相当于完成了测站定向。根据间接平差原理解算时可先得一改化法方程，然后分别求解 c、d 和 X_P、Y_P。对于测站点 P，也可以根据观测数据分别列出方向误差方程式和边长误差方程式，然后解算 P 点坐标。

利用全站仪自由设站法确定测站点 P 的位置时，其观测元素是边长和方向值，由于观测误差和气象条件等的影响，利用上述平差方法求解的 c、d 和 X_P、Y_P 会有误差，为评定 P 点的精度，在自由设站法程序中可以求出控制点原始坐标与坐标变换后的坐标之间的差值，并根据它们来评定 P 点的点位精度，即：

$$m_P = \pm \sqrt{2} \sqrt{\frac{V^T V}{r}} = \pm \sqrt{2} \sqrt{\frac{V^T V}{2n-4}} \tag{4-7}$$

式中：n——控制点个数；

　　　r——多余观测数。

应用全站仪自由设站法测设的放样点，其放样点的位置是由极角和极距来确定的。极角引起的是横向误差，极距引起的是纵向误差。

自由设站点 P 的高程精度推导如下。由 $H_N = H_P + S_N \tan\alpha_{PN} + i - v_N$ 得：

$$H_P = H_N - S_N \tan\alpha_{PN} + v_N - i \tag{4-8}$$

式中：α_{PN}——在 P 点观测 N 点的竖直角；

　　　v_N——N 点处的棱镜高。

若观测了 n 个已知点，则 P 点高程有 n 个，取其算术平均值为 P 最终高程：

$$H_P = \frac{1}{n}(H - S\tan\alpha + v) - i \tag{4-9}$$

在计算过程中，各已知点高程精度相等，为 m_H；竖直角观测精度相等，为 m_α；边长观测精度相等，为 m_S；棱镜高观测精度相等，为 m_v；仪器高观测精度为 m_i，且 $m_v = m_i$，根据误差传播定律可得：

$$m_{HP} = \pm \sqrt{\frac{1}{n^2}\left[n m_H^2 + S^2 (\sec\alpha)^4 \frac{m_\alpha^2}{\rho^2} + (\tan\alpha)^2 m_S^2 + n m_v^2 \right] + m_i^2}$$

$$= \pm \sqrt{\frac{1}{n} m_H^2 + S^2 (\sec\alpha)^4 \frac{m_\alpha^2}{n^2 \rho^2} + \frac{1}{n^2}(\tan\alpha)^2 m_S^2 + \frac{n+1}{n} m_i^2} \tag{4-10}$$

2）放样步骤

在任意点设站，对各已知点进行边角观测，求出设站点 P 的坐标，并完成测站定向，根据 P 点和放样点坐标，计算放样元素，采用极坐标法放样未知点位。

按以上原理和公式可以设计自由设站法的程序，易于程序实现，在全站仪中多有自由设站的程序。自由设站点位选取方便，存在检核条件，防止出现误差，既克服了后方交会危险圆的问题，又弥补了测边交会的不足。在施工放样中全站仪自由设站法比常规的固定引点法具有更大的灵活性和便捷性。作业中，有时不必设置点位标志，省略仪器对中，节省时间。一般生产实践中，往往观测两个已知点即可满足测量精度要求。

4.4.5　GPS RTK 法

GPS RTK 是一种全天候、全方位的测量仪器，是目前实时、准确地确定待放点位置的最佳方式。它需要一台基准站和一台流动站接收机以及用于数据传输的电台。RTK 定位技术是将基准站的相位观测值及坐标信息通过数据链方式及时传送给流动站，流动站将收到的数据链连同自身采集的相位观测数据进行实时差分处理，从而获得流动站的实时三维坐标。流动站再将实时坐标与设计坐标相比较，从而指导放样。

GPS RTK 放样点位坐标基本流程如下：

1）测前准备

收集测区 2~3 个控制点的坐标（如果没有已知数据可用静态 GPS 先进行控制测量）、等级、中央子午线、坐标系等，解算用相关软件求出放样点的坐标，检查仪器是否能正常使用。

2）求测区坐标转换参数

GPS 接收机输出的数据是 WGS-84 经纬度坐标，需要转化到施工测量坐标或国家坐标，这就需要软件进行坐标转换参数的计算和设置。

坐标转换参数分为七参数和四参数，两种参数需要的控制点的个数不同。七参数分别为三个平移参数、三个旋转参数和一个尺度参数，至少需要三个或三个以上的公共大地点（既有 WGS-84 坐标，又已知施工坐标系或国家坐标系的坐标）。在计算转换参数时，已知的大地点最好选在四周及中央，分布较均匀，能有效地控制测区。若已知大地点较多，可以选几个点计算转换参数，用另一些点作检核。四参数指的是在投影设置下选定的椭球内 GPS 坐标系和施工测量坐标系之间的转换参数。四参数分别是：X 平移、Y 平移、旋转角和比例。计算四参数时需要参与计算的控制点个数比七参数的要少，原则上至少要用两个或两个以上的点，控制点等级的高低和分布直接决定了四参数的控制范围。经验上四参数理想的控制范围一般都在 5~7km 以内。

3）安置仪器

RTK 设备分为基准站和流动站两部分，RTK 基准站的设置可以分为基准站架设在已知点和未知点两种情况。对点位的要求都是地势较高、视野开阔、没有强电磁干扰、多路径误差影响小。当基准站架设在一个未知点上时，使用流动站在测区内的两个或两个以上的已知点上进行点校正，并求解转换参数。

通常基准站和流动站安置完毕之后，打开主机及电源，建立工程或文件，选择坐标系，输入中央子午线经度和 y 坐标加常数。通常建立一个工程，以后每天工作时新建文件即可。

在移动站主机建立新工程时，应待卫星信号稳定并达到 5 颗以上卫星，连接成功后进行，并在这个文件夹里设置相关参数：工程名称、椭球系名称、投影参数设置、参数设置（未启用可以不填写），最后确定，工程新建完毕。

4）输入放样点

打开坐标库，在此我们可以输入编辑放样点，也可以事先编辑好放样点文件，点击打开放样点文件，软件会提示是对坐标库进行覆盖还是追加。

5）点校正

点校正是 RTK 测量中一项重要工作，每天测量工作开始之前都要进行点校正，GPS 测量的为 WGS-84 坐标系坐标，而通常需要的是在流动站上实时显示国家坐标系或地方独立坐标系下的坐标，这需要进行坐标系之间的转换，即点校正。点校正可以通过以下两种方式进行。

（1）在已知转换参数的情况下。如果有当地坐标系统与 WGS84 坐标系统的转换七参数，则可以在测量控制器中直接输入，建立坐标转换关系。如果工作是在国家大地坐标系统下进行，而且知道椭球参数和投影方式以及基准点坐标，则可以直接定义坐标系统，建议在

RTK 测量中最好加入 1～2 个点校正,避免投影变形过大,提高数据可靠性。

在每次工作之前找到一个控制点,输入已知坐标,进行单点校正,然后找到邻近的另一个控制点,测量其坐标,然后和已知坐标对比,即可验证。

(2)在不知道转换参数的情况下。如果在局域坐标系中工作或任何坐标系进行测量和放样工作,可以直接采用点校正方式建立坐标转换方式,平面至少 3 个点,如果进行高程拟合则至少要有 4 个水准点参与点校正。

点校正时一定要精确对中整平仪器。碎部测量过程中如果出现基准站位置有变化等提示,通常都是基准站位置变化或电源断开等原因造成,此时需要重新进行点校正。

6)点放样

选择 RTK 手簿中的点位放样功能,现场输入或从预先上传的文件中选择待放样点的坐标,仪器会计算出 RTK 流动站当前位置和目标位置的坐标差值(ΔX、ΔY),并提示方向,按提示方向前进,当流动站与放样点重合时,这时可以按"测量"键对该放样点进行实测,并保存观测值。按同样方法放样其他各待定点。

7)线放样

在电力线路、渠道、公路铁路等工程的直线段放样过程中,可使用线放样功能。线放样是指在线放样功能下,输入始末两点的坐标,系统自动解算出 RTK 流动站当前位置到已知的设置直线的垂直距离,并提示"左偏"或"右偏",当 RTK 流动站位于测线上之后,会显示当前位置到线路起点或终点的位置,据此放样各直线段桩位。

4.4.6 其他直接放样方法

1)距离交会法

根据两段已知距离交会出点的平面位置,称为距离交会。在建筑物平坦,控制点离测设点不超过一整尺段的情况下宜用此法。此法在施工中细部测设时经常采用。

如图 4-6 所示,需要先根据坐标计算放样元素 S_1、S_2,然后在现场分别以两个已知点为圆心,用钢尺以相应距离为半径作圆弧,两圆弧的交点即为待定点的位置。

以上为距离交会的原理,实际应用中,如果距离交会法放样多个点且需要检核,方法如下:

如图 4-7 所示,根据控制点 P_1、P_2、P_3 的坐标和待测设点 A、B 的设计坐标,用坐标反算公式求得距离 D_1、D_2、D_3、D_4,分别从 P_1、P_2、P_3 点用钢尺测设距离 D_1、D_2、D_3、D_4。D_1 和 D_2 的交点即为 A 点位置,D_3、D_4 的交点即为 B 点位置。最后丈量 AB 长度,与设计长度比较作为检核。

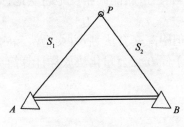

图 4-6　距离交会原理

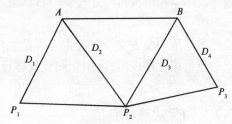

图 4-7　距离交会法测设

2）角度交会法

当放样地区地形限制或量距困难时，常采用角度交会法放样点位。根据两个或两个以上的已知角度的方向交出点的平面位置，称为角度交会法。当待测点较远或不可达到时，如

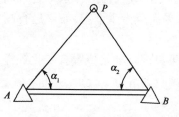

桥墩定位、水坝定位等常用此法。如图4-8所示，放样元素是两个交会角 α_1、α_2。

由于误差的存在，为了提高交会精度及准确度，实际角度交会中会需要多个角度，如图4-9所示，P_1、P_2、P_3 为控制点，A 为待测设点，其设计坐标为已知，算出交会角 β_1、β_2 和 β_3。分别在两控制点 P_1、P_2 上测设角度 β_1、β_2，两方向的交点即为 A 点位置。为了检核，还应测设一个方向，如在 P_3 点测设角度

图4-8　角度交会原理

β_3，如不交于 A 点，则形成一个示误三角形，若示误三角形的最大边长不超过限差时，则取示误三角形的内切圆圆心作为 A 点的最后位置，如图4-10所示。

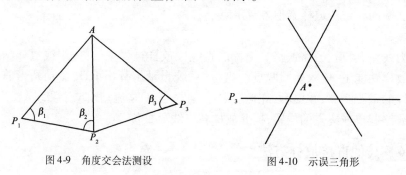

图4-9　角度交会法测设　　　　　　　图4-10　示误三角形

4.5　归化法放样

归化法是精确放样点位的一种方法，根据已知点和放样点的坐标反算放样元素，在已知点上架设仪器，采用某种方法先放样出放样点的近似位置得过渡点，然后精确测量过渡点的坐标，根据过渡点的精确坐标和放样点的设计坐标，计算过渡点到放样点的改正数，最后从过渡点出发，根据改正数将过渡点精确归化到设计位置，用这种方法可以精确放样点位，也可以精确放样距离、角度和直线。

归化法放样其实先采用的也是直接放样，只不过归化法放样后续进行了误差计算求偏差以后再进行放样。所以归化法放样的思路是：首先采用直接放样法确定实地标志，再对放样出的实地标志进行精确测量，求出实地标志位置与设计的偏差，然后根据偏差将其归化到设计位置。这个过程可以进行几次，配合精密量具和微调装置，就能高精度地将实地标志放样到设计位置。

极坐标测量法和前方交会法可用于直接放样点位，但距离交会法、后方交会法和侧方交会法不能用于直接放样点位，可用于归化放样点位。由于侧方交会归化法放样计算简单，归化方便，是一种大多场合都可使用的放样方法。

4.5.1　归化法放样角度

归化法放样角度又称为垂线改正法。

当测设水平角的精度要求较高时,可采用作垂线改正的方法,如图 4-11 所示。步骤如下:

(1)先按一般方法根据已知角度 β 测设出 B' 点。

(2)用测回法对 $\angle AOB'$ 观察若干个测回(测回数根据要求的精度而定),求其平均值 β_1(由于放样误差的存在,β_1 与 β 不相等),并计算出 $\Delta\beta = \beta - \beta_1$。

(3)计算垂直改正值。

$$BB' = OB'\tan\Delta\beta \approx OB'\frac{\Delta\beta}{\rho} \qquad (4\text{-}11)$$

式中:$\rho = 206265''$。

(4)自 B' 点沿 OB' 的垂直方向量出距离 BB',定出 B 点,则 $\angle AOB$ 即为欲测设的角度。

量取改正距离时,如 $\Delta\beta$ 为正,则沿 OB' 的垂直方向向外量取;如 $\Delta\beta$ 为负,则沿垂直方向向内量取。

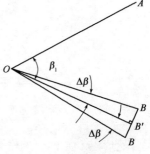

图 4-11 归化法测设水平角

4.5.2 归化法放样点位

(1)距离交会归化法

为了放样 P 点位置,先根据 P 点设计坐标及控制点坐标计算边长 S_1、S_2。测设时在 A、B 量取 S_1、S_2 的距离,相交即为放样点 P。用测距仪进行距离交会时,同样先计算放祥数据 S_1 及 S_2,并计算交会角 γ。放样时测距仪置于过渡点 P' 上,棱镜置于已知点 A、B 上,测得 P' 至 A、B 的距离为 S_1'、S_2'。然后可计算 $\Delta S_1 = S_1 - S_1'$ 和 $\Delta S_2 = S_2 - S_2'$。当 ΔS 较大时,可近似地先求一个过渡点,重新测量距离。当 ΔS 较小时,可绘制归化图纸。其方法是在图纸上适当位置绘制一个过渡点 P',画夹角为 γ 的两条直线,并在 P' 作线段 ΔS_1、ΔS_2(此时需注意 ΔS_1、ΔS_2 的正负号),然后作平行于 $P'A$ 及 $P'B$ 的两条平行线,其交点为 P 点位置,如图 4-12 所示。利用归化图纸可在实地上找到 P 点位置。

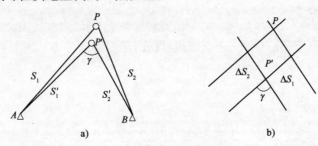

图 4-12 距离交会归化法

(2)角度交会归化法

用两个方向进行前方交会放样时,应计算放样元素 β_1、β_2 及辅助量 S_1、S_2。在图 4-13a)中,先放样过渡点 P',然后观测 $\angle P'AB$ 和 $\angle P'BA$,观测角值为 β_1'、β_2',并计算角度差 $\Delta\beta_1 = \beta_1 - \beta_1'$,$\Delta\beta_2 = \beta_2 - \beta_2'$。

当 $\Delta\beta$ 较小时,PP' 间距小于 0.5m,可用图解法由 P' 点求 P 点位置。其方法是在白纸上刺出 P',画两条直线使夹角为 γ,用箭头指明 $P'A$ 及 $P'B$ 方向,并按下式计算位移量 ε_1 及 ε_2。

$$\varepsilon_1 = \frac{\Delta\beta_1}{\rho}S_1 \qquad (4\text{-}12)$$

$$\varepsilon_2 = \frac{\Delta\beta_2}{\rho}S_2 \qquad (4\text{-}13)$$

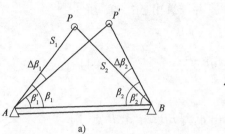 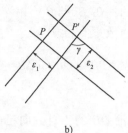

图 4-13　角度交会归化法

然后以 1∶1 的比例作 $P'A$、$P'B$ 的平行线,若 ε 符号为正,其平行线往上平移;若 ε 符号为负,其平行线往下平移,其间距分别为 ε_1 与 ε_2,ε_1 与 ε_2 的符号由 $\Delta\beta_1$ 与 $\Delta\beta_2$ 决定,它们的交点即为 P 点点位。

将图纸上的 P' 点与实地过渡点重合,并使图纸上 $P'A$ 方向与实地方向重合,另一方向作为校核,这时图上 P 点的位置就是实地的设计位置,这种方法也称角差—位移图解法。

4.5.3　归化法放样直线

(1)测小角归化法

在图 4-14 中,设已知点 A、B 间长度为 L,现要求在 AB 方向线上距 A 点 S_1 距离处放样 P 点,即 A、P、B 在一条直线上。把仪器架在 A 点,初步放样出点 P',并测定距离 $AP' = S_1$,观测 $\angle BAP' = \beta$,计算归化值 PP'。

图 4-14　测小角归化法放样直线

$$PP' = AP\tan\beta \approx S_1\frac{\beta}{\rho} \qquad (4\text{-}14)$$

在实地移动 PP' 求得 P 点,因测角误差 m_β 而使 P 点偏离直线的误差为:

$$m_P = \frac{m_\beta}{\rho}S_1 \qquad (4\text{-}15)$$

(2)测大角归化法

将仪器架于 P' 点观测大角 $\angle AP'B = \gamma$(图 4-15),设 $\Delta\gamma = 180° - \gamma = A + B$,又由于

$$\begin{cases}\sin A = \dfrac{\varepsilon}{S_1} \\ \sin B = \dfrac{\varepsilon}{S_2}\end{cases} \Rightarrow \begin{cases}A = \dfrac{\varepsilon}{S_1}\cdot\rho \\ B = \dfrac{\varepsilon}{S_2}\cdot\rho\end{cases} \qquad (4\text{-}16)$$

由此可得归化值:

$$\varepsilon = PP' = \frac{S_1 S_2}{S_1 + S_2}\cdot\frac{\Delta\gamma}{\rho} \qquad (4\text{-}17)$$

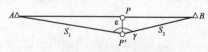

图 4-15　测大角归化法放样直线

在实地归化得到 P 点,因测角误差 m_γ 而使 P 点偏离 AB 直线的误差为:

$$m'_P = \frac{S_1 S_2}{S_1 + S_2} \cdot \frac{m_\gamma}{\rho} \tag{4-18}$$

设 $m_\beta = m_\gamma$,即测角误差相等,比较式(4-15)、式(4-18),则

$$\frac{m'_P}{m_P} = \frac{S_2}{S_1 + S_2} \leqslant 1 \tag{4-19}$$

可见,测大角归化法的精度高于测小角归化法,宜采用逐点向前搬站的方法进行定线。

4.6 高程放样方法

4.6.1 水准仪法

在工程建筑施工中,需要放样由设计所指定的高程。如挖基坑时要求放样基坑高程;平整场地需要按设计的要求放样一系列的高程;为了控制房屋基础面的高程、各层楼房的高度及平整度,需随着施工的进展做大量高程放样工作。

高程放样时,地面有水准点 A,其高程已知,设为 H_A。待定点 B 的设计高程为 H_B,要求在实地定出与设计高程相应的水平线或待定点顶面。高程放样一般用水准仪。如图4-16所示,a 为水准点上水准尺的读数。待放样点上水准尺的度数 b 可由下式计算得:

$$b = (H_A + a) - H_B \tag{4-20}$$

当待放样的高程 H_B 高于仪器视线时,可以把尺底向上,即用"倒尺"法放样,如图4-17所示,这时:

$$b = H_B - (H_A + a) \tag{4-21}$$

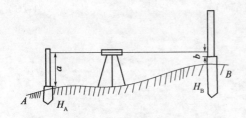
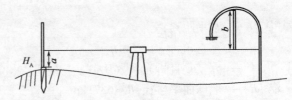

图4-16　水准仪法放样高程　　　　　　　　　图4-17　倒尺法放样

当放样的高程点与水准点之间的高差很大时(如向深基坑或高楼传递高程时),可以用悬挂钢尺代替水准尺,以放样设计高程。悬挂钢尺时,零刻画端朝下,并在下端挂一个重量相当于钢尺时拉力的重锤,在地面上各坑内各放一次水准仪,如图4-18所示。设地面放仪器时 A 点尺上的读数为 a_1,对钢尺的读数为 b_1;在坑内放仪器时对钢尺读数为 a_2,则对 B 点尺上的应有读数为 b_2。由

$$H_B - H_A = h_{AB} = (a_1 - b_1) + (a_2 - b_2) \tag{4-22}$$

得:

$$b_2 = a_2 + (a_1 - b_1) - h_{AB} \tag{4-23}$$

用逐渐打入木桩或在木桩上画线的方法,使立在 B 点的水准尺上读数为 b_2,就可以使 B 点的高程符合设计要求。

4.6.2　全站仪无仪器高法

对一些高程起伏较大的工程放样,如大型体育馆的网架、桥梁构件、厂房及机场屋架等用水准仪放样就比较困难,这时就可用全站仪无仪器高法直接放样高程。如图 4-19 所示,为了放样 A、B、C…目标点的高程,在 O 处架设全站仪,后视已知点 A,设目标高程为 l(当目标采用反射片时 $l=0$),测得 OA 的距离 S_1 和垂直角 α_1,从而计算 O 点全站仪中心高程为:

$$H_0 = H_A + l - \Delta h_1 \tag{4-24}$$

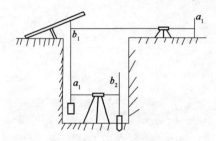
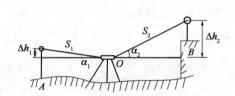

图 4-18　基坑高程传递　　　　　图 4-19　无仪器高全站仪法

然后测得 OB 的距离 S_2 和垂直角 α_2,从而计算出 B 点的高程为:

$$H_B = H_0 + \Delta h_2 - l = H_A - \Delta h_1 + \Delta h_2 \tag{4-25}$$

将测得的 H_B 与设计值比较,指挥并放样出高程点 B。从上式可以看出:此方法不需要测定仪器高,因而用无仪器高法同样具有很高的放样精度。

必须指出:当测站与目标点之间的距离超过 150m 时,以上高差就应该考虑大气折光和地球曲率的影响,即:

$$\Delta h = D \cdot \tan\alpha + (1-k)\frac{D^2}{2R} \tag{4-26}$$

式中:D——水平距离;

　　　α——垂直角;

　　　k——大气垂直折光系数 0.14;

　　　R——地球曲率半径,$R = 6371\text{km}$。

4.7　刚体的放样定位

一个刚体在三维空间中有 6 个自由度,即 3 个平移量 X、Y、Z 和分别绕 x、y、z 轴旋转的 3 个量 α_x、α_y、α_z。要确定刚体在三维空间中的位置,也就是要固定这 6 个自由度。刚体放样定位的常用方法如下:

4.7.1　三高程点法

如果刚体有一个水平的底面,则可以利用可调节螺杆放样 3 个高程点,这 3 个点的平面位置是任意的,只要位于刚体底面范围内即可。把刚体吊装就位,底面放在这 3 个点上,该刚体的 Z、α_x、α_y 这 3 个定位元素就达到设计要求了。为了能承受物体的重压,需采取适当措施来保护这 3 个放样出来的高程点,不至于在吊装就位时改变其高度。简而言之,3 个高程点可决定 3 个元素。

4.7.2 方向线法

在刚体表面刻画中心及方向线,就可以方便地用方向线法决定其中心点位置及轴线方向,从而可以把 3 个定位元素 X、Y、α_z 固定下来。如果先用三高程点法在底板上预先放样好 3 个高程点(可决定 Z、α_x、α_y 3 个元素),再加上方向线法定位,则刚体就定位到设计的空间位置上了。

4.7.3 水准器法

如果刚体有一个光滑的水平的顶面,则可以用水准器决定 α_x、α_y 两个元素。一般采用机械安装上常用的方框水准器。按精度要求可选择不同格值的水准器,如 $6''$、$10''$、$20''$、$30''$、$1'$ 等。首先把水准管轴调整使其与地面平行,然后把该水准器放在物体的顶面上,按气泡指示调整物体,一直到顶面水平为止。顶面达到设计规定的水平状态表示物体的元素 α_x、α_y 已正确安置。

4.7.4 两台经纬仪投影法

如果刚体很高,且能标出其竖轴,在上下两处用标志指出竖轴位置,则可用两架经纬仪投影,使竖轴放到铅垂位置。这意味着刚体的 α_x、α_y 元素已正确安置。

4.7.5 定位销法

假设在叠在一起的两块钢板上钻一个孔,另备一个定位销。当这两块钢板分离后重新叠在一起时,只要把销钉重新插入两块板上的定位孔内,两块板就精确地恢复原先的状态即定点叠在一起。通常板平放,所以用一个定位销可以实现 X、Y 的精确定位。用两个定位销可以决定 X、Y 和 α_z 这 3 个元素。从数学的角度看,两个点可以决定 4 个元素。在这里,它除了决定上述 3 个元素外,还能决定两点之间的长度。刚体上两孔的间距和底板上两孔的间距总是一致的,所以两个定位点只能固定 3 个自由度。

以上是常用的空间物体放样定位的方法。实际工作中可以从实际出发,灵活地加以处理。但不管采用哪些方法,最终都必须把 6 个自由度完全确定。

4.8 铅垂线放样

铅垂线的放样,目前采用以下 3 种方法:

4.8.1 经纬仪 + 弯管目镜法

如图 4-20 所示,只要将普通经纬仪(全站仪或激光经纬仪)目镜卸下,装上弯管目镜即可。操作时,通常使照准部每旋转90°向上投一点,就可得到4点,取中点位的最终结果,可提高投点精度。

4.8.2 光学铅垂仪法

如图4-21所示,光学铅垂仪是专门用于放样铅垂线的仪器。

有两个相互垂直的水准管用于整平仪器,仪器可以向上或向下作垂直投影,因此有上下两个目镜和两个物镜,垂直精度为1/40000。

4.8.3 激光铅垂仪法

1)激光铅锤仪结构

激光铅垂仪的基本构造主要由氦氖激光管、精密竖轴、发射望远镜、水准器、基座、激光电源及接收屏等部分组成,如图4-22所示。

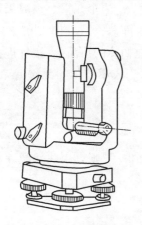
图4-20 经纬仪+弯管目镜

图4-21 光学铅垂仪

图4-22 苏一光 DZJ2 激光垂准仪

激光器通过两组固定螺钉固定在套筒内。激光铅垂仪的竖轴是空心筒轴,两端有螺扣,上、下两端分别与发射望远镜和氦氖激光器套筒相连接,二者位置可对调,构成向上或向下发射激光束的铅垂仪。仪器上设置有两个互呈90°的管水准器,仪器配有专用激光电源,其垂直精度为1/30000。

2)激光铅垂仪

投测轴线方法如下:

(1)在首层轴线控制点上安置激光铅垂仪,利用激光器底端(全反射棱镜端)所发射的激光束进行对中,通过调节基座整平螺旋,使管水准器气泡严格居中。

(2)在上层施工楼面预留孔处,放置接受靶。

(3)接通激光电源,启动激光器发射铅直激光束,通过发射望远镜调焦,使激光束会聚成红色耀目光斑,投射到接受靶上。

(4)移动接受靶,使靶心与红色光斑重合,固定接受靶,并在预留孔四周作出标记,此时,靶心位置即为轴线控制点在该楼面上的投测点。

4.9　施工放样新技术

4.9.1　测量机器人在顶管施工放样自动化中的应用

顶管施工是一种非开挖施工技术,适用于各种无法实施开挖地区的地下市政工程施工(图4-23)。

图4-23　顶管施工现场

顶管施工测量的目的在于测量出顶管机头当前的位置,并与设计管道轴线进行比较,求出机头当前位置的左右偏差(水平偏差)和上下偏差(垂直偏差),以引导机头纠偏。为保证顶管施工质量,机头位置偏差必须加以限制,因此纠偏要及时,做到"随测随纠"。

目前,国内顶管大都为直线顶管,而且距离短,在工作井内,能与机头直接通视,因此测量机头的位置比较简单。在工作井内安置经纬仪和水准仪,或激光指向仪,并在机头内安置测量标志,就可以随时测量机头的位置及其偏差。

但对于距离较长的曲线顶管(图4-24),在工作井内不能与机头通视,井下安置的仪器无法直接测量机头的位置,必须用导线测量的方法在管道内逐站测量至机头,以求出机头的位置偏差。

曲线顶管施工测量面临的问题包括:

(1)在管道中进行人工导线测量作业条件差,操作困难,测量时顶管必须停止,占用时间多,当进行4站的管道测量时,一般用时2~3h。

(2)管道内的导线点随顶管一起移动,每次测量都必须由井下开始全程进行,要做到"随测随纠",相当困难。

(3)曲线顶管,尤其是小半径的曲线顶管,机头的控制更加困难,更加要求及时纠偏,因此测量频率更要提高,难以满足。

解决方案:采用顶管自动引导测量系统

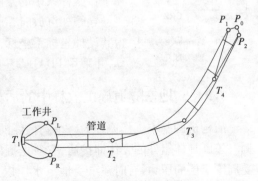

图4-24　曲线顶管示意图

指导。

4.9.2 网络 RTK 在跨海大桥工程放样中的应用

某跨海大桥工程连接岸上深水港航运中心与 30km 外的近海小岛,为满足航运的要求,中部主跨宽 430m,设大型双塔双索斜拉桥。为确保施工速度与施工质量,采用了变水上施工为陆上施工的方案,在两个主桥墩位置各沉放一个预制钢施工平台,每个预制钢施工平台由 12 个导管架组成,通过测量指挥导管架沉放到位后,在导管中打入钢管固定导管架,拼装作业平台如图 4-25 所示。

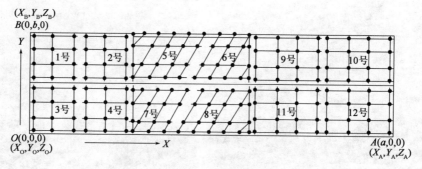

图 4-25　导管架定位示意图

该工程在岸上与小岛上已设施工控制点各 3 个,并已提供 WGS – 84 坐标、北京 54 坐标及其转换 7 参数,工程位置离控制点距离分别约 14km 及 16km。

常规测量手段无法进行坐标定位,网络 RTK 实时动态定位技术成了导管架沉放定位的唯一手段。网络 RTK,又称多基准 RTK,一般有 2 个或 2 个以上基准站来覆盖整个测区。利用多个基准站观测数据对电离层、对流层以及观测误差的误差模型进行优化,从而降低了载波相位测量改正后的残余误差及接收机钟差和卫星改正后的残余误差等因素的影响,使流动站的精度控制在厘米级。

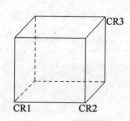

图 4-26　仪器基座与加工轴线的关系

导管架在造船厂进行加工,每个导管架加工完成后均用全站仪进行限差要求检测,限差符合要求方可沉放。如图 4-26 所示,加工时在 CR1、CR2、CR3 3 个位置设置仪器基座,用于沉放时安置 GPS 天线。加工完后用全站仪标定出 3 个仪器基座与加工轴线的关系,换算出其在平台坐标系中的空间坐标,作为沉放施工时的理论坐标。

导管架沉放时在 CR1、CR2、CR3 各安置 1 个 RTK 流动站,实时测得其设计坐标系坐标。操作中,通过编制程序进行坐标转换和偏差计算,并采用 PDA 现场指挥作业。

4.9.3 地铁隧道施工放样中的盾构姿态自动测量

盾构机的基本工作原理为一个圆柱体的钢组件沿隧洞轴线边向前推进边对土壤进行挖掘。该圆柱体组件的壳体即护盾,它对挖掘出的还未衬砌的隧洞段起着临时支撑的作用,承受周围土层的压力,有时还承受地下水压以及将地下水挡在外面。挖掘、排土、衬砌等作业在护盾的掩护下进行。

在隧道挖掘过程中,获取盾构的姿态参数非常重要,因为它不仅对盾构前进的方向给出指导,而且是后续调整盾构姿态的基础。因此,正确、及时地获取盾构当前姿态对指导施工来说非常重要。

隧道掘进机(Tunnel Boringmachine,TBM)引导系统,是盾构工程施工的关键部件。TBM自动引导系统利用先进的测量、电子传感器和计算机技术,计算 TBM 的位置、姿态和趋势信息,并与设计隧道轴线(Designed Tunnel Alignment,DTA)进行比较,以直观的方式图文并茂地给盾构机操控人员实时地提供信息。

目前,盾构自动导向系统采用的方法主要有激光法和直接观测棱镜的棱镜法两种。激光法和棱镜法是按照观测目标的不同进行导向系统的分类。激光法主要以英国的 ZED 和德国的 VMT 为代表,两种产品在英法隧道、上海地铁、天津地铁、黄河隧道的建设中得到应用。棱镜法以德国的 PPS 为代表,其产品包括在广州地铁、西班牙巴塞罗那地铁、美国、澳大利亚、苏黎世等数十个地下工程施工中导向。

思 考 题

1. 工程放样有哪些方法? 各适用于什么场合?
2. 施工放样中点的平面位置有哪些放样方法?
3. 自由设站法的原理是什么? 为什么叫自由设站?
4. 归化法放样直线时,测大角和测小角归化法放样直线有什么区别?
5. 什么是高程放样? 有哪些放样方法?
6. 什么是铅垂线? 如何放样铅垂线?
7. 外控法和内控法有什么区别? 各适用于什么场合?

第5章 建筑工程测量

5.1 概　述

"建筑"是建筑物(供人们生活居住、生产或进行其他活动的场所)和构筑物(一般指人们不在其中生活、生产的结构物,如水池、烟囱、挡土墙等)的总称。建筑物的种类繁多、形式各异。通常按它们的使用性质来分,可将建筑物分为民用建筑和工业建筑两大类。

建筑工程的测量工作贯穿各个阶段。在规划设计阶段,需作测图控制和测绘大比例尺地形图;在施工建设阶段,需布设施工控制网,进行场地平整测量,建筑主轴线和细部测设,施工期间的变形监测等,建筑完工时的竣工测量;在运营管理期间,要进行建筑物的变形和安全监测。本章将重点讲述施工建设阶段的测量工作。建筑工程的施工放样是施工建设阶段主要的测量工作。所谓建筑工程的施工放样,就是将图纸上设计的工程建筑物的平面位置和高程按设计和施工的要求,以一定的精度在实地标定出来,作为工程施工的依据。施工放样是直接为施工服务的,放样中任何差错,都将影响工程的质量和进度。测量人员需要具备高度的责任心,放样前要熟悉工程总体布置图和细部结构设计图,找出主要轴线和主要点,以及各细部间的几何关系,结合现场条件,选择最佳放样方法,以确保工程质量和施工的顺利进行。

本章主要讲述建筑施工控制测量、建筑限差及施工放样精度、施工轴线及方格网建立、民用建筑施工测量、工业建筑施工测量、高层建筑物测量、高耸建筑物测量等。

5.2　建筑施工控制测量

为建筑工程的施工而布设的测量控制网称为施工控制网。其作用在于限制施工放样时测量误差的积累,使整个建筑区的建(构)筑物能够在平面及竖向方面正确地衔接,以便对工程的总体布置和施工定位起到宏观控制作用,同时便于不同作业区同时施工。施工控制网分为平面控制网和高程控制网两种。施工平面控制网可以布设成建筑基线、建筑方格网、三角网和导线网四种形式。施工高程控制网一般采用水准测量方法来建立。

5.2.1　建筑施工平面控制网

建筑施工平面控制网可以布设成建筑基线、建筑方格网、导线网和三角网四种形式。

1)建筑基线

建筑基线是建筑场地的施工控制基准线,即在建筑场地布置一条或几条轴线。它适用于地势平坦、建筑设计总平面图布置比较简单的小型建筑场地。

建筑基线的布设形式有:一字形、L形、T形、十字形,如图5-1所示。

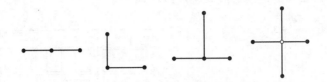

图5-1　建筑基线的布设形式

建筑基线的布设要求:主轴线方向应与主要建筑物的轴线平行,主轴点不应少于3个。

建筑基线可以根据已有控制点或者根据建筑红线进行测设。

(1)根据已有控制点测设建筑基线

①根据已有控制点测设建筑基线之前,必须确认控制点坐标系与建筑施工坐标系是否一致,如果不一致,需先进行坐标系的转换。

②在统一坐标系中,利用附近已有的控制点坐标,用放样方法将总平面图上的建筑基线在实地标定。

③测设的基线点往往不在同一直线上,且点与点之间的距离与设计值也不完全相符,因此,需要精确测出已测设直线的折角β'和距离D',如图5-2所示,并与设计值比较。

如果$\Delta\beta=\beta'-180°$超过$\pm5''$,则应对点$1'$、$2'$、$3'$在与基线垂直的方向上进行等量调整,调整量为:

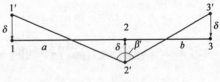

$$\delta = \frac{ab}{a+b} \times \frac{\Delta\beta}{2\rho} \qquad (5\text{-}1)$$

图5-2　基线点调整

式中:δ——各点的调整值,m;

a、b——分别为12、23的长度,m。

如果测设距离超限,则以$2'$点为准,按设计长度沿基线方向调整$1'$和$3'$点。

$$\frac{\Delta D}{D} = \frac{D'-D}{D} > \frac{1}{10000} \qquad (5\text{-}2)$$

(2)根据建筑红线测设建筑基线

建筑红线,也称"建筑控制线",指城市规划管理中,控制城市道路两侧沿街建筑物或构筑物(如外墙、台阶等)靠临街面的界线。任何临街建筑物或构筑物不得超过建筑红线。建筑红线通常由规划部门标定于现场,如图5-3当中的直线12和直线23所示。

①根据现场标定的1、2、3点平行推移得A、B、C。

②调整A、B、C使$\angle ABC$为直角,AB、BC为整数。

2)建筑方格网

为简化计算或方便施测,施工平面控制网多由正方形或矩形格网组成,称为建筑方格网,如图5-4所示。建筑方格网适用于建筑物多为矩形且布置比较规则和密集的施工场地。

建筑方格网的布设应根据总平面图上各种已建和待建的建筑物、道路及各种管线的布置情况,结合现场的地形条件来确定。方格网的形式有正方形、矩形两种。当场地面积较大时,常分两级布设,首级可采用"十"字形、"口"字形或"田"字形,然后再加密方格网。建筑方格网适用于按矩形布置的建筑群或大型建筑场地。

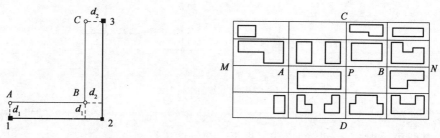

图5-3 根据建筑红线测设建筑基线　　　　　　　图5-4 建筑方格网

建筑方格网的轴线与建筑物轴线平行或垂直,因此,可用直角坐标法进行建筑物的定位,测设较为方便,且精度较高。但由于建筑方格网必须按总平面图的设计来布置,测设工作量成倍增加,其点位缺乏灵活性,易被破坏。

3)导线网

对于地势平坦,通视又比较困难的施工场地,可采用导线网。导线网包括单一导线和具有一个或多个结点的导线网。

4)三角网

对于地势起伏较大,通视条件较好的施工场地,可采用三角网。

5.2.2　建筑施工高程控制网

建筑施工场地的高程控制测量一般采用水准测量方法,并根据施工场地附近的国家或城市已知水准点,测定施工场地水准点的高程,便于纳入统一的高程系统。

基本水准点应布设在土质坚实、不受施工影响、无震动和便于实测的区域,并埋设永久性标志。一般情况下,按四等水准测量的要求测定其高程,而对于为连续性生产车间或地下管道测设,所建立的基本水准点,则需按三等水准测量的方法测定其高程。

施工水准点是用来直接测设建筑物高程的。为了测设方便和减少误差,施工水准点应靠近建筑物。

此外,由于设计建筑物常以底层室内地坪高 ±0.000 高程为高程起算面,为了施工引测设方便,常在建筑物内部或附近测设 ±0.000 水准点。±0.000 水准点的位置,一般选在稳定的建筑物墙、柱的侧面,用红漆绘成顶为水平线的"▼"形,其顶端表示 ±0.000 位置。

5.3　建筑限差及施工放样精度

5.3.1　建筑限差

建筑限差是指建筑物竣工后实际位置相对于设计位置的极限偏差,又称设计或施工允许的总误差。建筑限差与建筑结构、用途、建筑材料的施工方法有关,如按建筑结构和材料分钢结构、钢筋混凝土结构、毛石混凝土结构,其建筑限差由小到大排列;按施工方法分预制件装配式和现场浇注式,前者的建筑限差要小一些;钢结构中用高强度螺栓连接比用电焊连接法的建筑限差要小。一般工程如混凝土柱、梁、墙的建筑限差为 10~30mm;高层建筑物轴线倾斜度的建筑限差要求高于 1/1000~1/2000;钢结构的建筑限差为 1~8mm;土石结构可达 10cm;有特殊要求的工程项目,设计图纸上有明确的建筑限差要求。

建筑限差按不同的建筑结构和用途、应遵循我国现行标准执行。如《混凝土结构工程施工质量验收规范》(GB 50204—2015)、《高层建筑混凝土结构技术规程》(JGJ 3—2010)、《建筑工程施工质量验收统一标准》(GB 50300—2013)等。

5.3.2 放样精度的确定方法

一般在工程的施工规范中仅对建筑限差有明确的规定,而不直接给出测量精度。测量精度可按下述方法确定。

若建筑限差(设计允许的总误差)为 Δ,允许的测量误差为 Δ_1,允许的施工误差为 Δ_2,允许的加工制造误差为 Δ_3(如果还有其他显著的影响因素,还可以增加),假定各误差相互独立,则有

$$\Delta^2 = \Delta_1^2 + \Delta_2^2 + \Delta_3^2 \tag{5-3}$$

式中,Δ 是已知的;Δ_1、Δ_2、Δ_3 是需要确定的量。一般采用"等影响原则""按比例分配原则"和"忽略不计原则"进行误差分配。把分配结果与实际能达到的值进行对照,必要时做一些调整,直到比较合理为止。例如:按"等影响原则",即 $\Delta_1 = \Delta_2 = \Delta_3$,则

$$\Delta_1 = \Delta_2 = \Delta_3 = \frac{\Delta}{\sqrt{3}} \tag{5-4}$$

若设总误差由 Δ_1 和 Δ_2 两部分组成,即 $\Delta^2 = \Delta_1^2 + \Delta_2^2$,令 $\Delta_2 = \frac{\Delta_1}{k}$,当 $k=3$ 时,则有

$$\Delta = \Delta_1 \sqrt{1 + \frac{1}{K^2}} = 1.05\Delta_1 \approx \Delta_2 \tag{5-5}$$

即当 Δ_2 是 Δ_1 的 1/3 时,它对建筑限差的影响可以忽略不计。

以工程建筑物的轴线位置放样为例,设工程建筑物轴线建筑限差为 Δ,则中误差 M 为:

$$M = \pm \frac{\Delta}{2} \tag{5-6}$$

轴线位置中误差 M 包括测量中误差 $m_{测}$ 和施工中误差 $m_{施}$,而测量中误差 $m_{测}$ 又由施工控制点中误差 $m_{控}$ 和放样中误差 $m_{放}$ 两部分组成,即:

$$M^2 = m_{测}^2 + m_{施}^2 = m_{控}^2 + m_{放}^2 + m_{施}^2 \tag{5-7}$$

《建筑施工测量技术规程》(DB 11/T 446—2015)规定:测量允许误差宜为工程允许误差的 1/3~1/2,按"等影响原则"即取 1/2 计算,则有:

$$m_{测} = \sqrt{m_{控}^2 + m_{放}^2} = m_{施} = \frac{M}{\sqrt{2}} = \frac{\Delta}{2\sqrt{2}} \tag{5-8}$$

建立施工控制网时,测量条件较好,且有足够时间用多余观测来提高测量精度;而在施工放样时,测量条件较差,受施工干扰大,为紧密配合施工,难以用多余观测来提高放样精度,所以,按忽略不计原则,控制点中误差取:

$$m_{控} = \frac{1}{3}m_{放} = \frac{\Delta}{4\sqrt{5}} = 0.112\Delta \tag{5-9}$$

这样,由建筑限差便可计算出放样中误差和施工中误差:

$$m_{放} = 0.335\Delta \tag{5-10}$$

$$m_{施} = 0.354\Delta \tag{5-11}$$

5.4 施工轴线及方格网建立

施工轴线和方格网的测设是建筑工程测量的重要内容之一,也是细部放样的基础。下面将介绍,施工轴线和方格网的测设。

5.4.1 施工轴线

(1)主轴线点初步位置的测定

建筑轴线的测设是建筑施工测量的主要环节。在测设主轴线前,先检查控制网坐标系与建筑坐标系是否属于同一坐标系,如果不是同一坐标系,需将控制点坐标转换成建筑坐标系。将全站仪安置在控制点上,如图5-5所示,用放样方法在实地定出主轴线点 Ⅰ 、Ⅱ、Ⅲ 的位置。

(2)主轴点初步位置的实地标定

主轴点初步位置的实地标定是整个场地的控制,无论采用何种方法测定,都必须在实地埋设永久标桩。在埋设标桩时,务必使初步点位居桩顶的中部,以便设点时有较大活动余地。此外在选定主轴点的位置和实地埋标时,应掌握桩顶的高程。一般要求桩顶面高于地面设计高程0.3m。否则可先埋设临时木桩,到场地平整后,进行改点时,再换成永久标桩。

(3)主轴线方向的调整

主轴点放到实地上,并非严格在一条直线上,需要进一步调整使主轴点严格在同一直线上。调整的方法,可以在轴线的交点测定轴线的交角 β',如图5-6所示,测角中误差不应超过 $\pm 2.5''$。

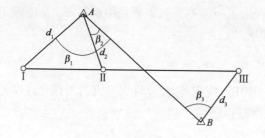

图5-5 主轴线测设

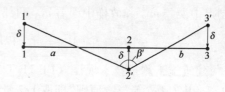

图5-6 主轴线调整

改正后必须用同样方法进行检查,其结果与180°之差不应超过 $\pm 5''$,否则仍应进行改正。调整的方法,是将各点位置按同一改正值 δ 沿横向移动,使在一直线上,如 β 小于180°,

δ 为正值,则中间点往上移,两端点往下移,反之亦然。

如果主轴线距离超限,则以 2′ 点为准,按设计长度沿基线方向调整 1′ 和 3′ 点。

$$\frac{\Delta D}{D} = \frac{D' - D}{D} > \frac{1}{10000} \tag{5-12}$$

(4)短轴线的测设

短轴线的测设应根据调整好的长轴线(主轴线)进行,其方法和要求与长轴线(主轴线)所述相同,不过这时观测的是长轴线(主轴线)与所定短轴线在交点处两个夹角,如图5-7所示。调整时只改正短轴线的端点。其改正数 d 的计算公式为:

$$d = l \cdot \frac{\delta}{\rho} \tag{5-13}$$

式中:l——轴线交点至短轴线端点的距离;

δ——设计角为直角时 $\delta = \frac{\beta - \alpha}{2}$;设计角为倾斜角时 $\delta = \alpha - \left(90° - \frac{\beta - \alpha}{2}\right)$。

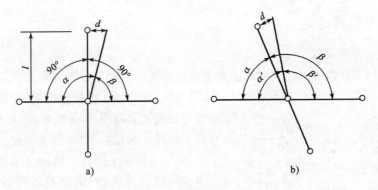

图5-7 短轴线调整示意图

按上述公式,求出改正数后,应在实地进行改正。

短轴线的方向调整好以后,应从交点向两端点进行精密量距,并根据交点的坐标和实量长度,确定短轴线的坐标值。

(5)主轴线点坐标的确定

主轴线经实测,若达到上述要求,则主轴线上点位坐标误差,应该实量长度推算改正。推算坐标的起算点,可任意决定一点(该点应选在建筑物定位精度要求较高的区域内)。向其他方向推算,求出主轴线上各点施工坐标。

(6)主轴线长度的精度要求

①测距相对误差:一般要求是,大型企业为 1∶50000,中型企业为 1∶25000,小型企业或民用建筑场地为 1∶10000。

②主轴线实测长度与附合测量控制点系统设计长度之差与全长之比不大于1∶10000,以保证场内外运输线路和管道连接。

(7)注意事项

①施工控制网应具有唯一的起始方向。施工控制网的起始坐标和起始方向,一般根据测量控制点测定,当测定好主轴线或长轴线后,往往作为施工平面控制网的起始方向,在控

制网加密或建筑物定位时,不再利用测量控制点来定向,否则将会使建筑物产生不同位移和偏转,影响工程质量。

②通过一点测定主轴线。当主轴线定位不能通过三点来确定时,可只测定一点,经精测调整后,再通过该点测出主轴线的设计方向。定位点的点位中误差,不得大于5cm。主轴线的方向要根据三个后视点来测定。测角中误差不得大于±3″,由各后视点测得的同一方向的误差不得大于±15″。满足限差后取平均值,作为最后结果,并根据该结果将方向加以改正。

③轴线网测设的精度掌握。轴线网的测设精度,可以根据建筑物定位精度的不同要求灵活掌握。整个轴线网甚至同一条轴线的不同地段,不强求用同一精度来测设。这样有利于加快工作进度而又能满足施工定位的精度要求。

④根据地物来测定施工控制网的起标方向。当建筑场地没有测量控制点或距离建筑场地较远不方便应用时,则可以根据总平面图及其设计要求,从某一地物出发利用图解法取得测量施工控制网起标方向的数据,这时其施工坐标系坐标轴的方向应与地物的中心线平行或垂直,坐标原点需设在总平面图西南角某点,而使所有建筑物的坐标皆为正值。

5.4.2 方格网建立

1)方格网的布置要求

建筑方格网是建筑施工控制网的主要形式。建筑方格网是以正方形或矩形的格网组成的建筑场地的施工控制网。大多数建筑物比较规则,轴线相互平行和正交,而建筑方格网的

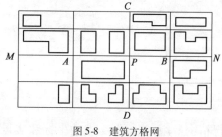

图 5-8 建筑方格网

轴线与建筑物轴线平行或垂直,图形规则,可采用直角坐标进行测量和放样,简单方便,精度较高,且不易出错,故常被采用。方格网应根据总平面图上已建和待建的建筑物、道路及各种管线的布置情况,结合现场地形条件来布设。布置建筑方格网时,先要选定两条相互垂直的主轴线,即图 5-8 中的 MPN 和 CPD,再全面布设格网。

(1)布置要求

①方格网的主轴线,应尽量布设在整个建筑场地的中央,其方向应与主要建筑物的轴线平行或垂直。主轴线的各端点应延伸到场地的边缘,以便控制整个场地。主轴线上的点位,必须建立永久性标志,以便长期保存。

②当方格网的主轴线选定后,就可根据建筑物的大小和分布情况而加密格网。在选定格网点时,应以简单、实用为原则,在满足测角、量距的前提下,各网点的点数应尽量减少。方格网的转折角应严格为90°,相邻格网点要保持通视,点位要能长期保存。

建筑方格网的主要技术要求,可参见表 5-1。

建筑方格网的主要技术要求 表 5-1

等　　级	边　长(m)	测角中误差(″)	边长相对中误差
Ⅰ 级	100～300	5	≤1/30000
Ⅱ 级	100～300	8	≤1/20000

③方格网的方格为正方形或矩形。边长多为100~300m,格网坐标宜为10m的整数倍,避免小于1m的零数。

（2）布置类型

当建筑场地占地面积较大时,通常是分两级布设。首级网有"十"字形、"口"字形或"田"字形。首级格网点坐标均为100m的整数倍。在首级网的基础上加密次级网,相对精度较高。网点数与生产流程有关,且分布不均匀。

当场地面积不大时,尽量一次布设方格网。

2）方格网的测设方法

建筑方格网通常采用中心轴线法测设,如图5-9所示,首先利用勘测坐标放样出主轴线点A、O、B;然后在A点架设仪器,照准B点,将O点调整到A、B的连线上。

由于存在测量误差,A、O、B三点的实际位置A'、O'、B'并不一定共线,如图5-10所示,需要在O'点架设全站仪,测出∠A'O'B'为β,按下式计算改化值ε,将三点调整到一条直线上。

$$\varepsilon = \frac{S_1 S_2}{2(S_1 + S_2)} \frac{180° - \beta}{\rho} \tag{5-14}$$

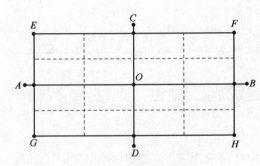

图5-9　建筑方格网示意图

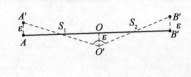

图5-10　主轴线改化

主轴线AOB确定后,将全站仪架设于O点,拨角90°,即可定出C、D两点。其他网点可根据主轴线点,通过拨角和量距确定。

如果建筑方格网的精度要求较高,则必须用归化法来建立方格网。具体做法是:首先按中心轴线法初步确定方格点的位置,然后用GPS技术、地面边角测量等测量技术,对初步确定的建筑方格网进行精确测量和严密的平差,求得各个网点的精确坐标,并利用实测坐标和设计坐标求得各方格点的归化改正量,把各方格点归化改正到设计位置。

用归化法建立方格网的步骤:①对格网点进行初步放样,并埋桩;②精确测量网点的坐标;③根据实测坐标与设计坐标计算改化量;④将网点精确改化到设计位置;⑤将网点固定在测量桩上。

3）方格网的加密与检查

（1）方格网的加密

①方向线交会法。如图5-11所示,当需要加密点坐标未知时,可以在方格点N_1和N_2上安置全站仪瞄准N_3和N_4,两方向线相交点a,即方格网加密点。

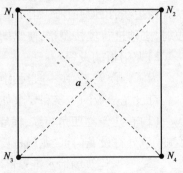

图5-11　方格网点加密示意图

检测和纠正的方法是在 a 点安置全站仪,先把 a 点纠正到 N_1N_4 直线上,再把新点 a 纠正到 N_2N_3 直线上,即得 a 点正确位置。

②坐标放样法。如图 5-11 所示,当需要加密点坐标已知时,可以用全站仪的坐标放样方法,直接确定 a 点位置。

(2)方格网点检查

建筑方格网的归化改正和加密工作完成后,应对方格网进行全面的实地检查测量。检查时可隔点设站测量角度并实测几条边的长度,检查的结果应满足表 5-2 的要求,如个别超出规定,应合理地进行调整。

方格网的精度要求

表 5-2

等　级	主轴线或方格网	边 长 精 度	直线角误差	主轴线交角或直角误差
I	主轴线	1:50000	±5″	±3″
	方格网	1:40000		±5″
II	主轴线	1:25000	±10″	±6″
	方格网	1:20000		±10″
III	主轴线	1:10000	±15″	±10″
	方格网	1:8000		±15″

5.5　民用建筑施工测量

民用建筑施工测量的主要目的是把图纸上设计好的各种民用建筑物,按一定精度,测设到地面上。测量工作贯穿各个阶段。在规划设计阶段,需要测绘大比例尺地形图;在施工建设阶段,需布设施工控制网,场地平整测量,建筑主轴线和细部放样等。

5.5.1　多层房屋定位测量

1)基础放线

首先将房屋外墙轴线的交点用木桩测定于地上,并在桩顶钉上小钉作为标志。房屋外墙轴线测定以后,再根据建筑物平面图,将内部房间所有轴线都一一测出。然后检查房屋轴线的距离,其误差不得超过轴线长度的1/2000。最后根据中心轴线,用石灰在地面上撒出基槽开挖边线,以便开挖。如同一建筑区各建筑物的纵横边线在同一直线上,在相邻建筑物定位时,必须进行校核调整,使纵向或横向边线的相对偏差在 5cm 以内。

2)龙门板的设置

为了方便施工,在一般民用建筑中,常在基槽外一定距离处钉设龙门板,如图 5-12 所示。钉设龙门板的步骤和要求如下:

(1)在建筑物四角与纵、横墙两端基槽开挖边线以外 1～1.5cm(根据土质情况和挖槽深度确定)处钉设龙门桩,龙门桩要钉得竖直、牢固,木桩侧面与基槽平行。

(2)根据建筑场地水准点高程,在每个龙门桩上测设 ±0.000 高程线。若遇现场条件不许可时,也可测设比 ±0.000 高或低一定数值的高程线。但同一建筑物最好只选用一个高程。若地形起伏需选用两个高程时,一定要标注清楚,以免使用时发生错误。

(3)沿龙门桩上测设的高程线钉设龙门板,这样龙门板顶面的高程就在一个水平面上了。龙门板高程的测定允许偏差为 ±5mm。

(4)根据轴线桩,用全站仪将墙、柱的轴线投到龙门板顶面上,并钉小钉标明,称为轴线钉。投点允许偏差为 ±5mm。

(5)用钢尺沿龙门板顶面检查轴线钉的间距,其相对误差不应超过 1/2000。经检核合格后,以轴线钉为准,将墙宽、基槽宽标在龙门板上,最后根据基槽上口宽度拉线撒出基槽开挖灰线。

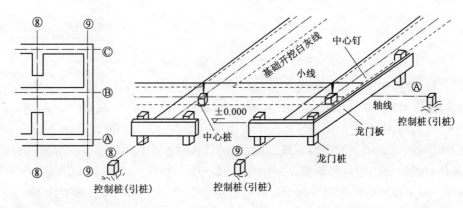

图 5-12 龙门板

3)引桩(轴线控制桩)的测设

由于龙门板需用较多木料,而且占用场地,使用机械挖槽时龙门板更不易保存。因此可以采用在基槽外各轴线的延长线上测设引桩(轴线控制桩)的方法,如图 5-12 所示,作为开槽后各阶段施工中确定轴线位置的依据。即使采用龙门板,为了防止被碰动,也应测设引桩。在多层楼房施工中,引桩是向上层投测轴线的依据。

引桩一般钉在基槽开挖边线 2~4m 的地方,在多层建筑施工中,为便于向上投点,应在较远的地方测定,如附近有固定建筑物,最好把轴线投测在建筑物上。引桩是房屋轴线的控制桩,在一般小型建筑物放线中,引桩多根据轴线桩测设。在大型建筑物放线时,为了保证引桩的精度,一般都先测引桩,再根据引桩测设轴线桩。

5.5.2 主轴线的测设

(1)布设形式。根据建筑物的布置情况和施工场地实际条件,主轴线可布置成如图 5-13 所示的各种形式。无论采用何种形式,主轴线上的点数不得少于 3 个。

(2)根据建筑方格网测设主轴线。在施工现场有方格网控制时,可根据建筑物各角点的坐标测设主轴线。

(3)根据已有建筑物测设主轴线。在现有建筑群内新建或扩建时,设计图上通常给出拟建的建筑物与原有建筑物或道路中心线的位置关系数据,主

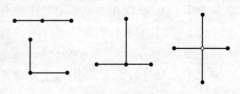

图 5-13 主轴线的布置形式

轴线就可根据给定的数据在现场测设。图 5-14 中表示的是几种常见的情况,画有斜线的为原有建筑物,未画斜线的为拟建建筑物。

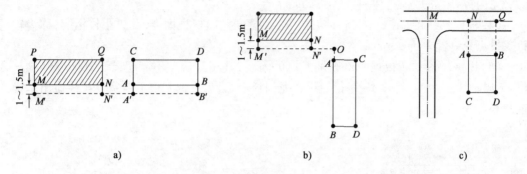

图 5-14　根据已有建筑物测设主轴线

图 5-14a)中拟建的建筑物轴线 AB 在原有建筑物轴线 MN 的延长线上。测设直线 AB 的方法如下:先作 MN 的垂线 MM′ 及 NN′,并使 MM′ = NN′,然后在 M′ 处架设全站仪作 M′N′ 的延长线 A′B′,再在 A′、B′ 处架设全站仪作垂线得 A、B 两点,其连线 AB,即为所要确定的直线。一般也可以用线绳紧贴 MN 进行穿线,在线绳的延长线上定出 AB 直线。图 5-14b)是按上法,定出 O 点后转 90°,根据坐标数据定出 AB 直线。

图 5-14c)中拟建的建筑物平行于原有的道路中心线,测法是先定出道路中心线位置,然后用全站仪作垂线,定出拟建建筑物的轴线。

(4)根据建筑红线测设主轴线。新建建筑物均由规划部门给设计或施工单位规定建筑物的边界位置,限制建筑物边界位置的线称为建筑红线。建筑红线一般与道路中心线相平行。

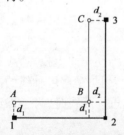

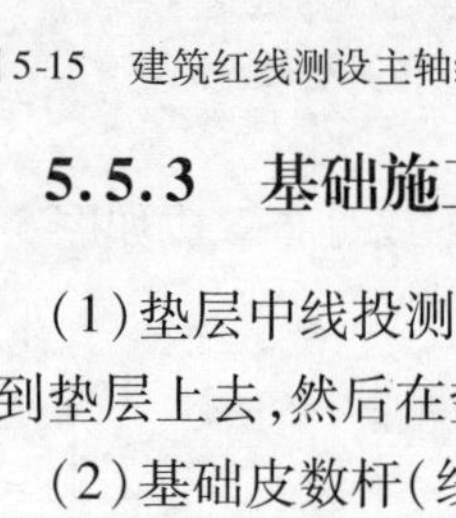

图 5-15　建筑红线测设主轴线

如图 5-15 中的 1、2、3 三点设为地面上测设的场地边界点,其连线 12、23 称为建筑红线。建筑物的主轴线 AB、BC 就是根据建筑红线来测定的,由于建筑物主轴线和建筑红线平行或垂直,所以用直角坐标法来测设主轴线就比较方便。

当 A、B、C 三点在地面上标出后,应在 B 点架设全站仪,检查 ∠ABC 是否等于 90°,同时检查 AB、BC 的长度,如误差不在容许范围内,作合理的调整。

5.5.3　基础施工测量

(1)垫层中线投测。垫层打好以后,根据龙门板上的轴线钉和引桩,用全站仪把轴线投测到垫层上去,然后在垫层上用墨线弹出墙中心线和基础边线,以便砌筑基础。

(2)基础皮数杆(线杆)的设置。立基础皮数杆时,可先在立杆处打一木桩,用水准仪在木桩侧面找出一条高于垫层高程某一数值(如 10cm)的水平线,然后将皮数杆上相同的高程线对齐木桩上的水平线,并用钉把皮数杆和木桩钉牢在一起,这样立好皮数杆后,既可作为砌筑基础的高程依据。

(3)基槽抄平。为了控制基槽的开挖深度,当基槽快挖到槽底设计高程时,应用水准仪在槽壁上测设一些水平的小木桩,使木桩的上表面离槽底的设计高程为一固定值,如图5-16所示。为施工时使用方便,一般在槽壁各拐角处和槽壁每隔3~4m均测设一水平桩,必要时,可沿水平桩的上表面拉上白线绳,作为清理槽底和打基础垫层时掌握高程的依据。高程点的测量允许偏差为±10mm。

(4)防潮层抄平与轴线投测。当基础墙砌筑到±0.000高程下一层砖时,应用水准仪测设防潮层的高程,其测量允许偏差为±5mm。防潮层做好后,根据龙门板上的轴线或引桩进行投点,其投点允许偏差为±5mm。然后将墙轴线和墙边线用墨线弹到防潮层面上,把这些线延伸并画到基础墙的立面上。

5.5.4　墙身皮数杆的设置

墙身皮数杆一般立在建筑物的拐角和内墙处,如图5-17所示。为了便于施工,采用里脚手架时,皮数杆立在墙外边;采用外脚手架时,皮数杆应立在墙里边。立皮数杆时,先在立杆处打一木桩,用水准仪在木桩上测出±0.000高程位置,其测量允许偏差为±3mm。然后,把皮数杆上的±0.000线与木桩上±0.000线对齐,并用钉钉牢。为了保证皮数杆稳定,可在皮数杆上加钉两根斜撑。

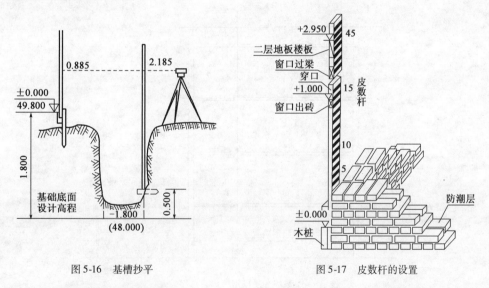

图5-16　基槽抄平　　　　　　　　　　图5-17　皮数杆的设置

5.5.5　多层建筑施工测量

1)轴线投测

在多层建筑墙身砌筑过程中,为了保证建筑物轴线位置正确,可用全站仪把轴线投测到各层楼板边缘或柱顶上,如图5-18所示,每层楼板中心线应测设长(列)线1~2条,短线(行线)2~3条,其投点允许偏差为±5mm。然后根据由下层投测上来的轴线,在楼板上分间弹线。投测时,把全站仪安置在轴线控制桩上,后视墙底部的轴线标点,用正倒镜取中的方法,将轴线投到上层楼板边缘或柱顶上。当各轴线投影到楼板上之后,要用钢尺测量其间距作为校核,其相对误差不得大于1/2000。经校核合格后,方可开始该层的施工。为了保证投测质量,使用的仪器一定要经检验校正,安置仪器一定要严格对中、整平。为了防止投点时仰角过大,全站仪距建筑物的水平距离要大于建筑物的高度,否则应采用正倒镜延长直线的方法将轴线向外延长,然后再向上投点。

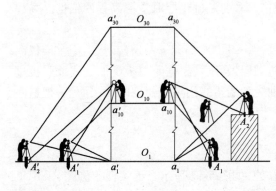

图 5-18 轴线投测

2)高程传递的方法

(1)利用皮数杆传递高程。在皮数杆上自 ± 0.000 起,门窗口、过梁、楼板等构件的高程都已标明。一层楼砌好后,则从一层皮数杆起,一层一层往上接。

(2)利用钢尺直接丈量。在高程精度要求较高时,可用钢尺沿某一墙角自 ± 0.000 起向上直接丈量,把高程传递上去。然后根据由下面传递上来的高程立皮数杆,作为该层墙身砌筑和安装门窗、过梁及室内装修、地坪抹灰时掌握高程的依据。

(3)悬吊钢尺法。在楼梯间吊上钢尺,用水准仪读数,把下层高程传到上层,如图 5-19 所示。

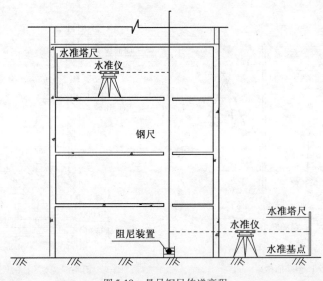

图 5-19 悬吊钢尺传递高程

5.5.6 墙体施工测量

1)首层楼房墙体施工测量

(1)墙体轴线测设。基础工程结束后,应对龙门板或轴线控制桩进行检查复合,防止基础施工期间发生碰动移位。复核无误后,可根据轴线控制桩或龙门的轴线钉,用全站仪法或拉线法,把首层楼房的墙体轴线测设到防潮层上,并弹出墨线,然后用钢尺检查墙体轴线的间距和总长是否等于设计值,用全站仪检查外墙轴线四个主要交角是否等于 90°。符合要求后把墙轴线延长到基础外墙侧面上并弹线做出标志,作为向上投测各层楼房墙体轴线的依据。同时门、窗和其他洞口的边线,也可以在基础外墙侧面上做出标志。

墙体砌筑前,根据墙体轴线和墙体厚度,弹出墙体边线,照此进行墙体砌筑。砌筑到一定高度后,用吊锤线将基础外墙侧面上的轴线引测到地面以上的墙体上,以免基础覆土后看不见轴线标志。如果轴线处是钢筋混凝土柱,可在拆柱模时,将轴线引测到柱身上。

(2)墙体高程测设。墙体砌筑时,其高程用墙身"皮数杆"控制。在皮数杆上根据设计尺寸,按砖和灰缝厚度画线,并标明门、窗、过梁、楼板等的高程位置。杆上高程注记从 ±0.000 向上增加。

墙身皮数杆一般立在建筑物的拐角和内墙处,固定在木桩或基础墙上。为了便于施工,采用里脚手架时,皮数杆立在墙的外侧;采用外脚手架时,皮数杆应立在墙里面。立皮数杆时,先用水准仪在立杆处的木桩或基础墙上测设出 ±0.000 高程线,测量误差在 ±3mm 以内,然后把皮数杆上的 ±0.000 线与该线对齐,用吊锤校正并用钉钉牢,必须立刻在皮数杆上加两根钉斜撑,以保证皮数杆的稳定。

2)二层以上楼房墙体的施工测量

(1)墙体轴线投测。每层楼面建好后,为保证继续向上砌筑墙体时墙体轴线均与基础轴线在同一铅垂面上,应将基础或首层墙面上的轴线投测到楼面上,并在楼面上重新弹出墙体的轴线,检查无误后,以此为依据弹出墙体边缘,再往上砌筑。在此工作中,从下往上进行轴线投测的是关键,一般多层建筑常用吊锤线。

将较重的垂球悬挂在楼面的边缘,慢慢移动,使垂球尖对准地面上的轴线标志,或者使吊锤线下部沿垂直墙面方向与底层墙面上的轴线标志对齐,吊锤线上部在楼面边缘的位置就是墙体轴线位置,在此画一条短线作为标志,便在楼面上得到轴线的一个端点,同法投测另一端点,两端点的连线即为墙体轴线。

(2)墙体高程传递。

①利用皮数杆传递高程。一层楼房墙体砌完并建好楼面后,把皮数杆移到二层继续使用。为了使皮数杆立在同一水平面上,用水准仪测定楼面四角的高程,取平均值作为二楼的地面高程,并在立杆处绘出高程线,立杆时将皮数杆的 ±0.000 线与该线对齐,然后以皮数杆为高程的依据进行墙体建筑。如此逐层往上传递高程。

②利用钢尺传递高程。在高程精度要求较高时,可用钢尺从底层的 +50cm 高程线起往上直接丈量,把高程传递到第二层,然后根据传递上来的高程测设第二层的地面高程线,以此为依据立皮数杆。在墙体砌到一定高度后,用水准仪测设该层的 +50cm 高程线,再往上一层的高程可以此为准用钢尺传递,如此逐层传递高程。

5.6 工业建筑施工测量

许多大型企业的建设规模很大,建筑占地面积可达几平方公里,甚至更大,且建筑物种类繁多。规划设计阶段要布设勘测控制网,主要应考虑与国家或城市坐标系的联系问题,在布点和测量精度方面满足测绘大比例尺地形图的需要。工业建筑的主要特点是建筑物比较规则,设计坐标系与建筑物的轴线平行,设计坐标通常都是整数。施工之前,需要在原有勘测控制网的基础上建立施工控制网,以方便施工测量。

5.6.1　工业厂房控制网的测设

对于大型工业建设来说,建筑场地上的工程建筑物种类繁多,施工的精度要求也各不相同,有的要求很低,有的则很高。例如,连续生产设备中心线的横向偏差要求不超过1mm;钢结构工业房立柱中心线间的距离偏差要求不超过2mm;管道、道路的施工精度要求则较低。施工控制网的精度究竟应该如何确定呢? 如果按照工程建筑物的局部精度来确定施工控制网的精度,势必将整个施工控制网的精度提得很高,这就会给测量工作带来很大的困难,需要花费大量的人力和物力。施工控制网的主要任务是用来放样各系统工程的主轴线,以及各系统工程之间的连接建筑物。例如放样厂房的中心线,高炉和烟囱的中心线、道路和管道等。通过对主轴线的放样,就将这些工程进行整体布局和定位。施工控制网的精度应能保证这些工程之间相对位置误差不超过连接建筑物的允许限差,至于各系统工程内部精度要求较高的大量中心线的放样工作,需要建立各系统工程内部控制网,如厂房控制网、高炉控制网和烟囱控制网、设备安装专用控制网等,以挂靠的方式与施工控制网联系。内部控制网是根据其主轴线或主要特征点而设计的局部网。为了提高精度、方便测量,内部控制网通常要经过精密测量,将主轴线或主要特征点改化到设计位置。

施工控制网的精度主要取决于各系统工程间连接建筑物施工的精度要求,施工控制网和内部控制网,不存在一般测量控制网的精度梯度关系。在布设工业厂区施工控制网时,采用分级布网的方案是比较合适的,也即首先建立布满整个工业厂区的厂区控制网,目的是放样各个建筑物的主轴线。为了进行厂房或主要生产设备的细部放样,再在厂区控制网所定出的各主轴线的基础上,建立厂房矩形控制网或设备安装控制网。

1)厂房控制网的建立方法

(1)主轴线组成的矩形控制网的测设方法。先根据厂区控制网定出矩形控制网的主轴线,然后根据主轴线测设矩形控制网,如图5-20所示。大型厂房或系统工程一般多用这种形式的控制网。

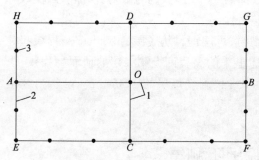

图5-20　主轴线组成的矩形控制网的测设
1-主轴线;2-矩形控制网;3-距离指示桩

①主轴线的测设。现以图5-20的十字轴线为例:首先将长轴AOB测定于地面,再以长轴为基线测出COD,并进行方向改正,使纵横两轴线严格垂直。轴线的方向调整好以后,应以O为起点,进行精密丈量距离,以确定纵横轴线各端点位置。其具体测设方法与误差处理与主轴线法相同。

②矩形控制网的测设。在纵横轴线的端点A、B、C、D分别安置全站仪,都以O为后视点,分别测设直角交会定出E、F、G、H四个角点。然后再精密丈量AH、AE、BG……各段距离。其精度要求与主轴线相同。若角度交会与测距精度良好,则所测距离的长度与交会定点的位置能相适应,否则应按照轴线法中所述方法给予调整。

为了便于以后进行厂房细部的施工放线,在测定矩形网各边长时,应按施测方案确定的位置与间距测设距离指标桩。距离指标桩的间距一般是等于厂房柱子间距的整倍数(但以不超过使用尺子的长度为限)。使指标桩位于厂房柱行列或主要设备中心线方向上。

(2)单一的厂房矩形控制网的测设方法。

①基线(长边线)的测设,根据厂区控制网定出一条边长,如图 5-21 中的 A-B,作为基线推出其余三边。

②矩形控制网的测设在基线的两端 A 与 B。

厂房矩形控制网的精度要求矩形控制网的允许误差应符合表 5-3 的规定。

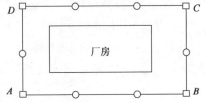

□-矩形控制网角柱 ○-距离指示桩

图 5-21 单一的厂房矩形控制网的测设

厂房矩形控制网允许误差   表 5-3

矩形网等级	矩形网类别	厂房类别	主轴线、矩形边长精度	主轴线交角允许误差	矩形角允许误差
I	根据主轴线测设的控制网	大型	1:50000 1:30000	±3″ ~ ±5″	±5″
II	单一矩形控制网	中型	1:20000		±7″
III	单一矩形控制网	小型	1:10000		±10″

2)大型工业厂房控制网的建立

对于复杂的大型厂房,由于施测精度要求较高,为了保证后期测设的精度,其矩形厂房控制网的建立一般分两步进行。应先依据厂区建筑方格网精确测设出厂房控制网的主轴线及辅助轴线(可参照建筑方格网主轴线的测设方法进行),当校核达到精准要求后,再根据主轴线测设厂房矩形控制网,并测设各边上的距离指示桩,一般距离指示桩位于厂房柱列轴线或主要设备中心线方向上。最终应进行精度校核,直至达到要求。大型厂房的主轴线的测设精度,边长的相对误差不应超过 1/30000,角度偏差不应超过 ±5″。

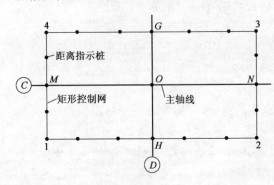

图 5-22 大型厂房矩形控制网的测设

如图 5-22 所示,主轴线 MON 和 HOG 分别选定在厂房柱列轴线 C 和 D 轴上,1、2、3、4 为控制网的四个控制点。

测设时,首先按主轴线测设方法将 MON 测设于地面上,再以 MON 轴为依据测设短轴 HOG,并对短轴方向进行方向改正,使轴线 MON 与 HOG 正交,限差为 ±5″。主轴线方向确定后,以 O 点为中心,用精密丈量的方法测定纵、横轴端点 M、N、H、G 四点,主轴线长度相对精度 1/5000。主轴线测设后,可测设矩形控制网,测设时分别将全站仪安置在 M、N、H、G 四点,瞄准 O 点测设 90°方向,交会定出 1、2、3、4 四个角点,精密丈量 M1、M4、N2、N3、H1、H2、G4、G3 长度,精度要求同主轴线,不满足时应进行调整。

3)中小型工业厂房控制网的建立

如图 5-23 所示,根据测设方案与测设略图,将全站仪安置在建筑方格网点 E 上,分别精

确照准 D、H 点。自 E 点沿视线方向分别量取 $Eb = 36.00\text{m}$ 和 $Ec = 29.00\text{m}$，定出 b、c 两点。然后，将全站仪分别安置于 b、c 两点上，用测设直角的方法分别测出 $b\text{IV}$、$c\text{III}$ 方向线，沿 $b\text{IV}$ 方向测设出 IV、I 两点，沿 $c\text{III}$ 方向测设出 II、III 两点，分别在 I、II、III、IV 四个点上钉上木桩，做好标志。最后检查控制桩 I、II、III、IV 各点的直角是否符合精度要求，一般情况下其误差不应超过 $\pm 10''$，各边长度相对误差不应超过 $1/10000 \sim 1/25000$。

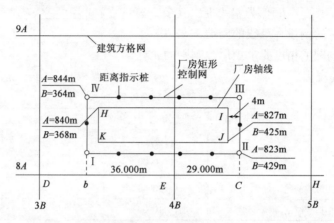

图 5-23　中小型工业厂房控制网的测设

5.6.2　厂房基础施工测量

1）基础设备施工测量

（1）基础设备施工测量的设置

①内控制网的布设。厂房内控制网根据厂房矩形控制网引测，其投点允许偏差应为 $\pm 2\text{mm}$，内控制标点一般应选在施工不易破坏的稳定柱子上，标点高度最好一致，以便于量距及通视。点的稀密程度根据厂房的大小与厂内设备分布情况而定，在满足施工定线的要求下，尽可能少布点，减少工作量。

大型连续生产设备基础中心线及地脚螺栓组中心线很多，为便于施工放线，将槽钢水平的焊在厂房钢柱上，然后根据厂房矩形控制网，将设备基础主要中心线的端点，投测于槽钢上，以建立内控制网。

先在设置内控制网的厂房钢柱上引测相同高程的标点，其高度以便于量距为原则，然后用边长为 $50\text{mm} \times 100\text{mm}$ 的槽钢或 $50\text{mm} \times 50\text{mm}$ 的角钢，将其水平的焊牢于柱子上。为了使其牢固，可加焊角钢于钢柱上。柱间跨距大时，钢材会发生挠曲，可在中间加一木支撑。

②线板架设。大型设备的基础有时与厂房基础同时施工，不可能设置内控制网，而采用在靠近设备基础的周围架设钢线板或木线板的方法，根据厂房控制网，将设备基础的主要中心线投测于线板上，然后根据主要中心线用精密量距的方法，在线板上定出其他中心线和螺栓组中心的位置，由此来安装螺栓。

a. 木线板的架设。木线板可直接架设在设备基础的外模支撑上，支撑必须牢固稳定。在支撑上铺设界面 $5\text{cm} \times 10\text{cm}$ 表面刨光的木线板。为了便于施工人员拉线来安装螺栓，线板的高度要比基础模板高 $5 \sim 6\text{cm}$，同时纵横两方向的高度必须相差 $2 \sim 3\text{cm}$，以免挂线时纵横两钢丝在相交处碰撞。

b. 钢线板的架设。用预制钢筋混凝土小柱子作固定架,在浇筑混凝土垫层时,即将小柱埋设在垫层内。在混凝土柱上焊以角钢斜撑(须先将混凝土表面凿开露出钢筋,而后将斜撑焊在钢筋上),再与斜撑上铺焊角钢作为线板,架设钢线板时,最好靠近设备基础的外模,这样可依靠外模的支架顶托,以增加稳固性。

(2)基础设备施工程序

①在厂房柱子基础和厂房部分建成后才进行基础设备施工。若采用这种施工方法,必须将厂房外面的控制网在厂房砌筑砖墙之前,引进厂房内部,布设一个内控制网,作为基础设备施工和设备安装放线的依据。

②厂房基柱与基础设备同时施工,这时不需要建立内控制网,一般是将基础设备主要中心线的端点测设在厂房矩形控制网上。当基础设备支模版或地脚螺栓时,局部的架设木线板或钢线板,以测设螺栓中心线。

(3)基坑开挖和基础底层放线

当基坑采用机械挖土时,测量工作及允许偏差按下列要求进行:根据厂房控制网或场地上其他控制点测定挖土范围线,其测量允许偏差为 ±5cm;高程根据附近水准点测设,测量允许偏差为 ±2cm。

(4)基础定位

①大型设备基础中心线较多,为了便于施测,防止产生错误,在定位以前,须根据设计原图,编绘中心线测设图。将全部中心线及地脚螺栓组中心线统一编号,并将其与柱子中心线和厂房控制网上距离指标桩的尺寸关系注明。定位放线时,按照中心线测设图,厂房控制网和内控制网对应边上测出中心线的端点,然后在距离基础开挖边线 1~1.5m 处,定出定位桩,以便开挖。

②中小型设备基础定位的测设方法与厂房基础为定位相同。不过在基础平面图上,如设备基础的位置是以基础中心线与柱子中心线的关系来表示,这时测设数据,需将设备基础中心线与柱子中心线关系,换算成与矩形控制网上距离指标桩的关系尺寸,然后在矩形控制网的纵横对应边上测定基础中线的端点。对于采用封闭式施工的基础工程,则根据内控制网进行基础定位测量。

(5)基础中心线标板的埋设与投点

基础中心线标板可采用小钢板下面加焊两锚固脚的形式,如图5-24a)所示,或用 φ18~φ22 的钢筋制成卡钉,如图5-24b)所示,在基础混凝土未凝固前,将其埋设在中心线上的位置如图5-24c)所示,埋标时应使顶面露出 3~5mm,至基础的边缘为 50~80mm。若主要设备中心线通过基础凹形部分或地沟时,则埋设 50mm×50mm 的角钢或 100mm×50mm 的槽钢,如图5-24d)所示。

①联动设备基础的生产轴线,应埋设必要数量的中心线标板。

②重要设备基础的主要纵横中心线。

③结构复杂的工业炉基础纵横中心线,环形炉及烟囱的中心位置等。

中线投点的方法与柱基中线投点法相同,即将仪器置于中线上,以控制网上中线端点为后视点,采用正倒镜法,而后投点;或者将仪器置于中线一端点上,照准另一端点,进行投点。

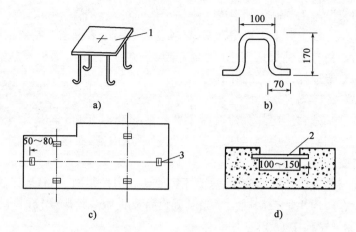

图 5-24　设备基础中心线标桩的埋设(尺寸单位:mm)

1-60mm×80mm 钢板加焊钢筋脚;2-角钢或槽钢;3-中线标板

2)钢柱基础施工测量

(1)垫层中线投点和抄平。垫层混凝土凝固后,应在垫层面上投测中线点,并根据中线点弹出墨线,绘出地脚螺栓固定架的位置,图 5-25 所示,以便下一步安装固定架并根据中线支立模板。投测中线时全站仪必须安置在基坑旁(这样视线才能看到坑底),然后照准矩形控制网上基础中心线的两端点。用正倒镜法,先将全站仪中心导入中心线内,而后进行投点。

螺栓固定架位置在垫层上绘出后,即在固定架外框四角处测出四点高程,以便用来检查并整平垫层混凝土面,使其符合设计高程,便于固定架的安装。如基础过深,从地面上引测基础底面高程,标尺不够长时,可采取挂钩尺法。

(2)固定架中线投点与抄平。

①固定架是钢材制作,用以固定地脚螺栓及其他埋设件的框架,如图 5-26 所示。根据垫层上的中心线和所画的位置将其安置在垫层,然后根据在垫层上测定的高程点,借以找平地脚,将高的地方混凝土打去一些,低的地方垫一小块钢板并与底层钢筋网焊牢,使符合设计高程。

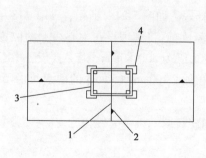

图 5-25　地脚螺栓固定架位置

1-墨线;2-中线点;3-螺栓固定架;4-垫层抄
平位置

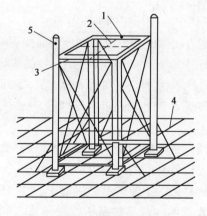

图 5-26　固定架的安置

1-固定架中线投点;2-拉线;3-横梁抄平位
置;4-钢筋网;5-高程点

②固定架安置好后,用水准仪测出四根横梁的高程,以检查固定架高程是否符合设计要求,允许偏差为 −5mm,但不应高于设计高程。固定架高程满足要求后,将固定架与底层钢筋网焊接,并加焊钢筋支撑。若系深坑固定架,在其脚下需浇筑混凝土,使其稳固。

③在投点前,应对矩形边上的中心线端点进行检查,然后根据相应两端点,将中线投测于固定架横梁上,并刻绘标志。其中线投点偏差(相对于中线端点)为 ±1mm。

(3)地脚螺栓的安装与高程测量。根据垫层上和固定架上投测的中心点,把地脚螺栓安放在设计位置。为了测定地脚螺栓的高程,在固定架的斜对角处焊两根小角钢,在两角钢上引测同一数值的高程点,并刻绘标志,其高度应比地脚螺栓的设计高度稍低一些。然后在角钢上两标点处拉一细钢丝,以定出螺栓的安装高度。待螺栓安好后,测出螺栓第一丝扣的高程。地脚螺栓不宜低于设计高程,允许偏高 +5 ~ +25mm。

(4)支立模板与浇筑混凝土时的测量工作。重要基础在浇筑过程中,为了保证地脚螺栓位置及高程的正确,应进行看守观测,如发现变动应立即通知施工人员及时处理。

3)混凝土杯形施工测量

(1)柱基础定位。首先在矩形控制网边上测定基础中心线的端点(基础中心线与矩形边的交点),如图 5-27 中的 B、B 和 4′ 等点。端点应根据矩形边上相邻两个距离指示桩,以内分法测定(距离闭合差应进行配赋),然后用两台全站仪分别置于矩形网上端点 B 和 4′,分别瞄准 B′ 和 4″ 进行中心线投点,其交点就是 B4 号柱基的中心。再根据基础图、进行柱基放线,用灰线把基坑开挖边线在实地标出。在离开挖边线 0.5 ~ 1.0m 处方向线上打入四个定位木桩,钉上小钉标示中线方向,供修坑立模之用。

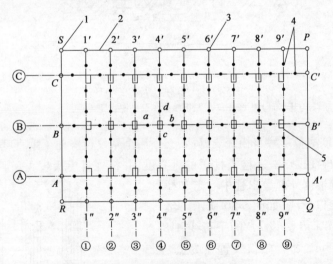

图 5-27 基础定位控制网
1-厂房控制桩;2-厂房矩形控制网;3-柱列轴线控制桩;4-定位小木桩;5-柱基础

(2)基坑抄平。基坑开挖后,当基坑快挖到设计高程时,应在基坑的四壁或者坑底边沿及中央打入小木桩,在木桩上引测同一高程的高程,以便根据标点拉线修整坑底和打垫层。

(3)支立模板测量工作。打好垫层后,根据柱基定位桩在垫层上放出基础中心线,并弹墨线标明,作为支模板的依据。支模上口还可由坑边定位桩直接拉线,用吊锤球的方法检查其位置是否正确。然后在模板的内表面用水准仪引测基础面的设计高程,并画线标明。在

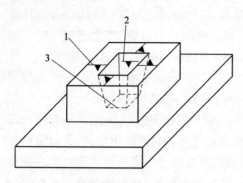

图 5-28 桩基中线投点与找平
1-柱中心线;2-高程线;3-杯底

支杯底模板时,应注意使实际浇筑出来的杯底顶面比原设计的高程略低 3~5cm,以便拆模后填高修平杯底。

(4)杯口中线投点与抄平。在柱基拆模以后,根据矩形控制网上柱中心线端点,用全站仪把柱中线投到杯口顶面,并绘标志标明,以备吊装柱子时使用,如图 5-28 所示。中线投点有两种方法:一种是将仪器安置在柱中心线的一个端点,照准另一端点而将中线投到杯口上,另一种是将仪器置于中线上的适当位置,照准控制网上柱基中心线两端点,采用正倒镜法进行投点。

4)混凝土柱测量

(1)中线投点及高程测量。当基础混凝土凝固拆模以后,即根据控制网上的柱子中心线端点,将中心线投测在靠近柱底的基础面上,并在露出的钢筋上找出高程点,以供在支柱身模板时定柱高及对正中心之用,如图 5-29 所示。

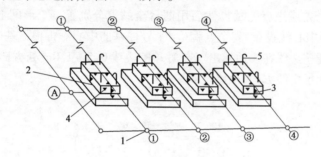

图 5-29 桩基础投点及高程测量
1-中线端点;2-基础面上中线点;3-柱身下端中线点;4-柱身下端高程点;5-钢筋上高程点

(2)柱子垂直度测量。柱身模板支好后,必须用全站仪检查柱子垂直度。由于现场通视困难,一般采用平行线投点法来检查柱子的垂直度,并将柱身模板校正。其施测步骤如下:

先在柱子模板上端根据外框量出柱中心点和柱下端的中心点相连弹以墨线,如图 5-30 所示。然后根据柱中心控制点 A、B 测设 AB 的平行线 $A'B'$,其间距为 1.0~1.5m。将全站仪安置在 B' 点,照准 A'。此时由一人在柱上持直尺,并将直尺横放,使尺的零点水平的对正模板上端中心线。纵转望远镜仰视直尺,若十字丝对准直尺上的读数等于直线 AB 到 $A'B'$ 的距离,则柱子模板刚好垂直,否者应将模板向左或向右移动,直到读数等于直线 AB 到 $A'B'$ 的距离为止。

若由于通视困难,不能应用平行线法投点校

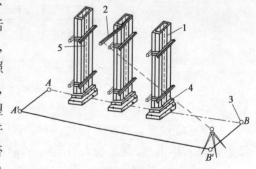

图 5-30 柱身模板校正
1-模板;2-尺子;3-柱中线控制点;4-柱下端中线点;5-柱中线

正时,则可先按上述方法校正一排或一列首末两根柱子,中间的其他柱子可根据柱行或列间的设计距离丈量其长度加以校正。

(3)柱顶及平台模板抄平。柱子模板校正以后,应选择不同行列的二、三根柱子,从柱子下面已测好的高程点,用钢尺沿柱身向上量距,引测二、三个同一高程的点于柱子上端模板上。然后在平台模板上设置水准仪,以引上的任一高程点做后视,施测柱顶模板高程,再闭合于另一高程点以资校核。平台模板支好后,必须用水准仪检查平台模板的高程和水平情况,其操作方法与柱顶模板抄平相同。

(4)高层高程引测与柱中心线投点。第一层柱子与平台混凝土浇筑好后,需将中线及高程引测到第一层平台上,以作为施工人员支第二层柱身模板和第二层平台模板的依据,如此类推。高层高程根据柱子下面已有的高程点用钢尺沿柱身量距向上引测。向高层柱顶引测中线,其方法一般是将仪器置于柱中心线端点上,照准柱子下端的中线点,仰视向上投点,如图5-31所示。若全站仪与柱子之间距离过短,仰角大不便投点时,可将中线端点 A 用正倒镜法延长至 A',然后置仪器于 A' 向上投点。高程引测及中线投点的测设允许偏差按下列规定:高程测量允许偏差为 ±5mm;纵横中心线投点允许偏差,当投点高度在 5m 及 5m 以下时为 ±3mm,5m 以上为 ±5mm。

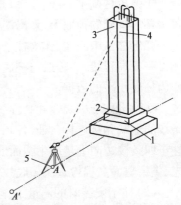

图 5-31　柱子中心线投点
1-柱子下端高程点;2-柱子下端中线点;
3-柱子上端高程点;4-柱子上端中线投点;5-柱中心线控制点

5)施工测量允许偏差

(1)基础工程各工序中心线及高程测设的允许偏差,应符合表 5-4 的规定。

基础中心线及高程测量允许误差(单位:mm)　　　　表 5-4

项　　目	基础定位	垫层面	模板	螺栓
中心线端点测设	±5	±2	±1	±1
中心线投点	±10	±5	±3	±2
高程测设	±10	±5	±3	±3

注:测设螺栓及模板高程时,应考虑预留高度。

(2)基础高程及中心线的竣工测量允许偏差。

①基础高程的竣工测量允许偏差应符合表 5-5 的规定。

基础竣工高程测量允许偏差(单位:mm)　　　　表 5-5

杯口底高程	钢柱、设备基础面高程	地脚螺栓高程	工业炉基础面高程
±3	±2	±3	±3

②基础中心线竣工测量的允许偏差应符合下列规定:根据厂房内、外控制点测设基础中心线的端点,其允许偏差为 ±1mm。基础面中心线投点允许偏差,应符合表 5-6 的规定。

基础竣工中心线投点允许偏差（单位：mm）　　　　表 5-6

连续生产线上设备基础	预埋螺栓基础	预留螺栓孔基础	基础杯口	烟囱、烟道沟槽
±2	±2	±3	±3	±5

5.6.3　工业厂房构建安装测量

1）柱子的安装测量

（1）准备工作。

①弹出柱基中心线和杯口高程线。根据柱列轴线控制桩，用全站仪将柱列轴线投测到每个杯形基础的顶面上，弹出墨线，当柱列轴线为边线时，应平移设计尺寸，在杯形基础顶面上加弹出柱子中心线，作为柱子安装定位的依据。根据 ±0.000 高程，用水准仪在杯口内壁测设一条高程线，高程线与杯底设计高程的差应为一个整分米数，以便从这条线向下量取，作为杯底找平的依据。

②弹出柱子中心线和高程线。在每根柱子的三个侧面，用墨线弹出柱身中心线，并在每条线的上端和接近杯口处，各画一个红色三角形标志，供安装时校正使用。从牛腿面起，沿柱子四条棱边向下量取牛腿面的设计高程，即为 ±0.000 高程线，弹出墨线，画上红"▼"标志，供牛腿面高程检查及杯底找平用。

（2）柱子安装时的测量工作。柱子被吊装进入杯口后，先用木楔或钢楔暂时进行固定。用铁锤敲打木楔或者钢楔，使柱在杯口内平移，直到柱中心线与杯口顶面中心线平齐。并用水准仪检测柱身已标定的高程线。

然后用两台全站仪分别在相互垂直的两条柱列轴线上，相对于柱子的距离为 1.5 倍柱高处同时观测，进行柱子校正。观测时，将全站仪照准柱子底部中心线上，固定照准部，逐渐向上仰望远镜，通过校正使柱身中心线与十字丝竖丝相重合。

（3）柱子垂直校正测量。进行柱子垂直校正测量时，应将两架全站仪安置在柱子纵、横中心轴线上，且距离柱子约为柱高的 1.5 倍的地方，如图 5-32 所示，先照准柱底中线，固定照准部，再逐渐仰视柱顶，若中线偏离十字丝竖丝，表示柱子不垂直，可指挥施工人员采用调节拉绳，支撑或敲打楔子等方法使柱子垂直。经校正后，柱的中线与轴线偏差不得大于 ±5mm；柱子垂直度容许误差为 $H/1000$，当柱高在 10m 以上时，其最大偏差不得超过 ±20mm；柱高在 10m 以内时，其最大偏差不得超过 ±10mm。满足要求后，要立即灌浆，以固定柱子位置。

（4）柱子安装测量的允许偏差。

①柱子中心线应与相应的柱列中心线一致，其允许差为 ±5mm。

②牛腿顶面及柱顶面的实际高程应与设计高程一致，其允许差为：当柱高 ≤5m 时，应不大于 ±5mm；柱高 >5m 时，应不大于 ±8mm。

③柱身垂直允许误差：当柱高 ≤5m 时，应不大于 ±5mm；

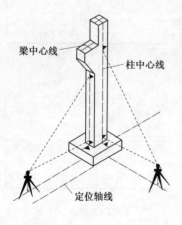

梁中心线

柱中心线

定位轴线

图 5-32　柱子垂直校正测量

当柱高在 5~10m 时,应不大于 ±10mm;当柱高超过 10m 时,限差为柱高的 0.1%,且不超过 20mm。

2)吊车梁的安装测量

(1)吊车梁安装的轴线投测。安装吊车梁前先将轨道中心线投测到牛腿面上,作为吊车梁定位的依据。

①用墨线弹出吊车梁面中心线和两端中心线,如图 5-33 所示。

②根据厂房中心线和设计跨距,由中心线向两侧量出 1/2 跨距 d,在地面上标出轨道中心线。

③分别安置全站仪于轨道中心线两个端点上,瞄准另一端点,固定照准部,抬高望远镜将轨道中心投测到各柱子的牛腿面上。

④安装时,根据牛腿面轨道中心线和吊车梁端头中心线两线对齐将吊车梁安装在牛腿面上,并利用柱子上的高程点,检查吊车梁的高程。

(2)吊车梁安装时的高程测设。吊车梁顶面高程应符合设计要求。根据 ±0.000 高程线,沿柱子侧面向上量取一段距离,在柱身上定出牛腿面的设计高程点,作为修平牛腿面及加垫板的依据,同时在柱子的上端比梁顶面高

吊车梁中心线

图 5-33　吊车梁中心线

5~10cm 处测设一高程点,据此修平梁顶面,梁顶面置平以后,应安置水准仪于吊车梁上,以柱子牛腿上测设的高程点为依据,检测梁面的高程是否符合设计要求,其容许误差应不超过 ±3mm。

3)吊车轨道安装测量

安装前先在地面上从轨道中心线向厂房内测量出一定长度($a = 0.5~1.0m$),得两条平行线,称为校正线,然后分别安置全站仪于两个端点上,瞄准另一端点,固定照准部,抬高望远镜瞄准吊车梁上横放的直尺,当视准轴对准直尺刻划 a 时,木尺零点应于吊车梁中心线重合,如不重合予以纠正并重新弹出墨线,以示校正后吊车梁中心线位置。

吊车轨道按校正后中心线就位后,用水准仪检查轨道面和接头处两轨端点高程,用钢尺检查两轨道跨距,其测定值与设计值之差应满足规定要求。

4)屋架安装测量

屋架安装是以安装后的柱子为依据,使屋架中心线与柱子上相应中心线对齐。为保证屋架竖直,可用吊垂球的方法或用全站仪进行校正。

5)钢结构工程的测量

(1)平面控制。建立施工控制网对高层钢结构施工是极为重要的。控制网离施工现场不能太近,应考虑到钢柱的定位、检查、校正。

(2)高程控制。高层钢结构工程高程测设极为重要,其精度要求高,故施工场地的高程控制网,应根据建立一个独立的三等水准网,以便在施工过程中直接应用,在进行高程引测时必须先对水准点进行检查。三等水准高差闭合差的容许误差应达 $\pm 3\sqrt{n}$(mm),其中,n 为测站数。

（3）轴线位移校正。任何一节框架钢柱的校正，均以下节钢柱顶部的实际中心线为准，使安装的钢柱的底部对准下面钢柱的中心线即可。因此，在安装的过程中，必须时时进行钢柱位移的监测，并根据实测的位移量以实际情况加以调整。调整位移时应特别注意钢柱的扭转，因为钢柱扭转对框架钢柱的安装很不利，必须引起重视。

（4）定位轴线检查。定位轴线从基础施工起就应引起重视，必须在定位轴线测设前做好施工控制点及轴线控制点，待基础浇筑混凝土后再根据轴线控制点将定位轴线引测到柱基钢筋混凝土底板面上，然后预检定位轴线是否同原定位重合、闭合，每根定位线总尺寸误差值是否超过限差值，纵横网轴线是否垂直、平行。预检应由业主、监理、土建、安装四方联合进行，对检查数据要统一认可。

（5）高程实测。以三等水准点的高程为依据，对钢柱柱基表面进行高程实测，将测得的高程偏差用平面图表示，作为临时支承高程块调整的依据。

（6）柱间距检查。柱间距检查是在定位轴线认可的前提下进行的，一般采用检定的钢尺实测柱间距。柱间距离偏差值应严格控制在 ±3mm 范围内，绝不能超过 ±5mm。柱间距超过 ±5mm，则必须调整定位轴线。原因是定位轴线的交点是柱基点，钢柱竖向间距以此为准，框架钢梁的连接螺孔的直径一般比高强螺栓直径大 1.5 ~ 2.0mm，若柱间距过大或过小，直接影响整个竖向框架梁的安装连接和钢柱的垂直，安装中还会有安装误差。在结构上面检查柱间距时，必须注意安全。

（7）单独柱基中心检查。检查单独柱基的中心线同定位轴线之间的误差，若超过限差要求，应调整柱基中心线使其同定位轴线重合，然后以柱基中心线为依据，检查地脚螺栓的预埋位置。

5.7　高层建筑物测量

所谓的高层建筑物，是指 10 层及 10 层以上的住宅建筑结构和房屋高度大于 24m 的其他建筑物。高层建筑物层数多、高度高，结构竖向偏差直接影响工程受力情况，故施工测量中要求竖向投点精度高，所选用的仪器和测量方法要适应结构类型、施工方法和场地情况等。

高层建筑物施工重点是控制竖向偏差，要将基础控制网逐层向上传递，《高层建筑混凝土结构技术规程》（JGJ 3—2010）对高层竖向轴线传递和高程传递的允许偏差规定如表 5-7 所示。本节将主要介绍高层建筑定位测量、基础施工测量、高程传递、轴线投测和垂直度计算等。

高层竖向轴线传递和高程传递的允许偏差　　　　　　　　　　　　表 5-7

高度 H（m）	每层	$H \leqslant 30$	$30 < H \leqslant 60$	$60 < H \leqslant 90$	$90 < H \leqslant 120$	$120 < H \leqslant 150$	$H > 150$
允许偏差（mm）	3	5	10	15	20	25	30

5.7.1　高层建筑物定位测量

（1）测设主轴线控制桩。在施工方格网的四边上，根据建筑物主要轴线与方格网的间距,测设主要轴线的控制桩。如图 5-34 所示的 L_S、L_N 为轴线 MP 的控制桩,8_S、8_N 为轴线 NQ 的控制桩,G_W、G_E 为轴线 MN 的控制桩,H_W、H_E 为轴线 PQ 的控制桩,测设时要以施工方格网各边的两端控制点为准,用全站仪定线和定点。测设好这些轴线控制桩后,施工时便可方便准确地在现场确定建筑物的四个主要角点。

除了四廊的轴线外,建筑物的中轴线等重要轴线也应在施工方格网边线上测设出来,与四廊的轴线一起,称为施工控制网中的控制线,一般要求控制线的间距为 30~50m。控制线的增多,可为以后测设细部轴线带来方便,也便于校核轴线偏差。如果高层建筑是分期分区施工,为满足某局部区域定位测量的需要,应把对该局部区域有控制意义的轴线在施工方格网边线测设出来。施工方格网控制线的测距精度不低于 1/10000,测角精度不低于 ±10″。

如果高层建筑准备采用全站仪法进行轴线投测,还应把应投测轴线的控制桩往更远处安全稳固的地方引测,如图 5-34 中,四条外廊主轴线是今后要往高处投测的主轴线,用全站仪引测,得到 H_{W1} 等 8 个轴线控制桩,这些桩与建筑物的距离应大于建筑物的高度,以免用全站仪投测的仰角太大。

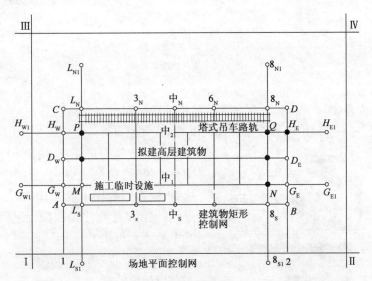

图 5-34　高层建筑定位测量

(2)测设施工方格网。根据设计给定的定位依据和定位条件,进行高层建筑的定位放线,是确定建筑物平面位置和进行基础施工的关键环节,施测时必须保证精度,因此一般采用测设专用的施工方格网的形式来决定。

5.7.2　高层建筑物的轴线投测

当高层建筑的地下部分完成后,根据施工方格网校测建筑物主轴线控制桩后,将各轴线测设到地下结构顶面和侧面,又根据原有的 ±0.000 水平线,将 ±0.000 高程或某整分米数高程,也测设到地下结构顶部的侧面上,这些轴线和高程线,是进行首层主体结构施工的定位依据。

随着结构的升高,要将首层轴线逐层往上投测,如图 5-35 所示,作为施工的依据。这当中建筑物主轴线的投测最为重要,因为它们是各层放线和结构垂直度控制的依据。随着高层建筑物设计高度的增加,施工中对竖向偏差的控制要求就越来越高,轴线竖向投测的精度和方法就必须与其适应,以此保证工程质量。

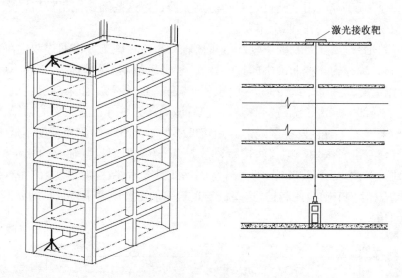

图 5-35 轴线投测示意图

1)激光铅垂仪

激光铅垂仪,如图 5-36 所示,用于高层建筑轴线竖向投测时,其原理和方法与经纬仪配弯管目镜相同,只不过是用可见激光替代人眼观测。投测时,先在施工层预留孔中央设置透明聚酯膜绘制的接受靶,并在地面轴线点处对中整平仪器,将激光投射到标靶上。水平旋转仪器,检查接收靶上光斑中心是否始终在同一点,或划出一个很小的圆圈,然后移动接收靶使其中心与光斑中心或小圆圈中心重合,固定接收靶,则靶心即为欲投测的轴线点。

图 5-36 激光铅垂仪

2)吊线坠法

当周围建筑物密集,施工场地窄小,无法在建筑物以外的轴线上安置全站仪时,可采用此法进行竖向投测。该法于一般的吊垂线法的原理是一样的,只是线坠的重量更大,吊线的强度更大。此外,为了减少风力的影响,应将吊垂线的位置放置在建筑物内部。

5.7.3 高层建筑物高程传递

高层建筑的高程传递通常采用钢尺垂直量距法和全站仪天顶测距法。

钢尺垂直量距法,如图 5-37a)所示,将钢尺零端朝下悬挂于建筑物侧面,将水准仪架设在底层,后视底层 1m 线上的水准尺读数或后视高程控制点上的水准尺读数,前视钢尺并读数;然后将水准仪搬至上一层,后视钢尺读数,前视水准尺,根据设计高程放样该楼层的 1m 线。

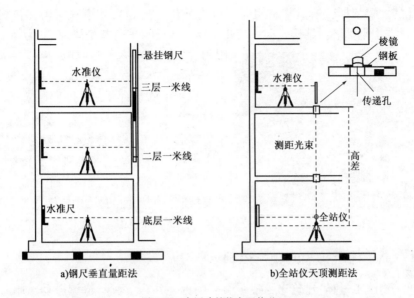

a)钢尺垂直量距法　　　　　　　b)全站仪天顶测距法

图 5-37 高层建筑物高程传递

全站仪天顶测距法,如图 5-37b)所示,将全站仪架设于底层轴线控制点上,首先在水平盘位(竖直角为0°),利用水准尺配合,测量底层 1m 线的高度,然后再垂直度盘竖直角为90°的盘位,通过各楼层的轴线传递孔向上测距,并利用水准仪测量施工层的 1m 线。

5.7.4 高层建筑物的垂直度计算

为计算层高 h 处的楼层垂直度 k,应选 n 个位于纵、横向轴线上的特征点,测量特征点的实际坐标,计算与设计坐标之差 $(\Delta x_i, \Delta y_i)$,则楼层垂直度用下式计算:

$$k = \frac{f}{h} \tag{5-15}$$

式中: $f = \sqrt{\Delta x^2 + \Delta y^2}$;

$\Delta x = \dfrac{1}{n} \sum\limits_{i=1}^{n} \Delta x_i$;

$\Delta y = \dfrac{1}{n} \sum\limits_{i=1}^{n} \Delta y_i$。

计算楼顶垂直度 k,应在楼顶建筑外墙选取特征点,利用建筑物外面控制网,测量并计算特征点的坐标差,用上式计算,层高 h 用特征点相对于 ±0.000 面的全高 H 来代替即可。楼层垂直度和全高垂直度是评价高层建筑工程质量的重要指标。

5.8 高耸建筑物测量

在现代城市建设中,出现越来越多的摩天大楼、高烟囱、电视塔、高桥墩等建筑物,如高达 632m 的上海中心大厦、828m 的世界第一高楼迪拜塔,如图 5-38 所示。这些建筑物的共同特点就是建筑物高度大、横断面相对较小、重心高、柔度大,其竖向轴线的精度要求很高。

所谓高耸建筑物是指高度较大、横断面相对较小的建筑物,以水平荷载(特别是风荷载)

为结构设计的主要依据。根据其结构形式可进一步分为自立式塔式结构和拉线式桅式结构,所以高耸结构也称塔桅结构。因高耸建筑物的主要水平荷载是风荷载,为降低结构的风

阻力,高耸建筑物多为圆柱或椭圆柱形的钢筋混凝土结构。高耸建筑物一般采用爬模、滑模或翻板模施工。施工过程,受日照引起的温度差作用、大气作用、机械振动及偏载等影响,其竖向轴线会发生弯曲,施工平台会发生摆动。电视发射塔或摩天大楼多为异型钢筋混凝土或钢结构,一般采用拼装工艺施工。施工中,除了控制竖向轴线外,还要控制不同层面的纵、横向轴线,测量的难度很

图 5-38　世界第一高楼迪拜塔

大。本节重点介绍摩天大楼施工测量。

5.8.1　高耸建筑物竖向轴线控制——分层投点法

高耸建筑物施工过程,建筑物受日照引起的温差作用、大风、机械振动及施工偏载等因素的影响,施工平台处于缓慢而无序的变动中,竖向轴线测量相对复杂和困难。

日照引起的温差对高耸建筑物的影响很大,会导致建筑物的竖向轴线向背阴面弯曲成一条弧线,且随太阳方位变化而改变。对同一个建筑物,这种变形有一定的规律;对不同的建筑,因形状、结构、材料及周围环境各异,日照引起的变形有很大的差异。如湖北一座高183m 的电视塔,一昼夜之间的变形值可达 130mm,而广州一座 100m 高的高层建筑,在日照作用下,其顶部位移只有 20mm。我国冶金系统曾就该问题对百米以上的高烟囱进行了测试,其结果如表 5-8 所示,也说明了日照变形的复杂性。

日照引起的温差对高烟囱的影响情况　　　　　　　　　　　　　　　　　表 5-8

高烟囱	建筑高度(m)	测试高度(m)	实测温差(℃)	实测轴线与铅垂线的偏离值(mm)
常德电厂	100	100	20	60.0
龙口电厂	210	100	10	28.6

风荷载和施工偏载对高耸建筑物的影响也是很大。如美国纽约 102 层的帝国大厦,在风荷载作用下,最大摆幅为 76mm;上海环球金融中心,尽管安装了摆动阻尼装置,但在遭遇6 级以上强风时,建筑物内的人仍会有轻微摇晃感觉。施工期间没有阻尼装置,在无风的天气,仅由塔吊偏载引起的摆幅就达 100mm;前苏联高度为 536m 的奥斯坦金电视塔,在风荷载作用下,位于 385.5m 处的设备控制室最大摆动幅度达 1500mm。

由此可见,外界条件引起高耸建筑物的弯曲和摆动很大,如果仍用传统的轴线测量定位法,不仅测量周期长,测量难度大,定位点将落在一个较大的范围,精度低,不能保证建筑物相邻阶段的共轴性。

在高耸建筑物施工中,如何保证建筑物竖向轴线的铅垂性和相邻层面的共轴性是重点考虑的问题。下面介绍一种分层投点技术。

(1)分段(分层)投点原理与方法

把高层建筑物或高耸建筑物按高度分为若干段,段长一般为 10～100m,在建筑物内部

每段搭建测量平台,将埋设于±0.0面的控制点采用垂准仪逐段向上投递,以提高竖向轴线精度。施工过程中,从最靠近施工层面的测量平台向施工层面投点,这种方法就是分段投点法(分层投点法)。这样,即使在建筑物弯曲和摆动较大的情况下,由于测量平台和施工层面随建筑物同步运动,二者相对位置变化很小,投点将落在一个较小的范围内,可以加快投点速度,并大大消除因建筑物弯曲和摆动而引起竖向轴线偏位,确保相邻建筑层面的共轴性。

分段投点一般在阴天或夜间,风速不大、吊塔不作业的条件下进行。可采用垂准仪,置平范围大的自动安平垂准仪。

(2)单段投点精度

单段投点(从一段测量平台向另一段测量平台投点)精度与垂准仪相对精度 m_y 和设点精度 m_s 有关,设点误差 m_s 可控制在 1mm 以内。设分段投点距离为 d,则单次投点的精度为:

$$m_1 = \sqrt{m_s^2{}'' + (d \times m_y)^2} \tag{5-16}$$

(3)施工层面(最上层)投点精度

设距施工层面最近的测量平台距离地面的高度为 H,高耸建筑摆幅 A,地面到距施工层面最近的测量平台的投点次数为:$n = H/d$,建筑物竖向轴线相对铅垂线的最大偏角为:

$$\alpha = \arcsin \frac{A}{H} \tag{5-17}$$

则距施工层面最近的测量平台处,投点精度为:

$$m_2 = \sqrt{\sum_{i=1}^{n} \left[d \times \sin \left(\frac{i}{n}\alpha \right) \right]^2 + n \times m_1^2} \tag{5-18}$$

表 5-9 列出了 $H = 100\text{m}, A = 15\text{mm}, m_s = \pm 1.5\text{mm}$ 时,m_2 与 d 和 m_y 的关系。

分段投点精度分析

表 5-9

d ╲ m_y	$\dfrac{1}{5000}$	$\dfrac{1}{10000}$	$\dfrac{1}{40000}$	$\dfrac{1}{100000}$	$\dfrac{1}{200000}$	备注
100m	25.0mm	18.1mm	15.3mm	15.1mm	15.0mm	1 次投点
50m	16.6mm	11.2mm	8.8mm	8.7mm	8.6mm	2 次投点
25m	11.6mm	7.8mm	6.1mm	6.0mm	6.0mm	4 次投点
10m	8.4mm	6.4mm	5.6mm	5.6mm	5.6mm	10 次投点

从上表可见,采用分段投点,即便是垂准仪的相对精度不高,也能明显提高投点精度。选择垂准仪应同时考虑仪器的相对精度、自动置平范围和其适应性。

实际施测过程,分段距离可由底层向高层逐渐减小,这样既可以保证投点精度,又能减少投点次数。当测量条件很好时,建筑物摆幅很小,可以跨过中间测量平台,直接将地面控制点投射到较高的测量平台。当直接投点至最上层测量平台时,其最不利投点精度为:

$$m_2' = \sqrt{(d \times \sin\alpha)^2 + m_s^2 + (d \times m_y)^2} \tag{5-19}$$

这时 α 很小,而 $d = H$,投点距离较大,m_y 将成为影响投点精度的主要因素。投点距离大,投点仪的光斑也会变大,设点较困难。

（4）从最高测量平台向施工平台投点的精度

在日照、风力和施工偏载等影响都存在的最不利情况下,投设在最高测量平台上的控制点,会随高耸建筑物摆动而偏离竖向轴线,因测量平台和施工平台同步摆动,利用测量平台向上投点时,点位会落在较小的范围,可以明显提高精度和可操控性。

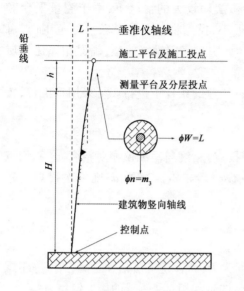

图 5-39 利用测量平台投点控制建筑物竖向轴线

假定最高测量平台上的控制点因高耸建筑物摆动而偏离竖向轴线的最大距离为 L,最高层测量平台到施工平台的高度为 h,则向上投点精度为:

$$m_3 = \sqrt{\left(h \times \frac{L}{H}\right)^2 + m_s^2 + \left(h \times m_y\right)^2}$$

(5-20)

由图 5-39 和式(5-21)可知,即使在最不利的情况下,利用最上层测量平台也能有效保证投点精度,确保相邻建筑节段的共轴性。如果利用常规方法自地面向施工平台投点,不仅精度低,而且测量难度大。

5.8.2 电视塔的施工测量

上海东方明珠电视塔(图 5-40),犹如从天而降的明珠,落在上海浦东。上海东方明珠电视塔高 468m,是亚洲第一、世界第三的广播电视塔,是上海的地标建筑。它由地下室、塔座、塔身、下球体、上球体、太空舱及天线七部分组成。地下二层深为 −12m,局部达 −19.5m。从地面至 286m,是三个直径为 9m 的直筒体组合而成,构成三筒框架主塔体。三筒结构从 285m 处过渡为单筒体至 350m,单筒体从 310m 以上由 8m 收至 7m,350m 至 486m 为钢桅杆天线。直径为 50m、45m 和 16m 的三个钢结构球体,分别设置在塔体的 68～118m、250～295m 和 334～350m 之间。全长 118m 的钢桅杆天线嵌固在单筒顶面的空洞中。主塔三个直筒体呈正三角形布置,全高 286m 间有七道 6m 高、1.6m 宽的混凝土连梁。上、下球体中各有一个高为 40m 和 50m 的中心筒体。下球体和地面间,有三个直径为 7m 的斜筒体,下端支承与基础,与地面呈 60°交角,上端交汇于中心筒体。

东方明珠电视塔的垂直度要求为:偏差小于 50mm,施工测量难度不仅在于高度达 468m,而且其造型特殊,三个直筒体间不能互相通视。各期施工平面控制网须精确耦合,并进行垂直度控制。东方明珠电视塔的施工平面控制网分地面外控制网、塔体内控制网和地面内控制网。

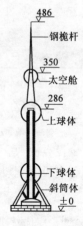

图 5-40 上海东方明珠电视塔

（1）地面外控制网。地面外控制网布设成"米"字形，如图 5-41 所示。网的三条轴线交与塔心，轴线 5-11 与正北方向夹角为 96°36′15″，以点 5 及轴线 5-11 为起算数据，以挂靠方式纳入上海市统一坐标系中。建网时，选取 2～3 个与塔心可通视的远方目标作定向点，测出定向点与轴线 5-11 的平面夹角。施工地下室时，需在基坑周边加密控制点，以控制地下室施工。

（2）塔体内控制网。塔体基础完工后，在其顶面 −6.5m 平台上建立如图 5-42 所示的塔体内控制网，控制点为塔心，直筒心及斜筒心的设计位置。

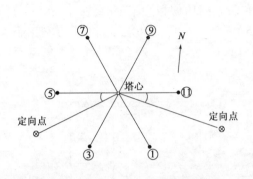

图 5-41 东方明珠电视塔地面外控制网

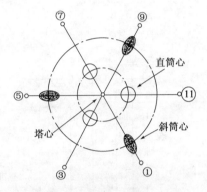

图 5-42 东方明珠电视塔内控制网

塔体内控制网将要控制塔体施工，三个斜筒体中心、直筒体中心和塔心的相对位置必须精确测设。其过程是：利用外控制网先放样出塔体中心和 5-11 轴线，并以此为基准，放样三个直筒中心和三个斜筒中心，用全站仪精确测量由 7 个点组成的塔体内部控制网，并进行严密平差，用归化法将直筒和斜筒中心精确改化至设计位置。

（3）地面内控制网。在三个直筒体出土后，要按以下过程建立如图 5-43 所示的地面内控制网，主要用于塔体施工控制，测设塔筒周边线、裙房 7.5° 轴线，以及监测筒体的偏扭。将塔体内控制网的塔体中心和三个直筒体中心投测至 −1.450m 和 +0.550m 平台，记为 0 和 T_1、T_2、T_3，以这四点为基础，建立地面内部控制网。

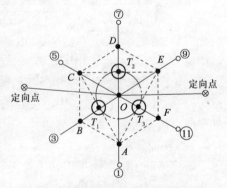

图 5-43 东方明珠电视塔地面内控制网

在 −0.050m 结构平台上，利用 5-11、1-7 和 3-9 三条轴线，布设一个相邻点可通视的正六边形 A、B、C、D、E、F，轴线上的网点可通过直筒体门洞互相通视，其直线交点即为塔体中心点，解决了塔筒四个中心点互不通视的问题。精确测量地面内部控制网，并以 0 和 T_1、T_2、T_3 四个点为"拟稳点"进行平差，并将各网点精确改化至设计位置。施测地面内控制网时，在 0 点需精确测量远处定向点的角度，以确定控制网的方位。

（4）内控制网点分层投点。塔体中心和直筒体中心点分别向上投点，其中，塔体中心分 4 层投点，测量平台的高度分别 +98m、+118m、+263m、+285m。直筒体中心分 3 层投点，测量平台的高度分别为 +98m、+161m、+285m。采用 LEICA 天顶仪，对于较低的施工节段，四点可分别投测。施工节段较高时，为克服施工震动等因素的影响，四点宜同步投点，如

图 5-44 所示。

投点采用两种方法检核,一是在塔心投点安置全站仪,测量其他三点的距离和三点间的夹角。二是利用远处定向点测量三个直筒投点与设计方位的偏差,满足要求后即可固定投点位置。

(5)单筒体测量。三筒主塔施工至 +286m 后,原来的钢平台将停留在 +285.081m 处,并用混凝土与筒体浇在一起,不再提升。电视塔自 +286 ～ +350m 为单筒塔体结构。投测至 +285m 的塔体中心点,即为单筒体竖向轴线控制的唯一投点。

单筒体测量的重点是控制筒体竖向轴线和防止筒体偏扭。施工时,在 +285 ～ +310m 段不设施工平台,需搭建临时测量平台,如图 5-45 所示。自 +310m 以上,可以利用施工平台投点。

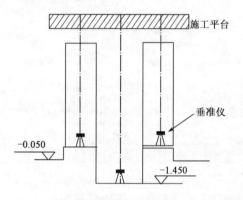

图 5-44 东方明珠电视塔 0 ~ 98m 段垂直投点示意图

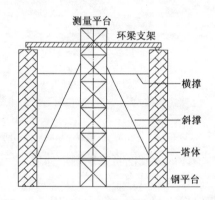

图 5-45 临时测量平台

塔体中心点投测完成后,利用投点和远处定向点恢复塔体的三条轴线,以控制塔体偏扭。对于 118m 高、450t 重的钢桅杆天线,采用"液压提升"技术施工。位于 +350m 的锚固段完成后,通过单塔筒,在传感器和计算机的控制下,利用液压同步提升技术,将天线从单塔筒中整体提升至 468m。因此,塔体中心投测至 +350m 高度后,不再继续向上投点。

(6)上、下球体和太空舱安装测量。上、下球体工程钢构件安装之前,以塔心和远处定向点为基准,建立含三个直筒中心投点的球体内部控制网。太空舱安装也是以塔心投点和远处定向点位基准,在此不再赘述。

(7)斜筒体测量。

斜筒体测量。斜筒采用劲性骨架形式,测量重点是控制骨架中心即测设斜筒体的中心轴线。下面以大斜筒测量为例。

大斜筒中心点即塔体内控制网点,位于地下室 −6.050m 层面,且在 5-11、1-7 和 3-9 三条轴线上,距塔心 56.234m。大斜筒轴线测量方法如图 5-46 所示,在塔心和大斜筒中心连线上,距离大斜筒中心 0.9526m 处,建 1.29m 高的观测墩,埋设强制对中装置,并要考虑利用基座的调平螺丝能将仪器的三轴交点精确调整到 1.65m 高处。在观测墩上安置全站仪,用精密水准尺配合,将仪器三轴交点精确设置到 −4.40m(仪器高 1.65m)处,则仪器的三轴交点刚好位于大斜筒的轴线上。测量时,用全站仪照准塔心控制点,然后将竖直角设置为 60°,则视准轴即为大斜筒的轴线,用以指导劲性骨架安装,完毕后,即可立模施工钢筋混凝土大斜筒体。

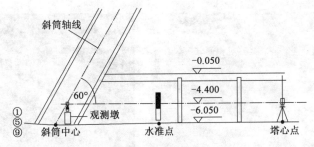

图 5-46 大斜筒轴线测设

小斜筒测量方法与大斜筒类似,如图 5-47 所示。小斜筒底端起始于三个直筒体的第一道连系梁 K-1 上,其底端中心点位于三条轴线的一条轴线上,高程为 +21.00m,距塔中心长度为 5.419m,需在连系梁外建立测量平台,并设置观测墩。具体测量过程是:在 5-11、1-7 和 3-9 三条轴线上,利用地面内部控制网,精确测设小斜筒底端中心外侧 1.65m 处的轴线点 A;利用铅垂仪将轴线点 A 投测至测量平台;受大斜筒和主塔体影响,在测量平台上无法恢复 5-11、1-7 和 3-9 三条轴线,因此,需要在大斜筒靠近主塔一侧,精确设置后视照准点 B;在测量平台上,利用可升降支架,根据短视线三角高程测量原理,将全站仪三轴线交点设置在小斜筒轴线上;全站仪照准轴线点 B,将竖直角设置为 45°,则视准轴即为小斜筒的中轴线。

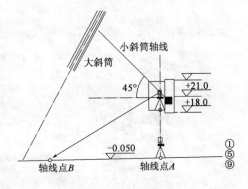

图 5-47 小斜筒轴线测设

5.8.3 上海环球金融中心施工测量

上海环球金融中心是位于上海陆家嘴的一栋摩天大楼,如图 5-48 所示,1997 年年初首次开工,后遭 1997 年亚洲金融危机停工,于 2003 年 2 月工程复工,2008 年 8 月 29 日竣工。上海环球金融中心占地面积 14400m²,建筑面积 381600m²,地上 101 层、地下 3 层,高达 492m。建筑结构形式为钢筋混凝土结构、钢结构。该建筑由中国建筑工程总公司和上海建工(集团)总公司联合承建。

1)平面控制网的建立

上海环球金融中心主楼高 492m,主楼高处受到风、现场施工塔吊运转、温差等影响引起晃摆,因此保证轴线控制网的垂直引测精度,建立一套稳定可靠的测量控制网是本工程测量工作的重点。结构平面几何尺寸随着高度增加而变化,从地面的正方形变化为六边形至顶部变为长方形,测量控制网的点位置随结构形状的变化作相应的调整。

(1)1~57 层平面控制网

首层(±0.000m)楼板浇筑完毕,混凝土达到一定强度后,在二级控制网的基础上,将控制点引测至主楼内,建立 8 个内控点,内外筒各 4 个点,如图 5-49 所示:A 点向西距 Y9 轴 500mm、B 点向南距 X9 轴 500mm、C 点向东距 Y9 轴 500mm、D 点向北距 X9 轴 500mm;垂直方向距离核心墙面均为 300mm。适用区段为 1~57 层。

图 5-48　上海环球金融中心

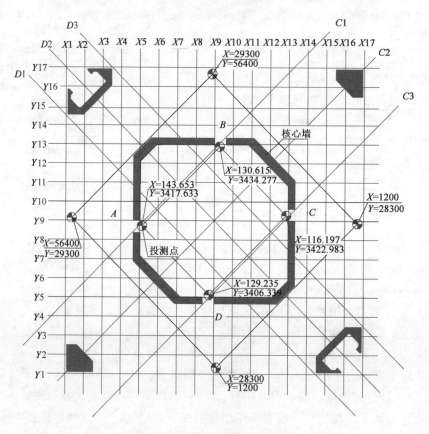

图 5-49　1~57 层平面控制网布置图

（2）57~78 层平面控制网

由于二、四区结构平面向内收缩，且筒内钢结构安装高度低于核心墙施工高度。下部投测到 57 层的原有轴线控制点位置调整，A 点向西距 Y9 轴 450mm、B 点向南距 X9 轴 450mm、C 点向东距 Y9 轴 450mm、D 点向北距 X9 轴 450mm；垂直方向距离核心墙面均为 300mm。如图 5-50 所示。

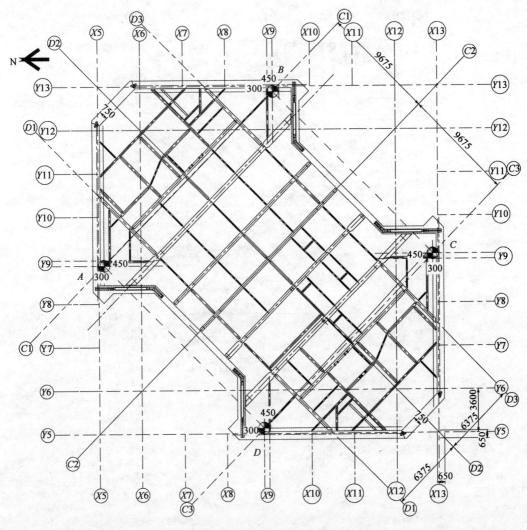

图 5-50 57 ~78 层平面控制网布置图(尺寸单位:mm)

（3）78 ~96 层平面控制网

由于79 层以上内筒 D1、D3 轴线的混凝土核心墙改为钢桁架结构,内外筒钢结构同步吊装,土建在钢结构安装之后施工。外筒控制点为矩形 A′、B′、C′、D′,内筒控制点为矩形 E、F、G、H,点位平面布置,如图 5-51 所示。

（4）96 ~101 层平面控制网

将下部投测到 96 层的 A、B、C、D 四个控制点,通过测设出 E、F、G、H 四个相互通视的新点,如图 5-52 所示,作为 96 ~101 层的平面控制网。其中 E 点东北方向在 T2 轴线上、向西北偏 D3 轴线 975mm；F 点西南方向在 T8 轴线上、向西北偏 D3 轴线 975mm；G 点西南方向在 T8 轴线上、向东南偏 D1 轴 975mm；H 点在东北方向在 T2 轴线上、向东南偏 D1 轴 975mm。

2）轴线控制网垂直传递

轴线控制网垂直引测采用苏一光 1/45000 的激光铅直仪,其引测顺序和方法如图 5-53 所示。

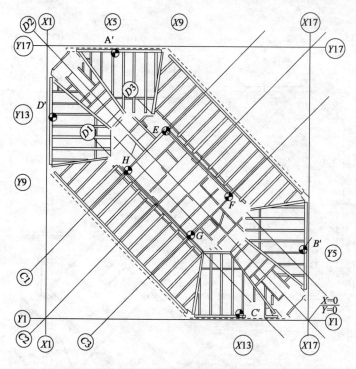

图 5-51 78~96 层平面控制网布置图

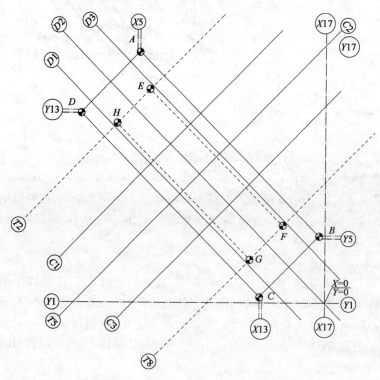

图 5-52 96~101 层平面控制网布置图

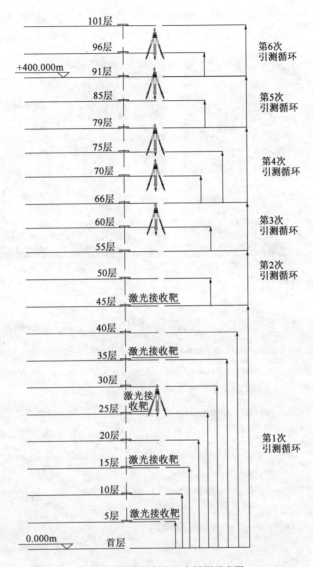

图 5-53　轴线控制点竖向投测示意图

轴线控制网垂直引测的具体操作方法如下:

(1)在控制点上架设激光铅直仪,仪器整平、对中,并通知上方安置激光接收靶,做好投点准备。

(2)接通激光电源,打开激光器,上方人员收到激光后,通知仪器操作人员进行调焦,待光斑直径达 1~2mm 时,由下方测量人员将激光铅直仪缓慢作 360°水平旋转。

(3)测量人员在激光接收靶上用笔描光斑的移动轨迹,如图 5-54 所示,由于水平轴、视准轴误差,整平等影响,图形轨迹近似圆形。如圆形轨迹直径大于 20mm 时,再次精确整平仪器重作一次,以圆形轨迹的直径在 5mm 左右为好。确定圆心点,此点即是本次引测的平面坐标控制点。

(4)依据同样的方法引测各点,待四个控制点全部向上投测后,进行点位之间的角度和距离的检测以及闭合差的检测,如图 5-55 所示,调整闭合差,确定所投点楼层的测量控制网,相对误差精度需达到 1/20000 以上。如不符合精度要求,则重新引测。

图 5-54　激光接收靶

图 5-55　全站仪校核

3)高程控制与传递

施工过程高程采用钢卷尺丈量,每 50m 分段中转传递,为便于高程控制,分段中转后的基准高程点不考虑施工过程出现的底板沉降和楼层压缩变形影响。内外筒的竖向变形不同步,但顶面施工高程始终保持水平。

4)钢柱、桁架用全站仪快速测量定位

倾斜钢柱、巨型斜撑主要用全站仪测量定位,配置电脑和 AutoCAD 绘图软件,按照 1∶1比例绘图,捕捉要定位的点位坐标,将设计坐标值依编号存入全站仪中,操作人员利用全站仪的测量放样功能,测量构件上的控制点坐标,仪器显示该点的坐标偏差值,校正人员及时进行校正。

铸钢节点吊装完,测量校正人员根据铸钢件上点的三维坐标,对铸钢节点进行校正,方法如图 5-56 所示。

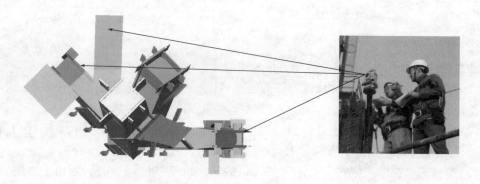

图 5-56　全站仪校正铸钢节点

5)顶部结构测量校正

91 层到顶为全钢结构,易受温差、塔吊运动等影响,经常有轻微晃摆。为保证施工测量的点位精度,顶部结构测量控制示意图,如图 5-57 所示。具体操作步骤如下:

第1步:在主控制点布置楼层架设激光铅直仪投测控制点(图5-58)。

第2步:中转层接收激光点,架设全站仪与棱镜。

第3步:在施工层架设全站仪,并对构件进行测量校正(图5-59)。

第4步:测量校正过程根据施工现场情况,多次重复投递中转层激光点,若点位有变动立即调整测量仪器。

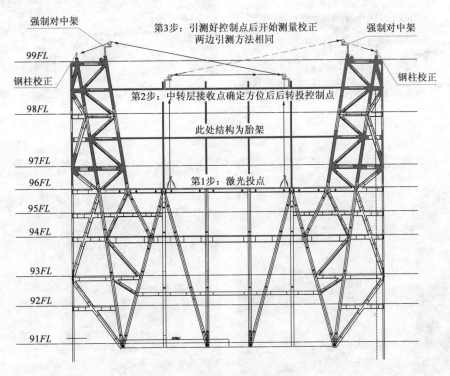

图5-57 顶部结构测量控制示意图

施工过程中,测量仪器、控制点接收靶临时连接固定在钢梁、钢柱上,如图5-60所示。

施工过程中,对控制点位置晃摆情况进行监控,经早、中、晚测量发现12~14点之间的最大变化在6mm内,点位轨迹沿东西方向变化。其余时间最大变化在3mm内,点位轨迹也是沿东西方向变动(图5-61)。

根据施测流程、施测方法和塔吊所在位置分析,顶部结构通过胎架连成一体后,晃动幅度小,主要是受温差变化、塔吊运行影响,点位变化一般情况下≤3mm,中午时段2h内温差变化影响稍大。

图5-58 96层向上投测控制点

主体结构封顶后,和监理一同复测顶部结构测量定位精度。测得492m顶面最大偏差X、Y方向分别为15mm和26mm,满足钢结构施工验收规范允许偏差要求。

图 5-59　施工层全站仪测量校正构件

图 5-60　仪器、控制点临时连接示意图

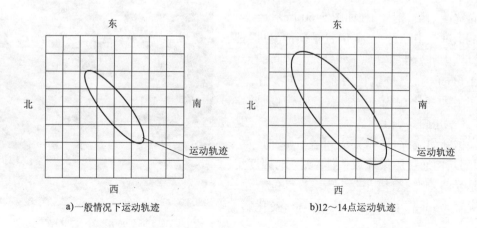

a)一般情况下运动轨迹　　　　　　　　b)12～14点运动轨迹

图 5-61　顶部结构控制点位置变化示意图(单位:1mm/格)

思 考 题

1. 什么是施工控制网？施工控制网的主要作用是什么？

2. 建筑施工平面控制网有哪些形式？

3. 什么是建筑限差？

4. 什么是"等影响原则"和"忽略不计原则"？

5. 简要叙述方格网布置要求和布设流程。

6. 建筑物主轴线的测设方式有哪些？

7. 请详细讲述多层建筑物施工测量高程传递的常用方法。

8. 如何建立工业厂房控制网？

9. 工业建筑施工测量的主要内容及施测流程是什么？

10. 工业厂房的柱子安装测量如何进行？

11. 如何投测高层建筑物的轴线？

第6章 线路工程测量

6.1 概　　述

线路工程是指长宽比很大的工程,包括公路、铁路、运河、供水明渠、输电线路、各种用途的管道工程等。这些工程的主体一般是在地表,但也有在地下或空中的,如地铁、地下管道、架空索道和架空输电线路等,工程可能延伸十几公里以至几百公里,它们在勘测设计及施工测量方面有不少共性。相比之下,公路、铁路的工程测量工作较为细致。线路工程建设过程中需要进行的测量工作,称为线路工程测量,简称线路测量。本章将以公路为例论述线路工程测量的主要内容。

6.1.1　线路测量的任务和内容

线路测量是为各等级的铁路、公路和各种管道设计及施工服务的。其任务有三个方面:一是为线路工程的设计提供地形图和断面图,主要是勘测设计阶段的测量工作;二是按设计位置要求将线路敷设于实地,主要是施工放样的测量工作;三是运营管理阶段,主要测量任务为变形监测、线路的改建、扩建、测量等。整个线路测量工作包括下列内容:

(1)收集规划设计区域内各种比例尺地形图、平面图和断面图资料,收集沿线水文、地质以及控制点等有关资料。

(2)根据工程要求,利用已有地形图,结合现场勘察,在中小比例尺图上确定规划路线走向,编制比较方案等初步设计。

(3)根据设计方案在实地标出线路的基本走向,沿着基本走向进行控制测量,包括平面控制测量和高程控制测量。

(4)结合线路工程的需要,沿着基本走向测绘带状地形图或平面图,在指定地点测绘工地地形图(例如桥位平面图)。测图比例尺根据不同工程的实际要求参考相应的设计及施工规范选定。

(5)根据设计图纸把线路中心线上的各类点位测设到地面上,称为中线测量。中线测量包括线路起止点、转折点、曲线主点和线路中心里程桩、加桩等。

(6)根据工程需要测绘线路纵断面图和横断面图。比例尺则依据不同工程的实际要求设定。

(7)根据线路工程的详细设计进行施工测量。

(8)工程竣工后,按照工程实际现状测绘竣工平面图和断面图。

(9)既有线路测量。

6.1.2 线路测量的基本特点

（1）全线性

测量工作贯穿于整个线路工程建设的各个阶段。以公路工程为例，测量工作开始于工程之初，深入于施工的各个阶段，公路工程建设过程中时时处处离不开测量技术工作，当工程结束后，还要进行竣工测量及运营阶段的稳定监测。

（2）阶段性

这种阶段性既是测量技术本身的特点，也是线路设计过程的需要。体现了线路设计和测量之间的阶段性关系。反映了实地勘察、平面设计、竖向设计与初测、定测、放样各阶段的对应关系。阶段性有测量工作反复进行的含义。

（3）渐近性

线路工程从规划设计到施工、竣工经历了一个从粗到细的过程，线路工程的完美设计是逐步实现的。完美设计需要勘测与设计的完美结合，设计技术人员懂测量，测量技术人员懂设计，完美结合在线路工程建设的过程中实现。

6.1.3 线路测量的基本过程

1）规划选线阶段

规划选线阶段是线路工程的开始阶段，一般内容包括图上选线、实地勘察和方案论证。

（1）图上选线。根据建设单位提出的工程建设基本思路，选用合适比例尺的地形图（1：5000～1：50000），在图上比较、选取线路方案。现势性好的地形图是规划选线的重要图件，为线路工程初步设计提供地形信息，可以依此测算线路长度、桥梁和涵洞数量、隧道长度等项目，估算选线方案的建设投资费用等。

（2）实地勘察。根据图上选线的多种方案，进行野外实地视察、踏勘、调查，进一步掌握线路沿途的实际情况，收集沿线的实际资料。特别注意以下信息：有关的控制点；沿途的工程地质情况；规划线路所经过的新建筑物及交叉位置；有关土、石建筑材料的来源；行政区划的划分；沿线风土人情等。地形图的现势性往往跟不上经济建设的速度，地形图与实际地形可能存在差异。因此，实地勘察获得的实际资料是图上选线的重要补充资料。

（3）方案论证。根据图上选线和实地勘察的全部资料，结合建设单位的意见进行方案论证，经比较后确定规划线路方案。

2）线路工程的勘测阶段

线路工程的勘测阶段通常分为初测和定测阶段。

（1）初测阶段。在确定的规划线路上进行勘测、设计工作。主要技术工作有：控制测量和带状地形图的测绘，为线路工程设计、施工和运营提供完整的控制基准及详细的地形信息。进行图上定线设计，在带状地形图上确定线路中线直线段及其交点位置，标明直线段连接曲线的有关参数。

（2）定测阶段。定测阶段主要的技术工作内容是将定线设计的公路中线（直线段及曲线）测设于实地；进行线路的纵、横断面测量，线路竖曲线设计等。

3）线路工程的施工放样阶段

根据施工设计图纸及有关资料，在实地放样线路工程的边桩、边坡及其他的有关点位，指导施工，保证线路工程建设的顺利进行。

4）工程竣工运营阶段的监测

线路工程竣工后，对已竣工的工程，要进行竣工验收，测绘竣工平面图和断面图，为工程运营作准备。在运营阶段，还要监测工程的运营状况，评价工程的安全性。

无论是公路，还是铁路、城市道路，在兴建之前，都要选择一条既合理又经济的路线。在兴建过程当中，既要保证施工质量，又要指导施工。在运营当中，随时掌握安全稳定信息。这一切都离不开测量工作，所以了解和掌握线路测量知识，非常重要。

6.2　线路工程控制测量

1）平面控制测量

公路的平面控制，宜采用导线或 GPS 测量方法，并靠近线路贯通布设。平面控制点的点位，宜选在土质坚实、便于观测、易于保存的地方，并根据需要埋设标石。平面控制网的布设应符合因地制宜、技术先进、经济合理、确保质量的原则。

高速公路和一级公路的平面控制测量中，平面控制可采用 GPS 测量和导线测量等方法，导线总长可放宽一倍。铁路、二级以下等级公路的平面控制测量，应符合以下规定：

（1）平面控制测量可采用导线测量方法。导线的起点、终点及每间隔不大于 30km 的点上，应与高等级控制点联测检核；当联测有困难时，可分段增设 GPS 控制点。

（2）导线测量的主要技术要求，应符合表 6-1 的规定。

铁路、二级及以下等级公路导线测量的主要技术要求　　　　表 6-1

导线长度（km）	边长（km）	仪器精度等级	测回数	测角中误差（"）	测距相对中误差	联测检核	
						方位闭合差（"）	相对闭合差
≤30	0.4~0.6	2"级	1	12	≤1/2000	$24\sqrt{n}$	≤1/2000
		6"级		20		$40\sqrt{n}$	

注：表中 n 为测站数。

2）高程控制测量

公路的高程控制，宜采用水准测量或电磁波测距三角形高程测量方法，并靠近线路布设，高程控制应布设成附和路线。高程控制点的点位，应选在施工干扰区的外围，并根据需要埋设标石。

公路高程系统，宜采用 1985 国家高程基准。同一条公路应采用同一个高程系统。独立工程或三级以下公路联测有困难时，可采用假定高程。公路高程控制测量尽可能采用水准测量的方法。铁路、二级及以下等级公路的高程控制测量，应符合下列规定：

（1）高程控制测量的主要技术要求，应符合表 6-2 的规定。

铁路、二级及以下等级公路高程控制测量的主要技术要求　　　　表 6-2

等级	每千米高差全中误差（mm）	路线长度（km）	往返较差、附和或环线闭合差（mm）
五等	15	30	$30\sqrt{L}$

注：L 为水准路线长度（km）。

（2）水准路线应每隔30km与高等级水准点联测一次。

6.3 线路勘测、中线及断面测量

6.3.1 线路勘测

勘测设计阶段，道路测量的内容包括初测和定测。勘测前，应搜集和掌握下列基本测区资料：各种比例尺的地形图、航测像片，国家及有关部门设置的三角点、导线点、水准点等资料；搜集沿线自然地理概况、地质、水文、气象、地震基本烈度等资料；搜集沿线农林、水利、铁路、航运、城建、电力、通讯、文物、环保等部门与本路有关系的规划、设计、规定、科研成果等资料。然后，根据工程可行性研究报告拟定的路线基本走向方案，在1∶10000~1∶50000地形图上或航测像片上进行室内研究，经过对路线方案的初步比选，拟定出需要勘测的方案（包括比较线）及需现场重点落实的问题。然后，进行路线初测和定测。公路初测和定测的内容主要包括：路线平面控制测量、高程控制测量、带状地形图测绘、路线定线、纵横断面测量、水文调查、桥涵勘测等。

6.3.2 中线测量

道路中线测量是道路测量的主要内容之一，在测量前应做好组织与准备工作。首先应熟悉设计文件或领会工作内容，施工测量时要对设计文件进行复核，已知偏角及半径计算曲线要素、主点里程桩号、交点间距离、直线长度、曲线组合类型等进行复核，并针对不同的曲线类型及地形采用不同的测设方法；设计测量时应和选定线组取得联系，了解选线意图和线型设计原则，选定半径等做好测设前的准备工作。

线路中线测量是指在定线测量的基础上，将道路中线的平面位置在地面上详细地标定出来。中线测量的任务有两点：①设计测量（即勘测），主要为公路设计提供依据；②施工测量（即恢复定线），主要是根据设计资料，把中线位置重新敷设到地面上，供施工之用。

中线测量与定线测量的区别在于：定线测量中，只是将道路交点和直线段的必要转点标定出来，而在中线测量中，根据交点和转点用一系列的木桩（相邻中桩间距为10~50m）将道路的直线段和曲线段在地面上详细标定出来。起点、终点和转角点均应埋设固定桩。

6.3.3 纵横断面测量

1）纵断面测量

纵断面测量就是沿着地面上已经定出的线路，测出所有中线桩的地面高程，并根据测得的高程和各桩的里程，绘制线路的纵断面图，供设计单位使用。线路的纵断面设计是公路设计中最重要的组成部分之一，主要根据地形条件和行车要求确定线路的坡度、路基的高程和填挖高度以及沿线桥梁、涵洞、隧道等位置。虽然根据地形图也可获得线路的纵断面图，但不能满足设计要求，还需根据地面上已经测设的中线，准确地测出中线上地面起伏情况。

纵断面测量分为水准点高程测量（又称基平测量）和中桩地面高程测量（又称中平测量）。

（1）基平测量技术要求

对于在线路初测中已布设了水准点并进行了水准测量的线路,施工阶段的基平测量就是对道路初测中的高程控制测量的检核。基平测量的另一个任务就是施工沿线水准点的加密。由于道路初测阶段的水准点的间距一般在 1km 左右,不能满足施工的需要,加密以后的水准点密度一般为 200m 一个水准点。

（2）基平测量方法

由于施工阶段所观测的水准点数量多、密度大、精度相对较高,测量的方法以水准测量为主。在相邻已知水准点之间布设成附合水准路线。

（3）中平测量精度要求

中平测量就是根据基平测量设置的水准点,测量所有控制桩和中线桩的高程。中桩高程测量的精度要求见表6-3。

中桩高程测量的精度要求 表6-3

路 线	闭合差（mm）	检测限差（cm）
高速公路、一级公路	$\pm 30\sqrt{L}$	± 5
二级及二级以下公路	$\pm 50\sqrt{L}$	± 10

注:L 为水准路线长度(km)。

（4）中平测量方法

①水准测量法

中平测量就是根据基平设置的水准点,测量所有控制桩和中线桩的高程。中平测量从水准点开始,如图6-1所示。

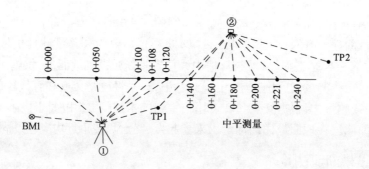

图6-1 中平测量示意图

a.外业观测。

在测站1安置水准仪,后视水准点BM1,读数至mm,记于表6-4中"后视"一栏,然后从起点0+000开始观测一系列中桩上的水准尺读数,读至cm。各个中线桩读数计入表格中"中视"一栏。当视线受阻或视线长度大于150m时,可在前进方向选择一坚固点位作为前视转点TP1,读数至mm,记入"前视"一栏。然后迁站至测站2,以TP1转点作为后视,同样方法继续沿线向前观测。一直附合到下一个水准点以构成一条附合水准路线。

中 平 测 量 记 录

表 6-4

测点	水准尺读数			视线高	高程	附注
	后视	中视	前视			
BM1	2.191			514.502	512.311	
DK0+000		2.32			512.18	
+050		1.90			512.60	
+100		1.62			512.88	
+108		1.03			513.47	
+120		0.91			513.59	
TP1	2.462		1.006	515.958	513.496	
+140		2.10			513.86	
+160		1.82			514.14	
+180		1.56			514.40	
+200		1.05			514.91	
…						
+240		0.83			515.13	
TP2			0.621		515.337	

b. 内业观测。

首先计算水准路线的闭合差。由于中线桩的中视读数不影响到路线的闭合差,因此只要计算后视点的后视读数 a 和前视点的前视读数 b,水准路线观测高差为 $\sum h = \sum a - \sum b$,水准路线的理论高差为 $\sum h_{理} = H_{终} - H_{始}$,则 $f_h = \sum h_{测} - \sum h_{理}$。中平测量的水准路线的闭合差的限差为:$f_{h限} = \pm 50\sqrt{L}$mm,$L$ 为水准路线的长度,以 km 计。

在闭合差满足条件的情况下,不必进行闭合差的调整,可直接进行中线桩高程的计算。中视点的地面高程以及前视转点高程一律按所属测站的视线高程进行计算,每一测站的各项计算按下列公式进行:

$$视线高程 = 后视点高程 + 后视点的读数$$
$$转点高程 = 视线高程 - 前视读数$$
$$中桩高程 = 视线高程 - 中视读数$$

进行中桩高程测量时,测量控制桩应在桩顶立尺,测量中线桩应在地面立尺。为了防止因地面粗糙不平或因上坡陡峭而引起中桩四周高差不一,一般规定立尺应紧靠木桩不写字的一侧。

②三角高程法

当采用一次放样法测设线路中线时,可在测设中桩的同时测量中桩高程。在中桩钉设完毕后,在中桩点安置反光镜,测站上的全站仪观测中桩点的距离和竖直角,并量取仪器高和觇标高至厘米,从而可以求得中线桩的高程。由此可见,用全站仪进行线路定测,可以将放线、中线测量(包括曲线测量)和纵断面测量三项工作同时进行,是一种较好的定测手段。

2）横断面测量

（1）横断面测量概述

横断面测量是测量中桩两侧垂直于中线方向地面起伏情况，并绘制横断面图。横断面测量常与纵断面测量同时进行。横断面图供路基、边坡、隧道、特殊构造物的设计、土石方计算和施工放样之用。

横断面中的高程和距离的读数取位至 0.1m，检测限差应符合表 6-5 的要求。

横断面测量的检测限差 表 6-5

路　　线	距离（m）	高程（m）
高速公路、一级公路	$\pm(L/100+0.1)$	$\pm(h/100+L/200+0.1)$
二级及二级以下公路	$\pm(L/50+0.1)$	$\pm(h/50+L/100+0.1)$

注：h 是检查点至线路中桩的高差（m）；L 是检查点至线路中桩的水平距离（m）。

（2）横断面方向的确定

横断面测量的首要工作就是确定线路中线的垂直方向，常用的方法有两种，方向架法和经纬仪法。方向架法就是在一个竖杆上钉有两根相互垂直的横轴，每根横轴上还有两根瞄准用的小钉，使用时将方向架置于测点上，用其中一方向瞄准线路前方或后方的中桩，则另一方向即为测点的横断面方向。

（3）横断面测量方法

横断面方向确定以后，便测定从中桩至左右两侧变坡的距离和高差。根据所用仪器不同，一般常采用以下四种方法。

①标杆皮尺法

如图 6-2 所示，a、b、c 为断面方向上的变坡点，标杆立于 a 点，皮尺靠中桩地面，拉平量至 a 点，读得距离，而皮尺截于标杆的红白格数（每格 0.2m）即为两点间的高差，同样的办法测出 a 至 b、b 至 c 等测段的距离和高差，直至需要的宽度为止。

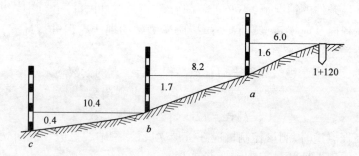

图 6-2　标杆皮尺法测量横断面（尺寸单位：m）

横断面测量的记录表格如表 6-6，表中按前进方向分左右侧，中间一栏为桩号，自下而上桩号由小到大填写。分数形式表示各测段的高差和距离，分母表示测点之间的距离，分子表示高差，正号表示升坡，负号表示降坡，自中桩由近及远逐段记录。

②水准仪法

当线路两侧地势平坦，且要求测绘精度较高时，可采用水准仪法。先用方向架定向，水准仪后视中桩标尺，求得视线高程；然后前视横断面方向变坡点上的标尺。视线高程减去诸前视点读数,即得各测点高程。点位距中桩距离可用钢尺(或者皮尺)量距。实测时,若仪器安置得当,一站可测十几个断面。

横断面测量记录表

表6-6

左　侧				桩号	右　侧			
—	—	—	—		—	—	—	—
—	—	—	—		—	—	—	—
$\dfrac{-0.6}{8.5}$	$\dfrac{+0.3}{4.8}$	$\dfrac{+0.7}{7.5}$	$\dfrac{-1.0}{5.1}$	K1+140	$\dfrac{+0.5}{4.5}$	$\dfrac{+0.9}{1.8}$	$\dfrac{+1.6}{7.5}$	$\dfrac{+0.5}{10.0}$
平	$\dfrac{-0.4}{10.4}$	$\dfrac{-1.7}{8.2}$	$\dfrac{-1.6}{6.0}$	K1+120	$\dfrac{+0.7}{3.2}$	$\dfrac{+1.1}{2.8}$	$\dfrac{-0.4}{7.0}$	$\dfrac{+0.9}{6.5}$

用水准仪法测量线路的横断面,记录表格同上,只不过分子表示变坡点的水准仪读数,分母表示变坡点至中桩的距离。

③经纬仪法

在地形起伏较大地区,一般可采用经纬仪法。安置经纬仪于中桩点,确定横断面方向;然后用经纬仪测横断面方向上各个变坡点的视距、中丝读数和竖直角。最后计算出变坡点至中桩点的水平距离和高差,边测量边计算,将计算的结果记录于上表中的分母和分子中,同时在现场绘制横断面草图。

④全站仪法

全站仪法则更方便。安置全站仪于任意一点上(一般安置在测量控制点上),先观测中桩点,再观测横断面方向上各个变坡点,观测数据包括:水平角、竖直角、斜距、棱镜高、仪器高等。

横断面测量操作比较简单,但工作量较大,测量的准确与否,对整个线路设计有一定的影响。横断面宽度应根据中桩填挖高度、边坡大小以及有关工程的特殊要求而定,一般自中线向两侧各 10~50m。横断面的宽度,除有中桩处应施测外,在大、中桥头、隧道口、挡土墙等重点工程地段,可根据需要加密。

6.4　线路中线坐标计算

道路的平面线形一般由直线和曲线组成。中线测量就是通过直线和曲线的测设,将道路中心线具体测设到地面上去。中线测量包括:测设中线各交点和转点、量距和钉桩、测量路线各偏角、测设圆曲线等。

路线的各交点(包括起点和终点)是详细测设中线的控制点。一般先在初测的带状地形图上进行纸上定线,然后再实地标定交点位置。定线测量中,当相邻两交点互不通视或直线较长时,需要测定转点,以便在交点测量转折角和直线量距时作为照准和定线的目标。直线上一般每隔 300m 设置一转点,另外在路线和其他道路交叉处以及路线上需设置,桥涵等构筑物处也要设置转点。

6.4.1 交点的测设

（1）根据与地物的关系测设交点

当交点的位置在地形图上选定好后，可先在地形图上量测出交点到明显地物（如房角或电杆）的距离，而后在施工现场根据相应的地物，用距离交会法测设出交点的实地位置。

（2）根据导线点和交点的设计坐标测设交点

事先计算出相关的测设数据，按极坐标法、角度交会法或距离交会法测定交点的位置。

（3）穿线交点法测设交点

穿线交点法是利用图上就近的导线点或地物点与纸上定线的直线段之间的角度和距离关系，用图解法求出测设数据，通过实地的导线点或地物点，把中线的直线段独立地测设到地面上，然后将相邻直线延长相交，定出地面交点桩的位置。一般按照放点、穿线和交点的程序进行。

6.4.2 转点的测设

当两交点间距离较远但尚能通视或已有转点需加密时，可采用经纬仪直接定线或经纬仪正倒镜分中法测设转点。当相邻两交点互不通视时，一般存在两种情况，可依照下述方法测设转点。

（1）当转点在两交点之间时，先在两交点的通视位置初设一个转点，在初设位置利用经纬仪正倒镜分中法延长任一交点至初设转点的直线，求出延长线与另一交点相对的偏差，最终计算出初设转点的偏移改正量。

（2）当转点在两交点延长线上时，先在延长线上初定转点，在初定转点位置用正倒镜照准交点，以相同竖盘位置俯视另一交点，并在其附近测定两点后取其中点，若中点与该交点偏差在容许范围内，即可将该初定转点作为最终转点。否则，需要重设转点。

6.4.3 路线转折角的测定

转折角又称为偏角，是路线由一个方向偏转至另一方向时，偏转后的方向与原方向间的夹角，常用 α 表示。偏角有左右之分，偏转后方向位于原方向左侧的，称为左偏角 $\alpha_{左}$，位于原方向右侧的称为右偏角 $\alpha_{右}$。在路线测量中，通常是观测路线的右角 β，按下式计算：

$$\left.\begin{array}{l} \alpha_{右} = 180° - \beta \\ \alpha_{左} = \beta - 180° \end{array}\right\} \tag{6-1}$$

右角的观测通常用 J6 型光学经纬仪以测回法观测一测回，两半测回角度之差的不符值一般不超过 $\pm 40''$。根据曲线测设的需要，在右角测定后，要求在不变动水平度盘位置的情况下，定出 β 角的分角线方向，并钉桩标志，以便将来测设曲线中点。设测角时，后视方向的水平度盘读数为 a，前视方向的读数为 b，分角线方向的水平度盘读数为 c。因 $\beta = a - b$，则：

$$c = b + \frac{\beta}{2} = \frac{a + b}{2} \tag{6-2}$$

此外，在角度观测后，还须用测距仪测定相邻交点间的距离，以供中桩量距人员检核之用。

6.4.4 里程桩的设置

在路线交点、转点及转角测定之后,即可进行实地量距、设置里程桩、标定中线位置。里程桩的设置是在中线丈量的基础上进行的,丈量工具视道路等级而定,等级高的公路宜用测距仪或钢尺,简易公路可用皮尺或绳尺。

里程桩分为整桩和加桩两种,每个桩的桩号表示该桩距路线起点的里程。如某加桩距路线起点的距离为3206.50m,其桩号为3+206.50。

整桩是由路线起点开始,每隔20m或50m设置一桩。加桩分为地形加桩、地物加桩、曲线加桩和关系加桩。地形加桩是指沿中线地面起伏变化、横向坡度变化处,以及天然河沟处所设置的里程桩。地物加桩是指沿中线有人工构筑物的地方,如桥梁、涵洞处,路线与其他公路、铁路、渠道、高压线等交叉处,拆迁建筑物处,以及土壤地质变化处加设的里程桩。曲线加桩是指曲线上设置的主点桩,如圆曲线起点(ZY)、圆曲线中点(QZ)、圆曲线终点(YZ),分别以汉语拼音缩写为代号。我国公路采用汉语拼音的缩写名称如表6-7所示。

公路桩位汉语拼音缩写   表6-7

标志名称	简 称	汉语拼音缩写	英语缩写
交点		JD	IP
转点		ZD	TP
圆曲线起点	直圆点	ZY	BC
圆曲线中点	曲中点	QZ	MC
圆曲线终点	圆直点	YZ	EC
公切点		GQ	CP
第一缓和曲线起点	直缓点	ZH	TS
第一缓和曲线终点	缓圆点	HY	SC
第二缓和曲线起点	圆缓点	YH	CS
第二缓和曲线终点	缓直点	HZ	ST

关系加桩是指路线上的转点桩和交点桩。钉桩时,对于交点桩、转点桩、曲线主点桩、重要地物加桩,均打下截面为6cm×6cm的方桩,在桩顶钉中心钉,桩顶露出地面约2cm,在其旁钉一个2cm×6cm的指示桩。交点的指示桩应钉在圆心和交点连线外约20cm处,字面朝向交点。曲线主点的指示桩字面朝向圆心。其余里程桩一般使用扁桩,一半露出地面,以便书写桩号,桩号要面向路线起点方向。

如遇局部地段改线或分段测量,以及事后发现丈量或计算错误等,均会造成路线里程桩号不连续,叫断链。桩号重叠的叫长链,桩号间断的叫短链。发生断链时,应在测量成果和有关设计文件中注明,并在实地钉断链桩,断链桩不要设在曲线内或构筑物上,桩上应注明路线来向、去向的里程和应增减的长度。一般在等号前后分别注明来向、去向里程,如:1+820.15=1+905.12,短链71.35m。

目前,公路施工放样一般都采用全站仪极坐标一次放样法。采用该法,首先必须建立一个贯穿全线的统一坐标系,这个坐标系一般采用国家坐标系统。然后,根据路线地理位置和几何关系计算出道路中线上各桩点在该坐标系中的坐标。因此,该法的关键工作之一是曲线坐标的计算。以直线为例,直线上中桩坐标计算如下:

如图 6-3 所示,设交点 JD 坐标为 (X_J,Y_J),交点相邻直线的方位角分别为 α_1 和 α_2,则 ZH(或 ZY)点坐标为:

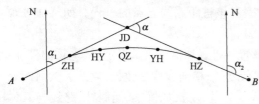

图 6-3 中桩坐标计算

$$X_{\text{ZH(ZY)}} = X_J + T \cdot \cos(\alpha_1 + 180°) \quad (6\text{-}3)$$
$$Y_{\text{ZH(ZY)}} = Y_J + T \cdot \sin(\alpha_1 + 180°) \quad (6\text{-}4)$$

HZ(或 YZ)点坐标:

$$X_{\text{HZ(YZ)}} = X_J + T \cdot \cos\alpha_2 \quad (6\text{-}5)$$
$$Y_{\text{HZ(YZ)}} = Y_J + T \cdot \sin\alpha_2 \quad (6\text{-}6)$$

设直线上加桩里程为 L,L_{ZH}、L_{HZ} 表示曲线起、终点里程,则前直线上任意点($L \le L_{\text{ZH}}$,即位于 A 与 ZH 之间的点)的坐标为:

$$X = X_J + (T + L_{\text{ZH}} - L) \cdot \cos(\alpha_1 + 180°) \quad (6\text{-}7)$$
$$Y = Y_J + (T + L_{\text{ZH}} - L) \cdot \sin(\alpha_1 + 180°) \quad (6\text{-}8)$$

后直线上任意点($L > L_{\text{ZH}}$,即位于 HZ 与 B 之间的点)的坐标为:

$$X = X_J + (T + L - L_{\text{ZH}}) \cdot \cos\alpha_2 \quad (6\text{-}9)$$
$$Y = Y_J + (T + L - L_{\text{ZH}}) \cdot \sin\alpha_2 \quad (6\text{-}10)$$

6.5 单圆曲线放样

曲线是道路重要的组成部分,我国高速公路的平面线形中,曲线占 70%。道路放样的工作重点也在曲线路段,曲线分为单圆曲线和缓和曲线两种。单圆曲线元素的计算如下。

6.5.1 单圆曲线的曲线主点

如图 6-4 所示,交点(JD)是曲线最重要的曲线主点,用 JD 来表示,单圆曲线的其他三个主点是:

(1)直圆点(ZY):即按线路前进方向由直线进入圆曲线的起点,用直圆两个汉字拼音的第一个字母 ZY 表示。

(2)曲中点(QZ):即整个曲线的中间点,用 QZ 表示。

(3)圆直点(YZ):即由圆曲线进入直线的曲线终点,用 YZ 表示。

其中,ZY、QZ、YZ 又称为单圆曲线的三个主点。

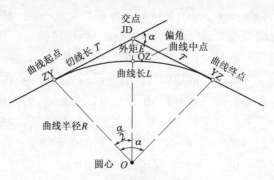

图 6-4 单圆曲线要素示意图

6.5.2 单圆曲线要素的计算

为了要测设这些主点并求出这些点的里程,必须计算单圆曲线要素。单圆曲线要素如图 6-4 所示,包括切线长 T,外矢距 E,曲线长 L,切曲差 D。切线长是指由交点至直圆点或圆直点之长,称切线长,用 T 表示;外矢距是指由交点沿分角线方向至曲中点的距离,称外矢距,用 E 表示;曲线长是指由直圆点沿曲线计算到圆直点之长,称曲线长,用 L 表示;切曲差是指从 ZY 点沿切线到 YZ 点和从 ZY 点沿曲线到 YZ 点的长度是不等的,它们的差值称为切曲差,用 D 表示。

如图 6-4,各曲线要素计算公式如下:

$$T = R \cdot \tan \frac{\alpha}{2} \tag{6-11}$$

$$L = R \cdot \alpha \cdot \frac{\pi}{180°} \tag{6-12}$$

$$E = R \left(\sec \frac{\alpha}{2} - 1 \right) \tag{6-13}$$

$$D = 2T - L \tag{6-14}$$

式中:R——圆曲线的半径;

α——转向角,R 和 α 的大小均由设计所定。

6.5.3 里程计算

地面上表示中线位置的桩点称为中线桩,简称"中桩"。中桩的密度根据地形情况而定,对于平坦地区、直线段间隔 50m、曲线段间隔 20m 一个中桩,对于地形复杂地区,直线段间隔 20m、曲线段间隔 10m 一个中桩。中桩除了标定道路平面位置外,还标记道路的里程。所谓里程,是指从道路起点沿着道路前进方向计算至该中桩点的距离,其中曲线上的中桩里程是以曲线长计算的。具体表示方法是将整公里数和后面的尾数分开,中间用"+"号连接,在里程前还常常冠以字母 K。如离起点距离为 14368.472m 的中桩里程表示为:K14 + 368.472。

道路上所有桩点分为三种:道路控制桩、一般中线桩、加桩。道路控制桩是指对道路位置起决定作用的桩点,主要包括直线上的交点 JD、转点 ZD、曲线上的曲线主点。一般中线桩是指中线上除控制桩外沿直线和曲线每隔一段距离钉设的中线桩,它都钉设在整 50m 或 20m 的倍数处。中桩一般用 2cm × 5cm × 40cm 的大板桩(或竹片桩)表示,露出地面 20cm,上面写明该点的里程,字母对着道路的起始方向,中桩一般不钉小钉。加桩主要是沿道路中线上有特殊意义的地方钉设的中线桩,包括地形加桩和地物加桩。加桩还包括下面几种桩:百米桩,即里程为整百米的中线桩;公里桩,即里程为整公里的中线桩。所有的加桩都要注明里程,里程标注至米即可。

圆曲线上各点的里程都是从一已知里程的点开始沿曲线逐点推算。一般已知的 JD 点的里程是从前一直线段推算而得。然后,再由 JD 的里程推算其他各控制点的里程。推算公式为:

$$\text{ZY}_{\text{里程}} = \text{JD}_{\text{里程}} - T \tag{6-15}$$

$$QZ_{里程} = ZY_{里程} + \frac{L}{2} \qquad\qquad (6\text{-}16)$$

$$YZ_{里程} = QZ_{里程} + \frac{L}{2} \qquad\qquad (6\text{-}17)$$

计算检核公式为:

$$YZ_{里程} = JD_{里程} + T - D \qquad\qquad (6\text{-}18)$$

6.5.4 单圆曲线内中桩坐标的计算

设曲线起终点坐标分别为 $ZY(X_{ZY}, Y_{ZY})$,$YZ(X_{YZ}, Y_{YZ})$,则圆曲线上各点的坐标为:

$$X = X_{ZY} + 2R \cdot \sin\left(\frac{90l}{\pi R}\right) \cdot \cos\left(\alpha_1 + \xi \cdot \frac{90l}{\pi R}\right) \qquad (6\text{-}19)$$

$$Y = Y_{ZY} + 2R \cdot \sin\left(\frac{90l}{\pi R}\right) \cdot \sin\left(\alpha_1 + \xi \cdot \frac{90l}{\pi R}\right) \qquad (6\text{-}20)$$

式中:l——圆曲线内任意点至 ZY 点的曲线长;

R——圆曲线半径;

ξ——转角符号,右偏为" + ",左偏为" – "。

6.5.5 单圆曲线的测设方法

1)单圆曲线主点的测设方法

(1)传统方法:在交点上安置经纬仪,瞄准前后两直线上的转点或交点。在视线方向分别量出切线长 T,准确钉出 ZY 和 YZ 的位置。把视线转到分角线方向上,即平分线路右角 β 的方向,如图(单圆曲线的要素计算)中交点至圆曲线的圆心方向(称为分角线方向)量出外矢距 E,钉出 QZ 点。

(2)一次放样法:在初测导线点上用极坐标法(全站仪)直接测设曲线主点和曲线的细部点。

2)单圆曲线细部点的测设方法

(1)偏角法

在测设曲线主点的基础上,详细测设圆曲线的细部中桩点称为曲线的细部放样。常用的传统方法是偏角法。

所谓偏角法,就是将经纬仪安置在曲线上任意一点(通常是曲线主点),则曲线上所欲测设的各点可用相应的偏角 δ 和弦长 C 来测定。偏角是指安置经纬仪的测站点的切线和待定点的弦之间的夹角,即弦切角。如图 6-5 中,ZY 为测站点,以切线方向为零方向,第一点可用偏角 δ_1 和 P_1 点至 ZY 点的弦长 C_1 来测设,第二点可用偏角 δ_2 和从 P_1 点量至 P_2 点的弦长 C_2 来测设。以后各点均可用同样的方法测设。即用偏角来确定测设点

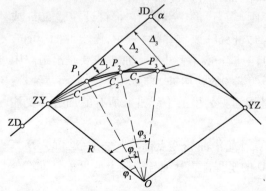

图 6-5 偏角法测设圆曲线

的方向,而距离是从相应点上量出弦长而得到。该方法实际上是方向和距离交会法。由此可见,用偏角法测设圆曲线必须先计算出偏角 δ 和弦长 C。

偏角 δ 即弦切角,它等于相应弦所对圆心角 φ 的一半:

$$\delta = \frac{\varphi}{2} = \frac{L}{2R}(弧度) = \frac{L}{2R} \cdot \frac{180°}{\pi}(度) \tag{6-21}$$

式中:R——曲线的半径;

L——测站点到测设点的弧长。

对于半径 R 确定的圆曲线,偏角与弧长成正比。当弧长成倍增加时,相应的偏角也成倍增加;当弧长增加某一固定值时,偏角也相应增加一固定值。这就是圆曲线上偏角的特性。

如图 6-5 中,ZY 点至 P_1 点的弧长 l_1 可通过这两点里程求得,偏角 δ_1 为:

$$\delta_1 = \frac{\varphi_1}{2} = \frac{l_1}{2R} \cdot \frac{180°}{\pi} \tag{6-22}$$

实际工作中,通常都是弧长增加相等的值 l_1,因此,第 2 点所对应的偏角 δ_2:

$$\delta_2 = \frac{\varphi_2}{2} = \frac{l_1 + l_1}{2R} \cdot \frac{180°}{\pi} = 2\delta_1 \tag{6-23}$$

同理有:

$$\delta_3 = 3\delta_1 \tag{6-24}$$

$$\cdots$$

$$\delta_n = n\delta_1 \tag{6-25}$$

弦长的计算公式为:

$$C = 2R \cdot \sin\delta \tag{6-26}$$

在实际操作中,用经纬仪拨偏角时,存在正拨和反拨的问题。当相邻为右转向时,偏角为顺时针方向,以切线方向为零方向时,经纬仪所拨角即为偏角值,此时为正拨;当线路为左转向时,偏角为逆时针方向,经纬仪所拨角应为 $360° - \delta$,此时为反拨。

(2)切线支距法

切线支距法即直角坐标法,支距即垂距,相当于直角坐标系中的 Y 值。切线支距法通常是以 ZY 或 YZ 点为坐标原点,以切线为 X 轴,过原点的半径为 Y 轴,曲线上各点的位置用坐标值 x、y 来测设。由此可见,用切线支距法测设圆曲线必须先计算出各点的坐标值。由图 6-6 可得 x、y 的计算公式如下:

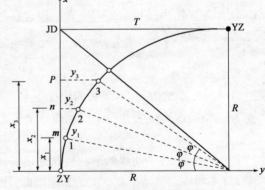

图 6-6 切线支距法测设圆曲线

$$\varphi = \frac{l}{R}(弧度) = \frac{l}{R} \cdot \frac{180°}{\pi}(度) \tag{6-27}$$

$$x = R \cdot \sin\varphi \tag{6-28}$$

$$y = R(1 - \cos\varphi) \tag{6-29}$$

式中:l——圆曲线内任意点至 ZY 点(或 YZ 点)的曲线长。

（3）极坐标法测设单圆曲线

如果知道了圆曲线上点的坐标，而测量控制点的坐标是已知的，则可按极坐标法来放样圆曲线上的细部点。目前，由于全站仪的普及，测设圆曲线和缓和曲线已普遍采用极坐标法，可参看极坐标一次放样法。

6.6　缓和曲线放样

6.6.1　缓和曲线的性质

缓和曲线是用于连接直线和圆曲线、圆曲线和圆曲线间的过渡曲线。它的曲率半径沿曲线按一定的规律而变化。设置缓和曲线的目的是使直线和圆曲线之间、圆曲线和圆曲线之间的连接更为合理，使车辆行驶平顺而安全。

车辆在曲线上行驶会产生离心力，所以在曲线上要用外侧高、内侧低呈现单向横坡形式来克服离心力，称弯道超高。离心力的大小与曲线半径有关，半径越小，离心力越大，超高也就越大。故一定半径的曲线上应有一定量的超高。此外，在曲线的内侧要有一定量的加宽。因此，在直线与圆曲线和两个半径相差较大的圆曲线中间，就要考虑如何设置超高和加宽的过渡问题。为了解决这一问题，在他们之间采用一段过渡的曲线。如从与直线连接处，随着距离的增加，半径逐渐减小，到与圆曲线连接处，它的半径等于圆曲线的半径。同样，随着半径的逐渐减小，使相应的超高和加宽之间增大，起到过渡的作用，这种曲率半径处处都在改变的曲线称为缓和曲线。

6.6.2　缓和曲线常数

缓和曲线可用多种曲线来代替，如回旋线、三次抛物线和双曲线等。我国公路部门一般都采用回旋线作为缓和曲线。从直线段连接处起，缓和曲线上各点的曲率半径 ρ 和该点离缓和曲线起点的距离 l 成反比，即：

$$\rho = \frac{c}{l} \tag{6-30}$$

式中：c——一个常数，称为缓和曲线变更率。

在与圆曲线连接处，l 等于缓和曲线全长 l_0，ρ 等于圆曲线的半径 R，故：

$$c = R \cdot l_0 \tag{6-31}$$

c 一经确定，缓和曲线的形状也就确定。c 越小，半径的变化越快；反之，c 越大，半径的变化越慢，曲线也就越平顺。当 c 为定值时，缓和曲线的长度视所连接的圆曲线半径而定。

6.6.3　缓和曲线方程式

由上述可知，缓和曲线是按线性规则变化的，其任意点的半径为：

$$\rho = \frac{c}{l} = \frac{R \cdot l_0}{l} \tag{6-32}$$

由图 6-7 可以看出，

$$d\beta = \frac{dl}{\rho} = \frac{l}{Rl_0} \cdot dl \tag{6-33}$$

$$\beta = \int_0^l d\beta = \int_0^l \frac{l}{Rl_0} \cdot dl = \frac{l^2}{2Rl_0} \tag{6-34}$$

由图 6-7 又可知,

$$dx = dl \cdot \cos\beta \tag{6-35}$$

$$dy = dl \cdot \sin\beta \tag{6-36}$$

将 $\sin\beta$ 和 $\cos\beta$ 用泰勒级数展开,顾及式(1-32),再积分得(推导过程略):

$$x = \int_0^l dx = l - \frac{l^5}{40R^2 l_0^2} + \frac{l^9}{3456R^4 l_0^4} - \cdots \tag{6-37}$$

$$y = \int_0^l dy = \frac{l^3}{6Rl_0} - \frac{l^7}{386R^3 l_0^3} + \frac{l^{11}}{42240R^5 l_0^5} - \cdots \tag{6-38}$$

上式中,略去高次项,便得出曲率按线性规则变化的缓和曲线方程式为:

$$x = l - \frac{l^5}{40R^2 l_0^2} = l - \frac{l^5}{40c^2} \tag{6-39}$$

$$y = \frac{l^3}{6Rl_0} = \frac{l^3}{6c} \tag{6-40}$$

缓和曲线终点的坐标为(取 $l = l_0$,并顾及 $c = R \cdot l_0$):

$$x_0 = l_0 - \frac{l_0^3}{40R^2} \tag{6-41}$$

$$y_0 = \frac{l_0^2}{6R} \tag{6-42}$$

6.6.4 缓和曲线参数的计算方法

如图 6-8 所示,虚线部分为一转向角为 α,半径为 R 的圆曲线 $\overset{\frown}{AB}$,今欲在两侧插入长为 l_0 的缓和曲线。圆曲线的半径 R 不变,而将圆心从 O' 移至 O 点,使得移动后的曲线离切线的距离为 P。曲线切点沿切线向外侧移至 E 点,设 $DE = m$,同时将移动后圆曲线的一部分(图中的 $\overset{\frown}{CF}$)取消,从 E 点到 F 点之间用弧长为 l_0 的缓和曲线代替,故缓和曲线大约有一半在原圆曲线范围内,而另一半在原直线范围内。缓和曲线的倾角 β_0 即为 $\overset{\frown}{CF}$ 所对的圆心角。

这里缓和曲线的倾角 β_0、圆曲线的内移值 P 和切线的外延量 m 称为缓和曲线参数,其计算公式如下(推导过程略):

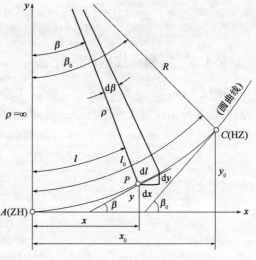

图 6-7 缓和曲线图示

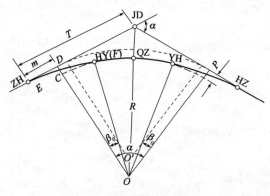

图 6-8　带有缓和曲线的圆曲线

$$\beta_0 = \frac{l_0}{2R}(弧度) = \frac{l_0}{2R} \cdot \frac{180°}{\pi}(度) \quad (6-43)$$

$$P = \frac{l_0^2}{24R} - \frac{l_0^4}{2688R^3} \approx \frac{l_0^2}{24R} \quad (6-44)$$

$$m = \frac{l_0}{2} - \frac{l_0^3}{240R^2} \approx \frac{l_0}{2} \quad (6-45)$$

交点是曲线最重要的曲线主点,用 JD 来表示,缓和曲线的其他五个主点是:直缓点 ZH、缓圆点 HY、曲中点 QZ、圆缓点 YH 和缓直点 HZ(图 6-8)。

6.6.5　缓和曲线综合要素的计算

为了要测设这些控制点并求出这些点的里程,必须计算缓和曲线要素,主要有切线长 T、外矢距 E、曲线长 L 和切曲差 D。如图 6-8 所示,各曲线要素计算公式如下:

$$T = (R + P) \cdot \tan\frac{\alpha}{2} + m \quad (6-46)$$

$$L = R \cdot (\alpha - 2\beta_0) \times \frac{\pi}{180°} + 2l_0 = R \cdot \alpha \cdot \frac{\pi}{180°} + l_0 \quad (6-47)$$

$$E = (R + P) \times \sec\frac{\alpha}{2} - R \quad (6-48)$$

$$D = 2T - L \quad (6-49)$$

式中:R——圆曲线的半径;

α——转向角;

l_0——缓和曲线的弧长;

β_0、P、m——缓和曲线参数,分别代表缓和曲线的倾角、圆曲线的内移值和切线的外延量。

6.6.6　缓和曲线里程的计算

曲线上各点的里程都是从一已知里程的点开始沿曲线逐点推算。一般已知 JD 点的里程,它是从前一直线段推算而得,然后再由 JD 点的里程推算其他各控制点的里程。

$$ZH_{里程} = JD_{里程} - T \quad (6-50)$$

$$HY_{里程} = ZH_{里程} + l_0 \quad (6-51)$$

$$QZ_{里程} = HY_{里程} + \left(\frac{L}{2} - l_0\right) \quad (6-52)$$

$$YH_{里程} = QZ_{里程} + \left(\frac{L}{2} - l_0\right) \quad (6-53)$$

$$HZ_{里程} = YH_{里程} + l_0 \quad (6-54)$$

计算检核公式为:

$$HZ_{里程} = JD_{里程} + T - D \quad (6-55)$$

6.6.7 缓和曲线内中桩坐标计算

曲线上任意点的切线横距计算公式：

$$x = l - \frac{l^5}{40R^2 l_0^2} + \frac{l^9}{3456R^4 l_0^4} - \frac{l^{13}}{599040R^6 l_0^6} + \cdots \tag{6-56}$$

式中：l——缓和曲线上任意点至 ZH（或 HZ）点的曲线长；

l_0——缓和曲线长度。

（1）第一缓和曲线（ZH – HY）内任意点坐标

$$X = X_{ZH} + x \cdot \sec\left(\frac{30l^2}{\pi R l_0}\right) \cdot \cos\left(\alpha_2 + \xi \cdot \frac{30l^2}{\pi R l_0}\right) \tag{6-57}$$

$$Y = Y_{ZH} + x \cdot \sec\left(\frac{30l^2}{\pi R l_0}\right) \cdot \sin\left(\alpha_2 + \xi \cdot \frac{30l^2}{\pi R l_0}\right) \tag{6-58}$$

式中：l——第一缓和曲线内任意点至 ZH 点的曲线长。

（2）圆曲线内任意点坐标

由 HY – YH 时，

$$X = X_{HY} + 2R \cdot \sin\left(\frac{90l}{\pi R}\right) \cdot \cos\left[\alpha_1 + \xi \cdot \frac{90(l + l_0)}{\pi R}\right] \tag{6-59}$$

$$Y = Y_{HY} + 2R \cdot \sin\left(\frac{90l}{\pi R}\right) \cdot \sin\left[\alpha_1 + \xi \cdot \frac{90(l + l_0)}{\pi R}\right] \tag{6-60}$$

式中： l——圆曲线内任意点至 HY 点的曲线长；

X_{HY}、Y_{HY}——HY 点的坐标。

由 YH – HY 时，

$$X = X_{YH} + 2R \cdot \sin\left(\frac{90l}{\pi R}\right) \cdot \cos\left[\alpha_2 + 180° - \xi \cdot \frac{90(l + l_0)}{\pi R}\right] \tag{6-61}$$

$$Y = Y_{YH} + 2R \cdot \sin\left(\frac{90l}{\pi R}\right) \cdot \sin\left[\alpha_2 + 180° - \xi \cdot \frac{90(l + l_0)}{\pi R}\right] \tag{6-62}$$

式中： l——圆曲线内任意点至 YH 点的曲线长；

X_{YH}、Y_{YH}——YH 点的坐标。

（3）第二缓和曲线（YH – HZ）内任意点坐标

$$X = X_{HZ} + x \cdot \sec\left(\frac{30l^2}{\pi R l_0}\right) \cdot \cos\left(\alpha_2 + 180° - \xi \cdot \frac{30l^2}{\pi R l_0}\right) \tag{6-63}$$

$$Y = Y_{HZ} + x \cdot \sec\left(\frac{30l^2}{\pi R l_0}\right) \cdot \sin\left(\alpha_2 + 180° - \xi \cdot \frac{30l^2}{\pi R l_0}\right) \tag{6-64}$$

式中：l——第二缓和曲线内任意点至 HZ 点的曲线长。

6.6.8 缓和曲线的测设方法

1）缓和曲线主点的测设方法

传统方法：在交点上安置经纬仪，瞄准前后两直线上的转点或交点。在切线方向分别量出切线长，准确钉出 ZH 和 HZ 的位置。

与此同时,可由 JD 点在切线方向分别量出切线长($T - x_0$),得到 HY 点和 YH 点的垂足,然后在垂足点安置仪器,沿切线的垂直方向测设距离 y_0,就得到 HY 点和 YH 点。

把视线转到分角线方向上,即沿交点至圆曲线的圆心方向(称为分角线方向)量出外矢距 E,钉出 QZ 点。

一次放样法:在初测导线点上用极坐标法(全站仪)直接测设曲线主点和曲线的细部点。

2)缓和曲线细部点的测设方法

(1)偏角法

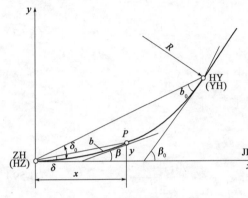

图 6-9 缓和曲线偏角的计算

如图 6-9,P 点位缓和曲线上一点,根据缓和曲线方程,可求得其坐标 X_P、Y_P,则 P 点的偏角为:

$$\delta \approx \sin\delta \approx \frac{y}{l} \approx \frac{l^2}{6c} = \frac{l^2}{6Rl_0} \quad (6-65)$$

这是在缓和曲线起点测设缓和曲线上任意点偏角的基本公式,称为正偏角。反之,在缓和曲线上的 P 点测设缓和曲线起点的偏角为 b,称为反偏角。其与 β、δ 的关系为:

$$\delta : b : \beta = 1 : 2 : 3 \quad (6-66)$$

这一关系只有包括缓和曲线起点在内才正确,即 δ 必须是起点的偏角。

与圆曲线不同,缓和曲线上同一弧段的正偏角和反偏角不相同;等长的弧段偏角的增量也不等,如在起点的偏角是按弧长的平方增加的。

在实际应用中,缓和曲线全长一般都选用 10m 的倍数。为了计算和编制表格方便起见,缓和曲线上测设的点都是间隔 10m 的等分点,即整桩距法。当缓和曲线分为 N 段时,各等分点的偏角可用下述方法计算:

设 δ_1 为缓和曲线上第 1 个等分点的偏角;δ_i 为第 i 个等分点的偏角,则可以得到:

$$\delta_i : \delta_1 = l_i^2 : l_1^2 \quad (6-67)$$

$$\delta_i = \left(\frac{l_i}{l_1}\right)^2 \cdot \delta_1 = i^2 \cdot \delta_1 \quad (6-68)$$

故第 2 点的偏角:

$$\delta_2 = 2^2 \cdot \delta_1 \quad (6-69)$$

第 3 点的偏角:

$$\delta_3 = 3^2 \cdot \delta_1 \quad (6-70)$$

…

第 N 点的偏角:

$$\delta_N = N^2 \cdot \delta_1 = \delta_0 \quad (6-71)$$

故知,

$$\delta_1 = \frac{1}{N^2} \cdot \delta_0 \quad (6-72)$$

而

$$\delta_0 = \frac{l_0^2}{6Rl_0} = \frac{l_0}{6R} = \frac{1}{3}\beta_0 \tag{6-73}$$

因此,由 $\beta_0 \rightarrow \delta_0 \rightarrow \delta_1$ 这样的顺序计算出 δ_1,然后依次计算出各点的偏角。也可以根据缓和曲线长编制成偏角表,在实际应用中可查表测设。

如果测设的点不是缓和曲线的等分点,而是桩号为曲线点间距的整倍数时,此谓整桩号法,这时曲线的偏角要严格按公式计算。

偏角法测设时的弦长,严密的计算法用相邻两点的坐标反算而得,但较为复杂。由于缓和曲线和圆曲线半径都较大,因此常以弧长来代替弦长来代替弦长进行测设。缓和曲线弦长的计算公式为:

$$C_0 = x_0 \cdot \sec\delta_0 \tag{6-74}$$

(2)切线支距法测设缓和曲线连同圆曲线

与切线支距法测设圆曲线相同,以过 ZH 或 HZ 的切线为 x 轴,过 ZH 或 HZ 点作切线的垂线为 y 轴,如图6-10所示。无论是缓和曲线还是圆曲线上的点,均用同一坐标系的 x 和 y 来测设。

缓和曲线部分各点坐标的计算公式为:

$$x = l - \frac{l^5}{40c^2} \tag{6-75}$$

$$y = \frac{l^3}{6c} \tag{6-76}$$

式中:l——曲线点里程减去 ZH 点里程(或 HZ 里程减去曲线点里程)。

圆曲线上各点的坐标如下:

$$x = m + R \cdot \sin(\beta_0 + \varphi) \tag{6-77}$$

$$y = P + R \cdot [1 - \cos(\beta_0 + \varphi)] \tag{6-78}$$

$$\varphi = \frac{l}{R} \cdot \frac{180°}{\pi} \tag{6-79}$$

式中:l——曲线点里程减去 HY 点里程(或 YH 点里程减去曲线点里程)。

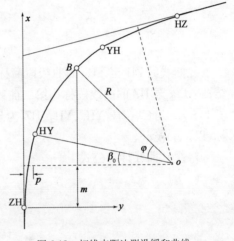

图6-10 切线支距法测设缓和曲线

(3)极坐标法测设缓和曲线连同圆曲线

与极坐标法测设单圆曲线一样,利用全站仪采用极坐标法来测设缓和曲线已在实际工程中得到广泛应用。

随着全站仪的普及,无论是设计单位还是施工单位,道路中线放样都采用全站仪用极坐标法来进行。这样就可以将定线测量和中线测量同时进行,所以称为一次放样法。极坐标一次放样法的关键工作是计算中桩点坐标。

中桩点坐标一般是测设之前根据中线测量的要求预先计算好,然后拿到实地放样,这也是目前使用最多的方法。由于受地形限制或通视因素,当预先计算的中桩点无法测设时,可能很长一段道路中桩都无法测设。比较好的方法是由便携式计算机或 PC-E500 在实地根据需要现场计算,目前已有很多软件可以采用。该软件的主要特点有:①以数据库的形式管理公路测量的所有观测数据和设计资料,能对观测数据进行严密平差形成导线点表;②只需输入测站点号、定向点号和中桩桩号即可显示放样数据;③通视困难地区可输入测量资料直接增设临时控制点,并将临时控制点自动添加至数据库中;④设置加桩简单易行,并直接形成沿线中桩点资料表。

6.7 复曲线放样

由两个或两个以上不同半径的同向曲线所组成的曲线称为复曲线,复曲线一般仅在特殊路段使用,如图 6-11 所示。

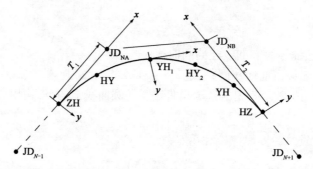

图 6-11 复曲线示意图

复曲线的 ZH 至 YH_1 的曲线段简称为第一曲线,YH_1 至 YH_2 的缓和曲线段简称为中间缓曲,HY_2 至 HZ 的曲线段称为第二曲线。将统一系统的平面直角坐标简称为坐标,用大的 X、Y 表示。将以 ZH、YH_1、YH_2、HZ 为坐标原点建立的曲线假定平面直角坐标简称为假坐标,以 x、y 表示。

1)缓和曲线计算公式

$$C = RL_0 \tag{6-80}$$

$$\beta = \frac{L^2}{2C} \tag{6-81}$$

$$x = L - \frac{L^5}{40C^2} + \frac{L^9}{3456C^4} - \cdots \tag{6-82}$$

$$y = \frac{L^3}{6C} - \frac{L^7}{336C^3} + \frac{L^{11}}{42240C^5} - \cdots \tag{6-83}$$

$$q = x_0 - R\sin\beta_0 \tag{6-84}$$

$$P = y_0 - R(1 - \cos\beta_0) \tag{6-85}$$

2)圆曲线计算公式

$$\beta = \frac{L}{R} + \beta_0 \tag{6-86}$$

$$x = R\sin\beta + q \tag{6-87}$$

$$y = R(1 - \cos\beta) + P \tag{6-88}$$

上述式中:β_0、x_0、y_0——当 $L = L_0$(缓和曲线长)时,计算得到的 β、x、y 值。

3)中间缓和曲线计算公式

$$R_3 = \frac{R_1 R_2}{R_1 - R_2} \text{ 或 } R_3 = \frac{R_1 R_2}{R_2 - R_1} \tag{6-89}$$

$$P_3 = P_2 - P_1 \text{ 或 } P_3 = P_1 - P_2 \tag{6-90}$$

$$L_0 = \sqrt{24 R_3 P_3} \tag{6-91}$$

$$C = R_3 L_0 \tag{6-92}$$

$$L_3 = \frac{C}{R_1} \text{ 或 } L_3 = \frac{C}{R_2} \tag{6-93}$$

$$\beta = \frac{(L + L_3)^2}{2C} \tag{6-94}$$

$$x = L + L_3 - \frac{(L + L_3)^5}{40C^2} + \frac{(L + L_3)^9}{3456C^4} - \cdots - x_0 \tag{6-95}$$

$$y = \frac{(L + L_3)^3}{6C} - \frac{(L + L_3)^7}{336C^3} + \frac{(L + L_3)^{11}}{42240C^5} - \cdots - y_0 \tag{6-96}$$

式中:x_0、y_0——当 $L = L_3$ 时,用圆曲线计算中得到的 x、y 值。

假定坐标系统如图 6-12 所示,L_3 以虚线表示,L_3 在实际工作中不需要测设,但它在这里需要参与计算。

4)曲线直接测设

复曲线的测设方法有三种:极坐标法、直角坐标法、GPS 定位仪法。

(1)极坐标法。根据导线点(或其他控制点)和曲线中线点的坐标计算出这两点间水平距离和坐标方位角,在导线点上用全站仪直接测设曲线中线点的位置。这是目前最常用的方法。

(2)直角坐标法。将全站仪置于导线点(或其他控制点),后视另一导线点(或其他控制点),并输入测站点坐标和后视点坐标(或方位角)。测设曲线中线点时,输入该点的坐标值并跟踪移动的反光镜即可直接测设。早期的全站仪往往缺少这一功能。具有内置电脑的智能化全站仪,可以存储几百个点的坐标,用这种方法十分便捷。现在已出现自动跟踪式全站仪,观测员在反光镜一端,主动测设,使用此法更佳。

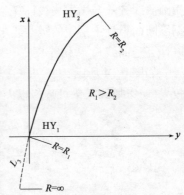

图 6-12 中间缓和曲线示意图

(3)GPS 定位仪法。测设时使用实时动态差分 GPS 定位仪,主站设在导线点(或其他控制点),副站沿曲线移动,当副站显示坐标等于计算坐标时即可定出中线点位置。这种 GPS 定位仪已有多种型号,只是价格较贵。但是,这一方法不受"不通视"的影响,全天候工作,而且效率将成倍提高。因此,它是目前非常受欢迎的测量方法。

6.8 竖曲线放样

1)竖曲线的概念

在线路中,除了水平的路段外,还不可避免地有上坡和下坡。两相邻坡段的交点称为变坡点。按有关规定,当相邻坡度的代数差超过 0.003 ~ 0.004 时,为了保证行车安全,在相邻坡段间要加设竖曲线。竖曲线按顶点所在位置又可分为凸形竖曲线和凹形竖曲线。

2)竖曲线参数计算

如图 6-13 所示,i_1、i_2、i_3 分别为设计的路面坡道线的坡度,上坡为正,下坡为负,θ 为竖曲线的转折角。由于路线设计时的允许坡度一般总是很小的,所以可以认为 θ 等于相邻坡道之坡度的代数差,如 $\theta_1 = i_2 - i_1$,$\theta_2 = i_3 - i_2$。θ 大于 0 时为凹形竖曲线,θ 小于 0 时为凸形竖曲线。为了书写方便,计算中直接用 $\theta = |\theta|$ 来计算。

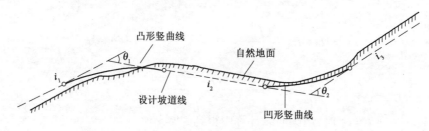

图 6-13 竖曲线

竖曲线可采用抛物线或采用圆曲线。用抛物线过渡,在理论上似乎更为合理,但实际上用圆曲线计算与用抛物线计算结果是非常接近的,因此,在公路中竖曲线都采用圆曲线。根据纵断面设计中给定的竖曲线半径 R,以及由相邻坡道之坡度求得的线路竖向转折角 θ,可以计算竖曲线长 l,切线长 T 和外矢距 E 等曲线要素。

如图 6-14 所示,$L = R \cdot \theta = R(i_2 - i_1)$,因为 θ 值一般都很小,而且竖曲线半径 R 都比较大,所以切线长 T 可近似以 L 的一半来代替,外矢距 E_0 也可按近似公式来计算,则有:

$$T \approx \frac{1}{2}L = \frac{1}{2}R(i_2 - i_1) \qquad (6\text{-}97)$$

$$E_0 \approx \frac{T^2}{2R} \qquad (6\text{-}98)$$

切线长 T 求出后,即可由变坡点 J 沿中线向两边量取 T 值,定出竖曲线的起点 Z 和终点 Y。

3)竖曲线上各加桩点的高程计算

竖曲线上一般要求每隔 10m 测设一个加桩

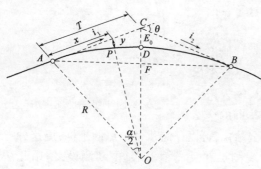

图 6-14 竖曲线的计算

以便于施工。测设前按规定间距确定各加桩至竖曲线起(终)点的距离并求出各加桩点的设计高程(简称高程),以便在竖曲线范围内的各加桩点上标出竖曲线的高程。

在图 6-14 中,C 为竖曲线上某个加桩点,将过 C 点的竖曲线半径延长,交切线于 C' 点。

令 C' 到起点 Z 的切线长为 x_c，$CC' = y_c$。由于设计坡度较小，可以把切线长 x_c 看成是 Z、C' 两点间的水平距离，而把 y_c 看成是 C、C' 两点间的高程差。也就是说，若按上述情况定义竖曲线上各点的 x、y 值，则竖曲线上任一点的 x 值即可根据其到竖曲线起（终）点的距离来确定，而它的 y 值即表示其在切线和竖曲线上的高程差。因而，竖曲线上任一点的高程（H_1）可按下式求得：

$$H_i = H'_i \pm Y_i \tag{6-99}$$

式中：H'_i——该点在切线上的高程，也就是它在坡道线上的高程，称为坡道点高程；

$\quad\quad Y_i$——该点的高程改正，当竖曲线为凸形曲线时，公式取"–"号，当为凹形曲线时，公式取"+"号。

坡道点高程 H'_i 可根据变坡点 J 的设计高程 H_0、坡度 i 及该点至坡点的间距来推求，计算公式为：

$$H'_i = H_0 \pm (T - x_i) \cdot i \tag{6-100}$$

至于曲线上任一点的 y 值可根据该点的 x 值求得。由图 6-14 可知：

$$(R + y)^2 = R^2 + x^2 \tag{6-101}$$

$$2Ry = x^2 - y^2 \tag{6-102}$$

由于 y 与 R 相比很小，故可将 y^2 略去，有：

$$y = \frac{x^2}{2R} \tag{6-103}$$

从图 6-14 中还可以看出，$y_{max} \approx E_0$，所以有：

$$E_0 = \frac{T^2}{2R} \tag{6-104}$$

6.9 线路施工与竣工测量

6.9.1 施工测量

各种工程在施工阶段所进行的测量工作称为施工测量。其内容包括：施工前施工控制网的建立；施工期间将图纸上设计的建、构筑物的平面位置和高程标定在实地上的测设工作（又称放样）；工程竣工后测绘各种建、构筑物建成后的实际情况的竣工测量，以及在施工和管理期间测定建筑物在平面和高程方面产生位移和沉降的变形观测。

施工测量的工作程序和地形测图大体相反，测图是测定地面上各种地形特征点与控制点之间位置的几何关系，即测得距离、角度、高程等数据，编绘到图上；施工放样则是根据建筑物的设计尺寸，找出建筑物各部分特征点与控制点之间的位置的几何关系，算得距离、角度、高程等放样数据，然后利用控制点在实地上标定出建筑物的特征点，作为施工的依据。因此，施工测量的基本工作是距离、角度、高程的测设，其根本任务是点位的测设。

施工测量也必须遵守"由整体到局部"、"先控制后碎部"的基本原则。首先建立施工控制网，然后根据施工控制网将建筑物的主要轴线测设到地面上，再根据主要轴线测设出建筑物各个部分的位置。例如，桥梁施工中，应先建立桥梁施工控制网，精密测定桥轴线长度，再根据桥轴线控制桩进行桥墩、桥台中心放样,并测设出桥墩、台的纵横轴线,作为基础施工、上部结构安装测量等细部放样的依据。

道路工程施工测量是指道路施工过程中所要进行的各项测量工作,主要包括:道路复测、中线测量、纵横断面测量、边桩和边坡放样、高程放样和沉降观测等。初测和定测之后,便要进行施工,施工前设计单位把道路施工图通过业主移交给施工单位。道路施工图中包括道路测量的资料,如:沿线的导线点资料、水准点资料、中线设计和测设资料、纵横断面资料及带状地形图等。具体来说,道路施工测量的工作内容有以下五个方面:

(1)施工前,根据道路初测导线点,在施工标段现场,结合线路实际情况加密道路施工导线点。

(2)施工前,根据道路初测水准点,在施工标段现场,结合线路实际情况加密道路施工水准点。

(3)施工过程中,根据施工标段加密施工导线点,在施工过程中采用坐标放样等方法标定线路中桩、边桩等平面点位,以监控线路线形。

(4)施工过程中,根据施工标段加密施工水准点,在施工过程中采用水准测量(放样)方法标定线路中桩、边桩高程等,以监控施工中挖填高度和线路纵向高低以及横向坡度。

(5)施工完成后,根据规范质量标准和道路设计的要求,用经纬仪、全站仪、水准仪、塔尺、钢尺等仪器工具检测路基路面各部分的几何尺寸。

下面着重介绍路基边桩和路基边坡的测设方法。

1)路基边桩的测设

测设路基边桩就是在地面上将每一个横断面的路基边坡线与地面的交点,用木桩标定出来。边桩的位置由两侧边桩至中桩的平距来确定。常用的边桩测设方法如下:

(1)图解法

图解法是直接在横断面图上量取中桩至边桩的平距,然后在实地用钢尺沿横断面方向将边桩丈量并标定出来。在填挖方不大时,使用此法较多。

(2)解析法

解析法是根据路基填挖高度、边坡率、路基宽度和横断面地形情况,先计算出路基中心桩至边桩的距离,然后在实地沿横断面方向按距离将边桩放出来。具体方法按下述两种情况进行。

①平坦地段的边桩测设。

图6-15为填土路堤示意图,坡脚桩至中桩的距离 D 为:

$$D = \frac{B}{2} + m \cdot H \tag{6-105}$$

图6-16为挖方路堑示意图,坡顶桩至中桩的距离 D 为:

$$D = \frac{B}{2} + s + m \cdot H \tag{6-106}$$

式中:B——路基宽度;

m——边坡率;

H——填挖高度;

s——路堑边沟顶宽。

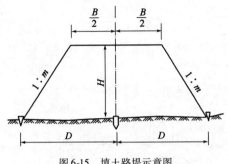

图6-15　填土路堤示意图

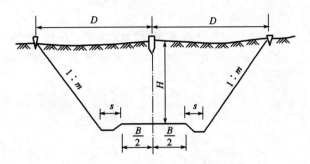

图6-16　挖方路堑示意图

以上是断面位于直线段时求算 D 值的方法。若断面位于弯道上有加宽时,按上述方法求出 D 值后,还应在加宽一侧的 D 值中加上加宽值。

沿横断面方向放出求得的坡脚(或坡顶)至中桩的距离,定出路基边桩。

②倾斜地段的边桩测设。

在倾斜地段,边桩至中桩的平距随着地面坡度的变化而变化。如图6-17所示,路基坡脚桩至中桩的距离 $D_上$、$D_下$ 分别为:

$$\left.\begin{array}{l} D_上 = \dfrac{B}{2} + m(H - h_上) \\[2mm] D_下 = \dfrac{B}{2} + m(H + h_下) \end{array}\right\} \qquad (6\text{-}107)$$

如图6-18所示,路堑坡顶至中桩的距离 $D_上$、$D_下$ 分别为:

$$\left.\begin{array}{l} D_上 = \dfrac{B}{2} + s + m(H + h_上) \\[2mm] D_下 = \dfrac{B}{2} + s + m(H - h_下) \end{array}\right\} \qquad (6\text{-}108)$$

式中:$h_上$、$h_下$——上、下侧坡脚(或坡顶)至中桩的高差。

其中,B、s 和 m 为已知,故 $D_上$、$D_下$ 随着 $h_上$、$h_下$ 变化而变化。由于边桩未定,所以 $h_上$、$h_下$ 均为未知数。

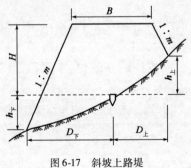

图6-17　斜坡上路堤

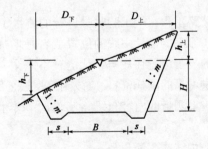

图6-18　斜坡上路堑

在实际工作中,可采用"逐点趋近法",在现场一边测一边进行标定。如果结合图解法,则更为简便。

2)路基边坡的测设

在测设出边桩后,为了保证填挖的边坡达到设计要求,还应把设计边坡在实地标定出来,以便施工。

(1)用竹竿、绳索测设边坡。如图6-19,O 为中桩,A、B 为边桩,$CD = B$ 为路基宽度。测设时,在C、D 处竖立竹竿,于高度等于中桩填土高度H 处C'、D'用绳索连接,同时由C'、D'用绳索连接到边桩A、B 上。

当路堤填土不高时,可一次挂线。当填土较高时可分层挂线,如图6-20 所示。

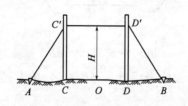

图6-19 用竹竿、绳索放边坡

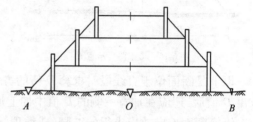

图6-20 分层挂线放边坡

(2)用边坡样板测设边坡。施工前按照设计边坡制作好边坡样板,施工时,按照边坡样板进行测设。

当用活动边坡尺测设边坡。如图 6-21 所示,当水准器气泡居中时,边坡尺的斜边所指示的坡度正好为设计边坡坡度,可依次来指示与检核路堤的填筑,或检核路堑的开挖。

当用固定边坡样板测设边坡。如图 6-22 所示,在开挖路堑时,于坡顶桩外侧按设计坡度设立固定样板,施工时可随时指示并检核开挖和修整情况。

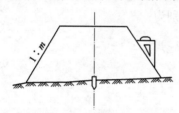

图6-21 活动边坡尺放边坡

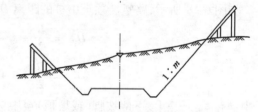

图6-22 固定样板放边坡

6.9.2 竣工测量

公路工程在竣工验收时进行的测量工作,称为竣工测量。在施工过程中,由于修改设计变更了原来的设计中线的位置或者是增加了新的建、构筑物,如涵洞、人行通道等,使建、构筑物的竣工位置往往与设计位置不完全一致。为了给公路投产后在改建、扩建和管理养护中提供可靠的图样资料,应该测绘反映公路实况的竣工总图。

竣工测量的内容与线路测设时基本相同,包括中线测量,纵横断面测量和竣工总图的编绘。

1)中线竣工测量

中线竣工测量一般分两步进行。首先,收集该线路设计的原始资料、文件及修改设计资料、文件,然后根据现有资料情况分两种情况进行。当线路中线设计资料齐全时,可按原设计资料进行中桩测设,检查各中桩是否与竣工后线路中线位置相吻合。当设计资料缺乏或不全时,则采用曲线拟合法,即先对已修好的公路进行分中,将中线位置实测下来,并以此拟合平曲线的设计参数。

2）纵、横断面测量

纵、横断面测量是在中桩竣工测量后，以中桩为基础，将道路纵、横断面情况实测下来，看是否符合设计要求，其测量方法与前述方法相同。

上述中桩和纵、横断面测量工作，均应在已有的施工控制点的基础上进行，如已有的施工控制点已被破坏，应先恢复控制系统。

在实测工作中对已有资料（包括施工图等）要进行详细的实地检查、核对，检查结果的允许误差应不大于国家关于公路施工验收规程的规定。

当竣工测量的误差符合要求时，应对曲线的交点桩，长直线的转点桩等路线控制桩或坐标法施测时的导线点，埋设永久桩，并将高程控制点移至永久性建筑物上或牢固的桩上，然后重新编制坐标、高程一览表和平曲线要素表。

3）竣工总图的编制

对于已确定证明按设计图施工，没有变动的工程，可以按原设计图上的位置及数据绘制竣工总图，各种数据的注记均利用原图资料。对于施工中有变动的，按实测资料绘制竣工总图。

不论利用原图编绘还是实测竣工总图，其图式符号、各种注记、线条等格式都应与设计图完全一致，对于原设计图没有的图式符号可以按照《地形图图式》设计图例。

编制竣工总图是一项工作量较大的观测成果的综合整理工作，在拟订施工测量方案时就应把这项工作考虑进去，以便于统筹安排，分期收集编绘资料。最好是每一个单位工程完工后立即进行竣工测量，并整理出观测成果，然后由专人汇总各单位工程竣工测量资料，通盘考虑竣工图的编绘。

若竣工测量所得出的实测数据与相应的设计数据之差在施工测量的允许误差内，则应按设计数据编绘竣工总图，否则，按竣工测量数据编绘。

竣工总图的内容要求与设计施工图的内容要求基本相同，只是竣工总图中不包括工程概预算部分。

思 考 题

1. 线路勘测需要做哪些准备？

2. 何为中线测量？中线测量的任务是什么？与定线测量有什么区别？

3. 在进行单圆曲线放样、缓和曲线放样、复曲线放样和竖曲线放样时应注意哪些问题？

4. 施工测量和竣工测量中应注意哪些关键问题？

5. 单圆曲线计算题：设路线自 A 经 B 至 C，B 处右偏角 $\alpha_{右}$ 为 $28°28'00''$，JD 桩号为 $K4+332.76$，欲设置半径为 200m 的圆曲线，计算圆曲线诸元素 T、L、E、D，并计算圆曲线各主点的桩号。

第7章 桥梁工程测量

7.1 概 述

为了发展铁路、公路和城市道路等交通运输事业,在江河湖海上修建了大量桥梁。它们有铁路桥梁、公路桥梁、铁路公路两用桥,陆地上的立交桥和高架道路也是属于桥梁结构。这些桥梁在勘测设计、建筑施工和运营管理期间都需要进行大量测量工作。

在桥梁的勘测设计阶段,需要测绘各种比例尺的地形图(包括水下地形图)、河床断面图,以及提供其他测量资料。而在桥梁的建设施工阶段,则需要建立桥梁平面控制网和高程控制网,进行桥墩、桥台定位和梁的架设等施工测量,以保证建造的位置准确。桥梁竣工以后,还要进行竣工测量。在建成后的管理阶段,为了监测桥梁的安全运营,充分发挥其效益,还需要定期进行变形观测。

桥梁按其轴线长度一般分为特大桥、大桥、中桥和小桥四类。根据《公路桥涵设计通用规范》(JTG D60—2015)规定,多孔跨径总长大于1000m,单孔跨径大于150m,属于特大桥;多孔跨径总长在100～1000m,单孔跨径40～150m,属于大桥;多孔跨径总长在30～100m,单孔跨径20～40m,属于中桥;多孔跨径总长在8～30m,单孔跨径5～20m,属于小桥。

桥梁结构可大致分为上部结构和下部结构,如图7-1所示。上部结构可分为承重结构和支座结构,其中承重结构起承受荷载的作用,又叫作桥跨结构。下部结构包括桥墩和桥台以及墩台基础,是支承桥跨结构并将荷载传至地基的建筑物。

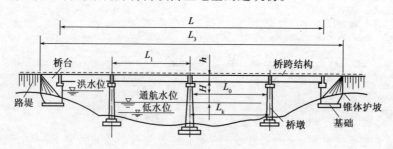

图7-1 桥梁结构示意图

1)上部结构

上部结构包括承重结构和支座结构,承重结构是梁的称为主梁,主梁一般有钢结构、钢混结构或预应力混凝土结构等不同类型。承重结构是拱的称为主拱;承重结构是悬索的称为主索或大缆。

承重结构(桥跨结构)与桥墩桥台的支承处所设置的传力装置称作支座,支座结构支承上部结构并传递荷载至桥墩或桥台。

2）下部结构

下部结构包括桥墩、桥台和墩台基础。桥墩是在河中或岸上支承两侧桥跨上部结构的建筑物。桥台设置在桥两端，桥台除支承荷载作用外，还与路堤相衔接，以抵御路堤土压力。墩台基础是保证桥梁墩台安全并将荷载传至地基的结构。一般还在桥台两侧设置石砌锥形护坡，以保证迎水部分路堤边坡稳定。除此之外，根据需要还常常修筑护岸、导流结构物等附属工程。

7.2 桥位勘测设计测量

要经济合理地建造一座桥梁，首先要选好桥址。桥位勘测的目的就是为选择桥址和进行桥梁设计提供地形和水文资料，这些资料提供得越详细、全面，就越有利于确定最优的桥址方案和做出经济合理的桥梁设计。对于中小桥梁及技术条件简单、造价较低的大桥，其桥址位置服从于路线走向的需要，往往不单独进行勘测，而是包括在路线勘测之内。但是对于特大桥梁或技术条件复杂的桥梁，由于其工程量大、造价高、施工期长，其桥位选择合理与否，对造价和使用条件都有极大的影响，所以路线的位置要服从于桥梁的位置，通常需要单独进行勘测。

桥梁设计通常经过设计意见书、初步设计、施工图设计等几个阶段，各阶段要相应地进行不同的测量。在编制设计意见书阶段，并不单独进行测量工作，而是收集现有地图资料，向有关单位索取 1:50000、1:25000 或 1:10000 的地形图。同时，也要收集有关水文、气象、地质、农田水利、交通网规划、建筑材料等各项已有的资料，这样可以找出桥址的所有可比方案。在初步设计阶段，要对选定的几个可比方案进一步加以比较，以确定一个最优的设计方案。为此，就要求提供更为详细的地形、水文及其他有关资料，以作为比选的依据，这些资料同时也供设计桥梁及附属构造物之用。设计桥梁需要提供的测量资料主要有桥轴线长度、桥轴线纵断面图、桥位地形图等。设计桥梁需要提供的水文资料可以从相关水文站获取或在桥址位置直接进行水文观测。观测的内容有洪水位、河流比降、流向及流速等。

7.2.1 桥位地形图测量

1）桥位总平面图测绘

根据设计和施工需要，桥位地形图分为桥位总平面图和桥址地形图。桥位总平面图比例尺一般为 1:2000 ~ 1:10000，其测绘范围应能满足选定的桥位、桥头引道、调整构造物的位置和施工场地轮廓布置的需要。一般情况下，上游测绘长度约为洪水泛滥宽度的 2 倍，而下游则约为 1 倍；顺桥轴线方向为历史最高洪水位以上 2 ~ 5m 或洪水泛滥线以外 50m。

2）桥址地形图测绘

（1）测绘范围

桥址地形图，比例尺一般为 1:500 ~ 1:2000。应根据桥梁设计需要确定测绘范围，一般来说，应满足孔径、路堤和导流建筑物和施工场地的设计需要。顺线路方向应测至两岸历史最高洪水位或设计水位以上 0.5 ~ 1.0m，对于平坦地区河滩过宽时，测绘范围不应小于桥梁全长加导流堤并稍有余量。上下游长度则根据实际需要而定，可以考虑上游测至 $3B_槽$ +

$0.12B_{滩}$，下游测至 $1.5B_{槽}+0.06B_{滩}$，（式中，$B_{槽}$ 为河槽宽度，$B_{滩}$ 为两岸河滩宽度之和）；平坦地区上游可以测至桥长的 2 倍且大于 200m，下游为桥长的 1~1.5 倍且大于 100m；对于改建或增建，施测范围应酌情增减。

（2）测绘内容

测绘内容应包括所测范围内的地形、地物、地貌、线路导线、中线、既有线中线、桥梁和导流建筑物平面、桥头控制桩、水准基点、农田分类及边界、历史最高洪水泛滥线、水流方向等。对水流有影响的孤石、陡岸、突出的岩石、堤防等水下地形，应在平面图上显示，并标注其位置、大小及走向和倾向。根据设计需要还可能进行地质测绘。

等高线间距，平坦地区 0.5~2.0m，困难地区 5~10m；地形点水平间距一般不得超过图上距离 2cm，平坦地区可酌情予以放宽。

（3）测量方法

陆上地形测量方法与普通地形测量大致相同，水下地形常用测深工具有测深杆、测深锤、回声测深仪等，方法有直接法、简易断面索法、迂回测深法、三船并进法、悬空断面索等。

直接法：直接用皮尺或绳尺量距，花杆或竹竿测深。

简易断面索法：水道断面的测量，是在断面上布设一定数量的测深垂线，如图 7-2 所示，

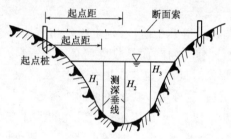

图 7-2 简易断面索法示意图

施测各条垂线的水深，同时测得每条测深垂线与岸上某一固定点（断面的起点桩，一般设在左岸）的水平距离（称为起点距），并同时观测水位，用施测时的水位减去水深，得到各测深垂线处的河底高程。

悬空断面索：是在断面上架设钢丝缆索，每隔适当距离做上标记，并事先测量好它们的位置，测量水深的同时，直接在断面索上读出起点距。这种方法适合于河宽较小、水上交通不多、有条件架设断面索的河道测站，精度较高。

7.2.2 桥址纵断面及辅助断面测量

1）桥址纵断面测量

（1）测绘范围

两岸应测宽度根据路肩高程而定，以满足在图上足够布置全部桥孔及导流堤的需要为原则，包括导流堤在桥址中线上的投影长度，并能设计桥头填土。如桥址纵断面兼作水文断面，并用以进行流量计算，则应测至岸边高出最高水位或设计水位至少 1.0m，泛滥很宽的河流应视具体情况而定，但必须满足流量计算的要求。如两岸或一岸为山地时（包括高架桥），以在图上能正确决定桥址及台尾附属工程为原则。特大桥及大中桥两岸应埋设桥址控制桩作为桥址定测和施工复测的依据，其位置不受洪水淹没，必要时应设立护桩或中线方向桩。

（2）测量方法及精度

尽量沿线路中线测量，按要求一次完成。中桩不足可在地形变化处加密。测点距离在山区不得大于 5m，平坦地区不得大于 20m。加桩高程施测误差不得大于 ±0.1m，与水准点闭合差的限差为 $±50\sqrt{L}$mm（L 以 km 计）。

（3）绘制桥址纵断面图

绘制桥址纵断面图测绘比例尺为 1：200～1：500，特长桥可采用 1：1000。

2）辅助断面测量

（1）陡峻山坡地段的线路，桥址纵断面在设计中会有墩台基础有落空现象，可根据实际需要加测上、下游平行于桥址纵断面的辅助断面，间距一般为 3～5 m。该项断面与资料应与桥址纵断面合并绘制，其中桥址纵断面用实线表示，上、下游辅助断面用虚线表示，并注明与桥址纵断面的距离。

（2）对于小桥，为了正确布置陡坡建筑物，上、下游可加测顺沟方向河床纵断面，上游应连接原沟心，下游也连接原沟心或接至有出路之处。当需要计算水深，判断水流状态或考虑蓄水情况时，应加测河床纵坡和下游原沟槽有代表性横断面。

7.3 桥梁施工控制测量

依照"先控制后细部"的测量原则，桥梁工程测量亦应首先建立控制网。在桥梁建设的各阶段，桥梁控制测量的目的不同。在勘测阶段，其目的是为测量桥址平面图，并根据水文、地质资料，选定符合计划任务书的桥址进行定测；而在施工阶段，则主要是为保证桥轴线长度放样和桥墩台定位精度。

桥梁施工控制网分为平面控制和高程控制。平面控制网通常分两级布设。首级控制网主要控制桥的轴线；次级控制则是在首级网下插点或插网，满足桥墩台的放样需求。墩台精度要求较高，因此次级控制精度不应低于首级控制。

桥梁高程控制网提供具有统一高程系统的施工控制点，使两端线路高程准确衔接，同时满足高程放样需要。

为了合理地拟定桥梁施工平面控制测量的布网方案和观测方案，保证墩台中心的定位精度，必须预先估算桥轴线长度测定的必要精度。

7.3.1 桥轴线长度和桥梁墩台定位必要精度确定

桥梁控制网的建立是为保证桥轴线的放样、桥梁墩台中心定位和轴线测设的精度。因而桥轴线长度和墩台中心定位精度计算方法是技术人员首先需要知道的。

1）桥轴线长度精度估算

计算桥轴线长度应满足的精度，需要知道桥轴线长度，同时要考虑桥跨大小以及跨越结构的类型。桥梁结构不同，其制造和安装的误差就不同，都会影响桥梁全长误差。

下面仅以常见的梁式桥中的简支梁和连续梁两种结构为例，介绍桥梁轴线长度精度估算的过程。

根据力学和桥梁工程的知识，简支梁桥应在每跨的一端设置固定支座，另一端设置活动支座（两相邻桥墩之间为一跨）；连续梁桥应在每联（相邻伸缩缝之间为一联）中的其中一个桥墩上设置固定支座，其余墩台上均应设置活动支座。

（1）钢筋混凝土简支梁

设墩台中心点位放样的极限误差为 ΔD（通常取 $\Delta D = 10\text{mm}$），中误差为 $\Delta D/2$，则相邻

两墩台中心的跨距中误差为

$$m_1 = \pm \frac{\Delta D}{2}\sqrt{2} = \pm \frac{\Delta D}{\sqrt{2}} \tag{7-1}$$

设全桥共有 N 跨,则桥轴线长度的中误差为

$$m_L = m_1 \sqrt{N} = \pm \frac{\Delta D}{\sqrt{2}}\sqrt{N} \tag{7-2}$$

(2)钢板梁及短跨($L \leqslant 64\mathrm{m}$)简支钢桁梁

钢桁梁可看作实腹的钢板梁桥按照一定规则空腹化的结构形式,设钢桁梁节间长度制造容许误差为 $\pm 2\mathrm{mm}$,两节间拼装孔距误差为 $\pm 0.5\mathrm{mm}$,每一节间的制造和拼装误差为

$$\Delta l = \pm \sqrt{2^2 + 0.5^2}\,\mathrm{mm} = \pm 2.12\,\mathrm{mm}$$

由 n 个节间拼装的桁式钢梁构成一跨或一联,其长度误差包括拼装误差 ΔL 和支座容许误差 δ,对于连续梁及长跨($L \leqslant 64\mathrm{m}$)简支梁,长度拼装误差 ΔL 按规范取 $\Delta L = \pm\sqrt{n\Delta l^2}$,每跨(联)钢梁安装后的容许误差为:

$$\Delta d = \pm \sqrt{\Delta L^2 + \delta^2} = \pm \sqrt{n\Delta l^2 + \delta^2} \tag{7-3}$$

每跨(联)钢梁安装后的容许误差为:

$$\Delta d = \pm \sqrt{\Delta L^2 + \delta^2} = \pm \sqrt{\left(\frac{L}{5000}\right)^2 + \delta^2} \tag{7-4}$$

当桥梁全长有 N 跨时,极限误差为:

$$\Delta D = \pm \sqrt{\Delta d_1^2 + \Delta d_2^2 + \cdots + \Delta d_N^2} \tag{7-5}$$

(3)连续及长跨($L > 64\mathrm{m}$)简支钢桁梁

由 n 个节间构成的单联或单跨梁,设节间拼装的极限误差为 Δl(通常取 $\Delta l = \pm 2\mathrm{mm}$),则由于梁体拼装误差和固定支座安装误差 δ 的共同影响,每一联(跨)长度的中误差为

$$m_1 = \pm \frac{1}{2}\sqrt{n\Delta l^2 + \delta^2} \tag{7-6}$$

当桥梁为 N 跨时,则桥轴线长度 L 的中误差为

$$m_L = \pm \sqrt{m_{l_1}^2 + m_{l_2}^2 + \cdots + m_{l_N}^2} \tag{7-7}$$

对长度相同的桥梁,因桥式及跨径不同,精度要求也不相同。一般而言,连续梁比简支梁精度要求高,大跨径比小跨径精度要求高。

2)桥梁墩台中心放样精度要求

桥墩中心位置偏移,会造成墩台上支座位置偏移,改变墩台的应力,进而影响墩台的使用寿命和桥梁安全。因此,控制网的建立不仅要保证桥轴线长度有必要的精度,还要保证墩台中心定位的精度。工程上对放样桥墩的位置要求是:钢梁墩台中心在桥轴线方向的位置中误差不应大于 $1.5 \sim 2.0\mathrm{cm}$。

3)平面控制网精度估算

桥梁控制网的建立有两个重要目的,即保证桥轴线长度精度和保证桥梁墩台中心定位的精度。对于保证桥轴线长度的精度来说,可将桥轴线作为控制网的一条边,只要控制网经

过施测、平差后求得该边长度的相对误差小于设计要求即可;对于保证桥梁墩台中心定位的精度要求来说,既要考虑控制网本身的精度又要考虑利用建立的控制网进行施工放样的误差。在确定了桥梁控制网应达到的精度后,应在控制网施测前根据控制网的网形、观测要素和观测方法及仪器设备条件估算出是否能够达到要求。

根据"控制点误差对放样点位不发生显著影响"原则,当要求控制网点误差影响占总误差的 1/10 时,对控制网的精度要求分析如下:

设 M 为放样后所得点位的总误差,m_1 为控制点误差所引起的点位误差,m_2 为放样过程中所产生的点位误差,则有

$$M = \sqrt{m_1^2 + m_2^2} = m_2\sqrt{1 + \left(\frac{m_1}{m_2}\right)^2}$$

$m_1 < m_2$,经级数展开并略去高次项,得到:

$$M = m_2\left(1 + \frac{m_1^2}{2m_2^2}\right) \tag{7-8}$$

欲使控制网点误差影响占总误差的 1/10,上式中 $\frac{m_1^2}{2m_2^2}$ 应为 0.1,因此,有:

$$m_1^2 = 0.2m_2^2$$

代入式(7-8),得:

$$m_1 = 0.4M \tag{7-9}$$
$$m_2 = 0.9M \tag{7-10}$$

由此可知,当控制点误差所引起的放样误差为总误差的 0.4 倍时,m_1 使放样点位总误差增加 1/10,满足"控制点误差对放样点位不发生显著影响"原则。

若考虑以桥墩中心在桥轴线方向的位置中误差不大于 2.0cm 作为研究控制网必要精度的起算数据,由上面的分析,要求 $m_1 < 0.4M \leqslant 0.4 \times 20 = 8(\text{mm})$,此即为放样墩台中心时控制网误差的影响应满足的要求。由此算出放样的精度应达到的要求是 $m_2 < 0.9M = 0.9 \times 20 = 18(\text{mm})$。

7.3.2 桥梁平面控制网的建立

1)平面控制测量

桥梁的中心线称为桥轴线,建立桥位控制网的目的有两个,一是测定桥轴线长度并依此来确定桥墩台位置,二是用于施工过程中的变形监测。

对于小型桥梁,桥轴线可以直接测定,墩台位置可以直接利用桥轴线两侧控制点测设,无须建立控制网;但对于大型桥梁,墩台无法直接测设,必须建立控制网。

布设控制网时,应尽可能使桥的轴线作为三角网的一个边,以利于提高桥轴线的精度。如不可能,也应将桥轴线的两个端点纳入网内,间接求算桥轴线长度。对于控制点,要求其应位于地质条件稳定、视野开阔的位置,便于交会定墩台位置,其交会角不至于太大或太小。在控制点上要埋设标石及刻有"十"字的金属中心标志。如果兼作高程控制点使用,则中心标志宜做成顶部为半球状。控制网可采用测角网、测边网或边角网。采用测角网时宜测定两条基线。桥轴线应与基线一端连接并尽可能正交。基线长度一般不小于桥轴线的 0.7 倍,困难地段不小于 0.5 倍。由于桥轴线长度及各个边长都是根据基线及角度推算的,为保

证桥轴线有可靠的精度,基线精度要高于桥轴线精度 2～3 倍。如果采用测边网或边角网,由于边长是直接测定的,所以不受或少受测角误差的影响,测边的精度与桥轴线要求的精度相当即可。由于桥梁三角网一般都是独立的,没有坐标及方向的约束条件,所以平差时都按自由网处理。

为了施工放样计算方便,桥梁控制网常采用独立坐标系,一般是以桥轴线作为 X 轴,亦可使用坐标轴平行或垂直于桥轴线方向。而桥轴线始端控制点的里程作为该点的 X 值。这样,桥梁墩台的设计里程即为该点的 X 坐标值,可以便于以后施工放样的数据计算。曲线桥一般以曲线起点或始切线上的转点为坐标原点,以始切线指向交点方向为 X 轴正向建立测量坐标系;也可以桥轴线控制点为坐标系原点,以该点处曲线的切线方向为 X 轴、以线路前进方向为 X 轴正方向建立测量坐标系如图 7-3 所示。

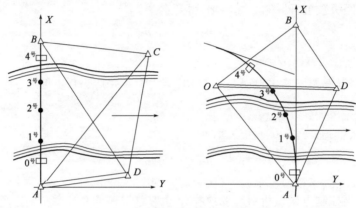

图 7-3　直线桥与曲线桥坐标系的建立

在施工时如因机具、材料等遮挡视线,无法利用主网的点进行施工放样时,可以根据主网两个以上的点将控制点加密。加密点称为插点。插点的观测方法与主网相同,但在平差计算时,主网上点的坐标不得变更。

桥梁控制网应选择桥墩顶平面作为投影面,以便将起算边长和观测边长及水平角观测值改化至桥墩平面上,并经平差计算获得放样需要的控制点之间的实际距离。

(1)网型选择

在满足桥轴线长度测定和墩台中心定位精度的前提下,力求图形简单并具有足够的强度,以减少外业观察工作和内业计算工作。根据桥梁大小、精度要求和地形条件,桥梁施工平面控制网的网型布设有以下几种(图 7-4):

平面控制网亦可使用 GPS(GNSS)建立,GPS 网一般由一个或若干个独立观测构成,以三角形和大地四边形组成的混合网的形式布设。

图 7-5 为青岛海湾大桥 GPS 首级控制网示意图,首级控制网点 15 点,联测全球 GPS 永久跟踪站(IGS)3 点,另外为了路桥的顺利连接,又连测了 3 个青岛市城市 80 坐标系已知点。为了保证首级网精度,观测按优于公路一级 GPS 网(超过 10km 长的基线观测要求同国家 B 级网)的精度要求施测。GPS 控制网同步图形的连接采用边连接和图形连接的方式进行作业。控制网重复设站率不小于 2,网中每点至少有 3 条独立基线与之相连。每时段观测 2h。为了提高长边的基线解算精度和可靠性,对涉及长边的观测时段延长了观测时间,每时

段观测 12h,共计 3 时段(其中 1 时段为夜间观测),整个控制网共计观测了 10 个时段。另外,为了提高首级控制网的精度,采用 DI2002 测距仪加测 11 条边。

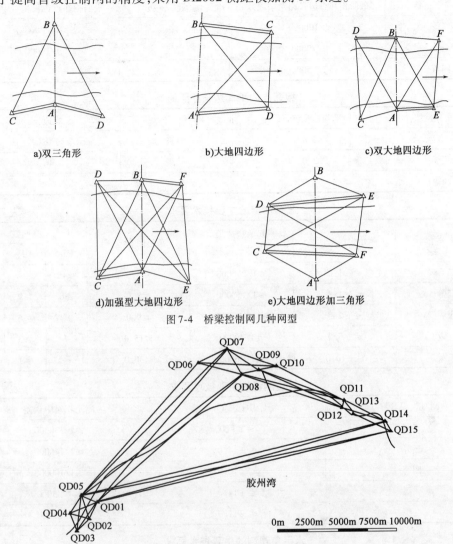

a)双三角形   b)大地四边形   c)双大地四边形

d)加强型大地四边形   e)大地四边形加三角形

图 7-4　桥梁控制网几种网型

图 7-5　青岛海湾大桥(北桥位)首级平面控制网示意

(2)桥梁施工平面控制测量的角度观测

桥位平面控制网等级选用应符合表 7-1 的规定,其精度应符合表 7-2 的规定,主要技术要求和观测技术应符合表 7-3 ~ 表 7-6 的规定。

平面控制测量等级选用　　　　　　　　　　　　表 7-1

高架桥、路线控制测量	多跨桥梁总长 L(m)	单跨桥梁 L_K(m)	测量等级
—	$L \geqslant 3000$	$L_K \geqslant 500$	二等
—	$2000 \leqslant L < 3000$	$300 \leqslant L_K < 500$	三等
高架桥	$1000 \leqslant L < 2000$	$150 \leqslant L_K < 300$	四等
高速、一级公路	$L < 1000$	$L_K < 150$	一级

平面控制测量精度要求   表 7-2

测 量 等 级	最弱相邻点边长相对中误差	测 量 等 级	最弱相邻点边长相对中误差
二等	1/100000	一级	1/20000
三等	1/70000	二级	1/10000
四等	1/35000		

相邻点间平均边长参照值   表 7-3

测 量 等 级	平均边长（km）	测 量 等 级	平均边长（m）
二等	3.0	一级	0.5
三等	2.0	二级	0.3
四等	1.0		

三角测量的主要技术要求   表 7-4

测 量 等 级	测角中误差（″）	起始边边长相对中误差	三角形闭合差（″）	测回数		
				DJ_1	DJ_2	DJ_6
二等	≤ ±1.0	≤1/250000	≤3.5	≥12	—	—
三等	≤ ±1.8	≤1/150000	≤7.0	≥6	≥9	—
四等	≤ ±2.5	≤1/100000	≤9.0	≥4	≥6	—
一级	≤ ±5.0	≤1/40000	≤15.0	—	≥3	≥4
二级	≤ ±10.0	≤1/20000	≤30.0	—	≥1	≥3

三边测量的主要技术要求   表 7-5

测 量 等 级	测距中误差（mm）	测距相对中误差
二等	≤ ±9.0	≤1/330000
三等	≤ ±14.0	≤1/140000
四等	≤ ±10.0	≤1/100000
一级	≤ ±14.0	≤1/35000
二级	≤ ±11.0	≤1/25000

水平角观测的主要技术要求   表 7-6

测量等级	经纬仪型号	光学测微器两次重合读数差（″）	半测回归零差（″）	同一测回中 2C 较差（″）	同一方向各测回间较差（″）	测回数
二等	DJ_1	≤1	≤6	≤9	≤6	≥12
三等	DJ_1	≤1	≤6	≤9	≤6	≥6
	DJ_2	≤3	≤8	≤13	≤9	≥10
四等	DJ_1	≤1	≤6	≤9	≤6	≥4
	DJ_2	≤3	≤8	≤13	≤9	≥6
一级	DJ_2	—	≤12	≤18	≤12	≥2
	DJ_6	—	≤24	—	≤24	≥4

续上表

测量等级	经纬仪型号	光学测微器两次重合读数差(")	半测回归零差(")	同一测回中2C较差(")	同一方向各测回间较差(")	测回数
二级	DJ$_2$	—	≤12	≤18	≤12	≥1
	DJ$_6$	—	≤24	—	≤24	≥3

桥位三角网基线观测采用 GPS 测量、光电测距方法,三角网水平角观测采用方向观测法。桥位控制网的观测技术指标应符合表 7-7 ~ 表 7-9 的规定。

GPS 观测的主要技术要求　　　　表 7-7

测 量 等 级		二等	三等	四等	一级	二级
卫星高度角(°)		≥15	≥15	≥15	≥15	≥15
时段长度	静态(min)	≥240	≥90	≥60	≥45	≥40
	快速静态(min)	—	≥30	≥20	≥15	≥10
平均重复设站数(次/每点)		≥4	≥2	≥1.6	≥1.4	≥1.2
同时观测有效卫星数(个)		≥4	≥4	≥4	≥4	≥4
数据采样率(s)		≤30	≤30	≤30	≤30	≤30
GDOP		≤6	≤6	≤6	≤6	≤6

光电测距的主要技术要求　　　　表 7-8

测量等级	观测次数		每边测回数		一测回读数间较差(mm)	单程各测回较差(mm)	往返较差
	往	返	往	返			
二等	≥1	≥1	≥4	≥4	≤5	≤7	
三等	≥1	≥1	≥3	≥3	≤5	≤7	
四等	≥1	≥1	≥2	≥2	≤7	≤10	≤$\sqrt{2}(a+b \cdot D)$
一级	≥1	—	≥2		≤7	≤10	
二级	≥1	—	≥1		≤12	≤17	

水平角观测的主要技术要求　　　　表 7-9

测量等级	经纬仪型号	光学测微器两次重合读数差(")	半测回归零差(")	同一测回中2C较差(")	同一方向各测回间较差(")	测回数
二等	DJ$_1$	≤1	≤6	≤9	≤6	≥12
三等	DJ$_1$	≤1	≤6	≤9	≤6	≥6
	DJ$_2$	≤3	≤8	≤13	≤9	≥10
四等	DJ$_1$	≤1	≤6	≤9	≤6	≥4
	DJ$_2$	≤3	≤8	≤13	≤9	≥6
一级	DJ$_2$	—	≤12	≤18	≤12	≥2
	DJ$_6$	—	≤24	—	≤24	≥4

续上表

测量等级	经纬仪型号	光学测微器两次重合读数差(″)	半测回归零差(″)	同一测回中2C较差(″)	同一方向各测回间较差(″)	测回数
二级	DJ₂	—	≤12	≤18	≤12	≥1
	DJ₆	—	≤24	—	≤24	≥3

注:当观测方向的垂直角超过±3°时,该方向的2C较差可按同一观测时间段内相邻测回进行比较。

2)高程控制测量

在桥梁的施工阶段,为了作为放样的高程依据,应建立高程控制,即在河流两岸建立若干个水准基点。这些水准基点除用于施工外,也可作为以后变形观测的高程基准点。高程控制测量一般采用水准测量或三角高程测量。水准点应选择在地质条件好、地基稳定处。两岸桥头附近都应设置水准点。当引桥长于1 km时,在引桥的始站或终端应建立水准点。水准点的标石应力求坚实稳定。在上、下游设置两条过河水准路线而形成一闭合环。为了方便桥墩高程放样,在距水准点较远的情况下,应增设施工水准点。施工水准点可布设成附合水准路线形式。当水准路线需跨越较宽的河流或山谷时,需用跨河水准测量的方法建立桥梁高程控制,具体方法参见其他相关资料(如武大版《数字测图原理与方法》),这里不再赘述。高程控制网的等级选用见表7-10,技术要求见表7-11。

高程控制网的等级选用   表7-10

多跨桥梁总长 L(m)	单跨桥梁 L_K(m)	其他构造物	测量等级
$L \geqslant 3000$	$L_K \leqslant 500$	—	二等
$1000 \leqslant L < 3000$	$150 \leqslant L_K < 300$	—	三等
$L < 1000$	$L_K < 150$	高架桥	四等

高程控制网的技术要求   表7-11

测量等级	每公里高差中数中误差(mm)		附合或环线水准路线长度(km)
	偶然中误差 M_Δ	全中误差 M_W	
二等	±1	±2	100.0
三等	±3	±6	10.0
四等	±5	±10	4.0
五等	±8	±16	1.6

桥梁的高程控制网每一端应埋设1个以上的高程点,特大型桥应埋设2个以上的高程点。高程测量的主要技术要求见表7-12~表7-16。

水准测量的主要技术要求   表7-12

测量等级	往返较差、附合或环线闭合差(mm)		检测已测测段高差之差(mm)
	平原、微丘	重丘、山岭	
二等	$\leqslant 4\sqrt{l}$	$\leqslant 4\sqrt{l}$	$\leqslant 6\sqrt{L_i}$

续上表

测量等级	往返较差、附合或环线闭合差(mm)		检测已测测段高差之差(mm)
	平原、微丘	重丘、山岭	
三等	≤12$\sqrt{l}$	≤3.5$\sqrt{n}$或≤15$\sqrt{l}$	≤20$\sqrt{L_i}$
四等	≤20$\sqrt{l}$	≤6.0$\sqrt{n}$或≤25$\sqrt{l}$	≤30$\sqrt{L_i}$
五等	≤30$\sqrt{l}$	≤45$\sqrt{l}$	≤40$\sqrt{L_i}$

注:计算往返较差时,l为水准点间的路线长度(km);计算附合或环线闭合差时,l为附合或环线的路线长度(km);n为测站数。l_i为检测测段长度(km),小于1km时按1km计算。

光电测距三角高程测量的主要技术要求 表 7-13

测量等级	测回内同向观测高差较差(mm)	同向测回间高差较差(mm)	对向观测高差较差(mm)	附合或环线闭合差(mm)
四等	≤8$\sqrt{D}$	≤10$\sqrt{D}$	≤40$\sqrt{D}$	≤20$\sqrt{\sum D}$
五等	≤8$\sqrt{D}$	≤15$\sqrt{D}$	≤60$\sqrt{D}$	≤30$\sqrt{\sum D}$

注:D为测距边长度,以 km 计。

水准测量观测的主要技术要求 表 7-14

测量等级	仪器类型	水准尺类型	视线长(m)	前后视距差(m)	前后视距累积差(m)	视线高度(m)	基辅(黑红)读数差(mm)	基辅(黑红)高差较差(mm)
二等	DS$_{05}$	铟瓦	≤50	≤1	≤3	≥0.3	≤0.4	≤0.6
三等	DS$_1$	铟瓦	≤100	≤3	≤6	≥0.3	≤1.0	≤1.5
	DS$_2$	双面	≤75				≤2.0	≤3.0
四等	DS$_3$	双面	≤100	≤5	≤10	≥0.2	≤3.0	≤5.0
五等	DS$_3$	单面	≤100	≤10	—	—	—	≤7.0

光电测距三角高程测量观测的主要技术要求 表 7-15

测量等级	仪器	测距边测回数	边长(m)	垂直角测回数(中丝法)	指标差较差(″)	垂直角较差(″)
四等	DJ$_2$	往返均不小于2	≤600	≥4	≤5	≤5
五等	DJ$_2$	≥2	≤600	≥2	≤10	≤10

跨河水准测量两次观测高差之差 表 7-16

测量等级	高差之差(mm)	测量等级	高差之差(mm)
二等	≤1.5	四等	≤7.0
三等	≤7.0	五等	≤9.0

高程视线长度超过各等级水准测量标准视线长度 2 倍时,应按表 7-17 选择观测方式。

跨河高程测量的观测方法及跨越视线长度 表 7-17

观测方法	跨越视线长度(m)	观测方法	跨越视线长度(m)
直接读数法	三、四等时不大于300	倾斜螺旋法	≤1500
	五等时不大于500	测距三角高程法	≤3500
光学测微法	≤500		

7.4 桥梁基础施工测量

桥梁基础工程常用的有明挖基础、沉入桩基础、灌注桩基础、钢套箱(沉井)基础等,不同基础的施工放样方法不同,但测量定位的原理是相同的,是通过点的测量和控制来形成线和面的控制,通过高程测量控制竖直方向的分量,即通过平面坐标和高程来控制桥梁基础的空间位置。

7.4.1 明挖基础施工测量

明挖基础是桥墩台基础常用的一种形式,适用于地面无水的地基。它就是在墩台位置处先挖一基坑,挖至基底设计高程后,将坑底整平后,然后在基坑内砌筑或灌注混凝土基础及墩台身,当基础及墩台身出地面后,再用土回填基坑。

在进行基坑开挖边线放样时,首先定出墩台,根据纵横轴线护桩,在实地交出十字线,根据基坑的长度和宽度放出 A、B、C、D 角桩,撒白灰线即可,如图7-6所示。

在平坦地形,依照此方法即可放样出基坑边界线。当遇到倾斜地面和开挖深度较大的情况时,坑边要设一定的坡度,放样基坑边界线可采用试探法放样,根据坑底与原地面的高差及坑壁坡度计算开挖边界线与坑边距离,而坑边至纵横轴线的距离已知,则可根据图7-7所示的关系,按下列公式即可求出墩台中心至开挖边界线的距离 D:

$$D = \frac{B}{2} + H \times m$$

式中:D——坑底长度或宽度;

H——原地面与坑底高差;

m——坑壁坡度系数的分母项。

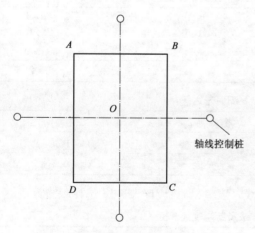

图7-6 平坦地面基坑边线

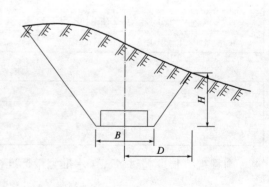

图7-7 基坑开挖边线放样

在地面上测设出开挖边界线后,根据角桩撒白灰线,据此进行基坑开挖。基坑挖到一定深度后,应根据已知水准点将高程引测至基槽内,必要时利用悬吊钢尺,并在距槽底0.5m处稳定的坑壁两侧布设临时水准点(水平桩),如图7-8所示,在即将挖到槽底设计高程时,用水准仪在基槽壁上每隔3～5m以及拐角处设置一些水平桩,使水平桩离槽底设计高程为整分米数,用以控制开挖基槽的深度和作为修平槽底、铺设垫层的依据。水平桩测设的允许误差为±10mm。当基坑开挖到设计高程后,将坑底整平,进行基础及墩台身的立模放样时,应将经纬仪架设在轴线上较远的一个护桩上,以另一个护桩定向,这时经纬仪的视线方向即为轴线方向。模板安装时,使模板中心线与视线重合即可。当模板的位置在地面下较深时,可以利用基坑两边设两个轴线控制桩,两点拉线绳及用锤球来指挥模板的安装,如图7-9所示。

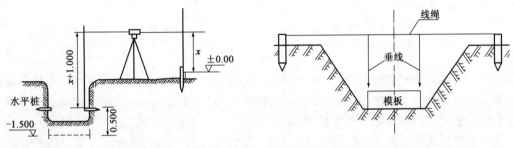

图7-8　基坑开挖深度施工测量(尺寸单位:m)　　　　　　图7-9　基础立模

打好垫层后,先将基础轴线投影到垫层上,再按照基础设计宽度定出基础边线,并弹墨线标明。基础完工后,应根据上述的桥位控制桩和墩、台控制桩用全站仪在基础面上测设出墩、台中心及其相互垂直的纵、横轴线,根据纵、横轴线即可放样桥台、桥墩的外廓线,并弹出墨线,作为桥台、桥墩立模板或砌筑的依据。基础开挖前,基础的轴线、边线位置及基底高程应精确测定,检查无误后方可施工。挖至高程的土质基坑不得长期暴露、扰动或浸泡,并应及时检查基坑尺寸、高程、基底承载力,符合要求后,应立即进行基础施工。

7.4.2　桩基础施工测量

桩基础是桥梁墩台基础常用的一种形式,根据施工方法的不同,桩基础可分为打入桩和钻(挖)孔桩。打入桩的施工方法,是预先将桩制好,然后在现场按设计位置及深度将其打入地下。而钻(挖)孔桩的施工方法,则是先在基础设计位置上钻(挖)好桩孔,然后在桩孔内放入钢筋笼,并浇注混凝土成桩。在桩基础完成后,在其上浇筑承台,使桩与承台连成一个整体。之后,再在承台上修筑墩身,如图7-10所示。

在桩基础施工前,需先放样出各桩的平面位置。在无水的情况下,每一根桩的中心点可根据已放样出的墩(台、索塔)中心点及其轴线位置,结合其在以桥墩(台、

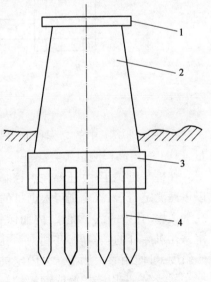

图7-10　桩基础与墩的关系
1-墩帽;2-墩身;3-承台;4-桩

索塔)纵、横轴线为坐标轴的坐标系中的设计坐标,用支距法进行测设,如图7-11a)所示。如果各桩为圆周形布置,则各桩多以其与墩(台、索塔)纵、横轴线的偏角和至墩(台、索塔)中心点的距离,用极坐标法进行测设,如图7-11b)所示。

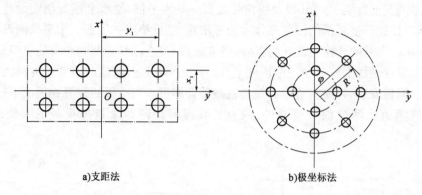

a)支距法   b)极坐标法

图 7-11 桩基础的放样

  一个墩(台、索塔)的全部桩位宜在场地平整后一次放出,并以木桩标定,以便桩基础的施工。若桩基础位于水中,则可利用已建立的桥梁施工平面控制点,采用方向交会法直接将每个桩位定出。若在桥墩(台、索塔)附近搭设有施工平台时,如图 7-12 所示,可先在平台上测定两条与桥梁中心线平行的直线 AB、$A'B'$,然后按各桩之间的设计尺寸定出各桩位放样线 1-1′、2-2′、3-3′…,沿此方向测距即可测设出各桩的中心位置。

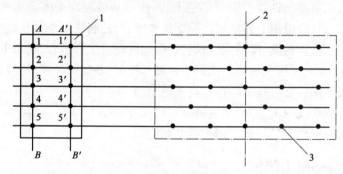

图 7-12 利用施工平台测设桩基位置
1-施工平台;2-桥梁中心线;3-桩位

  在桩基础施工中的高程控制可采用十字高程桩控制,同样可根据具体情况采用水准测量、EDM 三角高程测量等方法进行。

  在桩基础施工中,还要注意控制桩的深度和倾斜度。每个钻(挖)孔的深度可用线绳吊以重锤测定,打入深度则可根据桩的长度来推算。对于钻(挖)孔桩,由于打钻孔时为了防止孔壁坍塌,孔内灌满了泥浆,因而倾斜度的测定无法在孔内直接进行,只能在钻孔过程中测定钻孔机导杆的倾斜度,并利用钻孔机上的调整设备进行校正。钻孔机导杆以及打入桩的倾斜度,可使用靠尺测定。为固定桩位,导向钻头,一般需在钻孔桩孔口设置护筒。护筒根据实际情况,采用砖护筒或钢板护筒。护筒中心应与桩中心位于同一垂线。对于大型钻孔桩,也可以用超声孔径测斜仪来检测。超声孔径测斜仪是利用声波反射原理,将发射装置水平安装成方向相反的一对或互相垂直的两对,用钢丝沿理论中心下放仪器,仪器在下放及提升过程中,能测出中心至孔壁间的距离,并自动记录。该仪器还可在泥浆中使用,精度约 2cm。钻孔桩成孔并清理完孔底后,应测定孔底竣工高程,一般施测孔底均匀布设的上、下、左、右及中心五点,精度要求达到 ±5cm。

桩位放出后需用不同放样点位进行校核,确认无误后方可交付使用。施工中要埋设护桩,利用护桩可以在桩基施工过程中经常性检查桩位的正确性,确保桩基施工过程中桩位的变化能被及时发现,及时调整。钻进过程中还应经常检查桩位及桩的垂直度。成孔后,需严格校对孔底高程决定终孔。钢筋笼安装完成后,还必须对其中心进行测量,使其与桩位中心一致,并对钢筋笼位置加以固定。终桩时,桩头高程不得低于承台底高程。

在桩基础灌注完成后,放样承台开挖边线,方法与明挖基础相同,弹墨线开挖至承台底高程,在桩上用红油漆标出桩顶设计高程位置,凿去上部废桩,对每个桩的中心位置应进行重新测定,并检查桩位误差,作为竣工资料,然后平整基底,放样墩台中心及角桩,弹出墨线,以便立模。

承台的施工测量用极坐标法,将全站仪置于就近的控制点,放样承台中心坐标,检查其与桩的相对间距,再投放出十字线护桩。护桩数量、设置方法视现场具体情况确定,并应满足正确定位和施工放样的要求。以护桩为施工基准线,开挖基坑,投放承台十字线或立模工作线。模板检查可以利用十字线拉弦线吊线锤,将点过渡到模板顶检查模板尺寸,不合格重复调整至满足规范要求。也可利用仪器置镜将十字线点投到模板,并协助检查模板,调整模板直到合格为止。模板平面尺寸合格后,设定承台待浇筑混凝土面的高程,进行下一道工序施工。

7.4.3　钢套箱(沉井)基施工测量

钢套箱或沉井一般用于河海中的基础施工,是承台施工的模板和挡水结构物,承台的施工放样也就等同于钢套箱(沉井)的定位放样,精度相同。

图7-13为沉井示意图,沉井制作好以后,在沉井外壁用油漆标出竖向轴线,在竖向轴线上隔一定的间距做标尺。标尺的尺寸从刃脚算起,刃脚的高度应从井顶理论平面往下量出。四角的高度如有偏差应取齐,可取四点中最低的点为零点。沉井接高时,标尺应相应向上画。

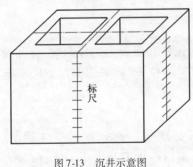

图7-13　沉井示意图

沉井下沉过程中,一组人员在沉井两平面轴线方向同时安置测角仪器,瞄准沉井轴线方向后,调整沉井使其竖向轴线与望远镜竖丝重合,从而确保沉井的几何中心在下沉过程中不致偏离设计中心;另一组人员在井顶测点竖立水准尺,用水准仪将井顶与水准点联测,计算出沉井的下沉量或积累量,了解沉井下沉的深度。沉井下沉时的中线及高程控制,至少沉井每下沉1m检查一次。如果发现沉井有位移或倾斜时,应立即纠正。在水准测量条件不允许的情况下,沉井下沉前的高程测放和在下沉过程中的监控可采用电磁波三角高程测量。

沉井下沉过程中的平面位置应用极坐标法或角度交会法进行检测。采用角度交会法测量时交会角应尽量接近60°,同时,必须用三个控制点进行交会。

下面以杭州湾大桥主塔钢套箱定位为例说明钢套箱(沉井)的施工放样测量工作。杭州湾跨海大桥主塔钢套箱的测量定位主要有三项内容:①钢管桩的竣工测量,指导钢套箱底板开孔;②承重梁销接牛腿位置在钢套箱侧板上的放样;③钢套箱承重梁下弦杆在外围8根钢管桩上的定位放样。具体步骤如下。

1）控制点的布设

为了便于施工放样，首选施工优先墩，在优先墩承台顶面上布设好控制点，采用 GPS 静态观测方法进行平面控制网和水准高程贯通测量，与岸上的基准站进行联测，用 TGO 软件进行平差解算。

2）基础桩的竣工测量

沉桩到位后，在上下游桩群中各选一根倾斜度较小的桩作为基准桩，标识切桩线，用连通水管引测到其他桩身上；切桩后，使用杭州湾大桥海上打桩 GPS – RTK 定位系统复测桩位和高程。测量高程作为切桩基准。切桩后，仍使用海上打桩 GPS-RTK 系统复测钢管桩的高程和桩位。测量时，将专用十字架，如图 7-14 所示，搁置在桩顶上，测出桩顶的实际中心坐标，计算桩顶偏位。

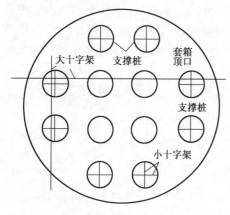

图 7-14 钢护筒定位测量示意图

十字架用两条 10mm×50mm×1700mm 的木板制作而成，交叉点与桩中心重合。然后，采用桩顶吊线锤和三角板读数的方法，测出桩顶以下 3m 处的桩中心坐标，计算桩的倾斜度和扭角。

3）钢套箱底板开孔放祥

先在底板上放出承台的纵横轴线，用全站仪将纵横轴线反映到顶口，然后根据实测的桩顶中心坐标、倾斜度和平面扭角，计算出桩身在钢套箱底面设计高程处的实际中心坐标，用钢尺量距法在底板上标出每根桩的中心点，随后进行开孔。

考虑到桩身全部是倾斜的，在套箱下放时要占有更大的孔洞面积，因此，取 2m 长桩身在套箱底板上的投影，再扩大 15cm 作为开孔边线。

4）承重梁销接牛腿位置在钢套箱侧板上的放样

先在底板上放出承台的纵横轴线，再定出连接牛腿的上弦杆在底板上的投影线，将此投影线反映到套箱顶口，并作标记，上下标记相连形成牛腿的竖向位置线，采用钢尺量距法定出牛腿的位置。

5）套箱安装时的测量定位

（1）实测桩顶中心坐标和高程后，在支撑桩的顶口画出安装小十字线，如图 7-14 所示。放置小十字架，根据内承重梁理论边线和实测桩位，在套箱顶口画出安装大十字线，放置大十字架。根据大小十字架的位置，指导套箱的下放安装。

（2）在优先墩的控制点上架设全站仪，后视另一优先墩上控制点，在钢管桩支承牛腿上放样安装控制点和定位线，并在偏移定位线 2cm 处焊接导向定位槽钢，以此来限制承重梁下弦杆的位置，进而控制整个套箱。

（3）可采用倒塔尺法检查钢套箱顶口是否水平。若不水平，可调节套箱的底部高度，使顶口保持水平。同样，钢套箱的承重梁也应抄平，可在钢套箱内架设水准仪，采用悬挂钢尺或倒塔尺法检查。

（4）套箱安装时,用水平尺来检查套箱的垂直度,通过调整浮吊的位置和臂杆幅度来进行调整,使得偏位在限差内。

（5）套箱安装完毕后,先用水平尺检查套箱的水平和垂直度,再用常规仪器架设在优先墩上,测出套箱的纵横轴线和高程,得到套箱的顶口中心坐标,验算偏位,然后推算出底口中心坐标,验算偏位,直到偏位满足设计及规范要求为止。

7.5 桥梁墩、台、索塔施工测量

7.5.1 墩、台、索塔的定位

在桥梁基础施工之前,首先须将设计的桥墩(台、索塔)中心的平面位置和它的纵横轴线在实地放样出来,此项工作称为墩、台、索塔的定位。墩、台、索塔定位的方法,可视桥梁大小、仪器设备、地形以及设计要求等情况,采用直接测距法、极坐标法、方向交会法或 GNSS 方法等。

直线桥梁墩台定位所依据的原始资料为桥轴线控制桩的里程和墩台中心的设计里程,根据里程算出它们的距离,按照这些距离定出墩台中心的位置。曲线桥所依据的原始资料,除控制桩及墩台中心的里程外,还有桥梁偏角、偏距及墩距或结合曲线要素计算出的墩台中心的坐标。

水中桥墩基础施工定位时,由于水中桥墩基础的目标处于不稳定状态,在上面无法稳定测量仪器,一般采用方向交会法;如果墩位在无水或浅水河床上,可用直接定位法;在已稳固的墩台基础上定位,可以采用方向交会法、距离交会法和极坐标法。

1）直线桥墩、台、索塔中心放样

直线桥墩台中心都位于桥轴线方向上。墩台中心设计里程及桥轴线起点里程是已知的,如图 7-15 所示,相邻两点里程相减即可求得它们之间的距离。根据地形条件,可采用直接测距法或交会法测设出墩台中心位置。

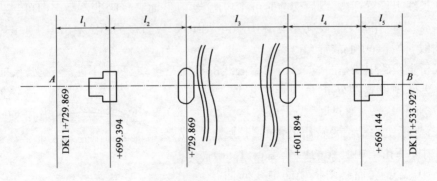

图 7-15 直线桥墩台定位(单位:m)

这种方法适用于无水或浅水河道。

（1）用检定过的钢尺测设

根据计算出的距离,从桥轴线的一个端点开始,逐个测设出墩、台中心,并附合于桥轴线的另一个端点上。若在限差范围之内,则依各端距离的长短按比例调整已测设出的距离。

在调整好的位置上钉一小钉,即为测设的点位。

（2）用光电测距仪测设

在桥轴线起点或终点架设仪器,并照准另一个端点。在桥轴线方向上设置反光镜,并前后移动,直至测出的距离与设计距离相符,则该点即为要测设的墩、台中心位置。为了减少移动反光镜的次数,在测出的距离与设计距离相差不多时,可用小钢尺测出其差数,以定出墩、台中心的位置。

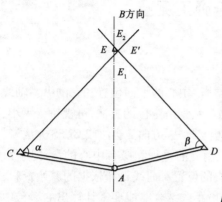

图 7-16 交会法定墩台位置

（3）角度交会法

当桥墩位于水中,无法直接丈量距离及安置反光镜时,则采用角度交会法,步骤如下:

①建立控制网:如图 7-16 所示,C、A、D 为控制网的三角点,且 A 为桥轴线的端点,E 为墩中心设计位置。C、A、D 各控制点坐标已知,若墩心 E 的坐标与之不在同一坐标系,可将其进行改算至统一坐标系中。

②计算测设数据:利用坐标反算公式可推导出交会角 α、β。利用坐标反算公式即可推导出交会角 α、β。当然也可以根据正弦定理或其他方法求得。测设:在 C、D 点上安置经纬仪,分别自 CA 及 DA 测设出交会角 α、β,则两方向的交点即为墩心 E 点的位置。为了检核精度及避免错误,通常还利用桥轴线 AB 方向,用三个方向交会出 E 点。

③检核:由于测量误差的影响,三个方向一般不交于一点,而形成一如图 7-16 所示的三角形 E_1E_2E',该三角形称示误三角形。示误三角形的最大边长,在建筑墩台基础时不应大于 25mm,墩身时不应大于 15mm。如果在限差范围内,则将交会点 E' 投影至桥轴轴线上,作为墩中心 E 的点位。

随着工程的进展,需要经常进行交会定位。为了工作方便,提高效率,通常都是在交会方向的延长线上设置标志,以后交会时可不再测设角度,而直接瞄准该标志即可。当桥墩筑出水面以后,即可在墩上架设反光镜,利用光电测距仪,以直接测距法定出墩中心的位置。

2）曲线桥墩、台中心放样

曲线桥上线路中线是曲线,每跨梁中心线的连线是折线,两者不能完全吻合,曲线桥墩台定位,就是测设这些转折角顶点的位置。如图 7-17 所示。车辆通过时,桥梁必然承受偏心荷载,为了使桥梁承受较小的偏心荷载,桥梁设计中,每孔梁中心线的两个端点并不位于线路中心线上,而必须将梁的中线向曲线外侧移动一段距离。墩、台中心与线路中心的距离叫作桥墩偏距 E。偏距 E 一般是以

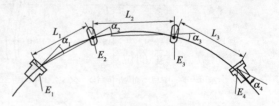

图 7-17 曲线桥墩台示意图

梁长为弦线的中矢值的一半,称为平分中矢布置。相邻两梁跨工作线构成的偏角叫作桥梁偏角 α。桥梁工作线每段折线的长度叫作桥墩交点距（中心距）L。相邻两跨梁的端点在桥梁上（曲线内侧）要留一间隙（伸缩缝）叫作跨梁间隙 $2a$。

E、α、L 在设计图中都已经给出,结合这些资料即可测设桥墩、台中心位置(1、2、…、K)。

曲线上的桥梁是线路组成的一部分,故要使桥梁与曲线正确地连接在一起,曲线桥测设的精度要求较高,需要用精确的方法重新测定曲线转向角,重新计算曲线综合要素,精密地测设曲线主点,需对线路进行复测。

由于桥轴线的精度要求较高,要设置桥轴线控制点(桩)。曲线桥墩、台点位的测设精要求较高,距离和角度要精密测设,在测设过程中一定要多方检核。

(1)曲线线路复测和桥轴线控制桩的测设:

在桥轴线的两端测设出两个控制点,以作为墩、台测设和检核的依据。两个控制点测设精度同样要满足估算出的精度要求。在测设之前,首先要从线路平面图上弄清桥梁在曲线上的位置及墩台的里程。

①复测:

检查切线上的线路控制点(ZD、JD、ZH、HZ)要位于相应的直线上;

精测转向角,计算综合要素,精测切线距离 T。

②测设控制桩 A、B:

切线方向用切线支距法进行;

在图上先设计好点位,把 A、B 两点在切线坐标系内的 x、y 算出;

精确地将桥轴线上的控制桩 A、B 测设出来,打桩。

(2)墩台中心的测设:

根据控制桩 A、B 及给出的设计资料进行墩、台的定位。

根据条件,采用直接测距法或交会法。

①直接测距法(适用于干旱河沟)

导线法:由于墩中心距 L 及桥梁偏角 α 是已知的,可以从控制点 A 开始,逐个测设出角度及距离,即直接定出各墩、台中心的位置,最后再附合到另外一个控制点 B 上,以检核测设精度(偏角应以 $2''$ 仪器测设两测回)。

长弦偏角法(极坐标法):用测距仪测距较方便。桥轴线控制桩 A、B 及各墩、台中心点 1、2、3 在切线坐标系内的坐标是可以求得的,故可反算出控制点 A 至墩、台中心的距离 D_i 及其与切线方向间的夹角 δ。架仪器于控制点 A,后视 JD 配盘 O,拨出偏角 δ,再在此方向上测设出 D,如图 7-18 所示,即得墩、台中心的位置。

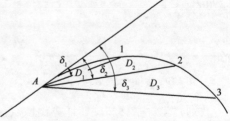

图 7-18 长弦偏角法定位

该方法的特点是:独立测设,各点不受前一点测设误差的影响,但在某一点上发生错误难于发现,所以一定要对各个墩台中心距进行检核测量,可检核相邻墩台中心间距,若误差在 2cm 以内时,则认为成果是可靠的。

②角度交会法

当桥墩位于水中,无法架设仪器及反光镜时,宜采用交会法。

墩位坐标系与控制网的坐标系必须一致,才能进行交会数据的计算。如果两者不一致时,则须先进行坐标转换。以桥梁所在曲线的一条切线为 x 轴,以 ZH(HZ)或位于直线上的控制点(如 A 点)为原点。

交会数据的计算:与直线桥时类似,根据控制点及墩位的坐标,通过坐标反算出相关方向的坐标方位角,再依此求出相应的交会角度。三方向交会时,当示误三角形的边长在容许范围内时,可取其重心作为墩中心位置。

7.5.2 墩、台、索塔中心坐标计算

1)公路桥墩台坐标计算

采用极坐标放样法,墩台中心坐标计算如下:

(1)桥墩台位于直线上

直线段起点桩号 l_Q,坐标 (X_Q,Y_Q),直线段坐标方位角 α,直线段上一点 l_i 的坐标计算公式为:

$$\begin{cases} X_i = X_Q + (l_i - l_Q) \times \cos\alpha \\ Y_i = Y_Q + (l_i - l_Q) \times \sin\alpha \end{cases} \tag{7-11}$$

(2)桥墩台位于缓和曲线上

如图 7-19 所示,在以缓和曲线起点桩号 l_Q 坐标 (X_Q,Y_Q) 为坐标原点,起点切线(切线坐标方位角 α)为 X 轴,垂线为 Y 轴的直角坐标系 $X'OY'$ 中,曲线上一点 i 的切线正支距坐标可由下式求得:

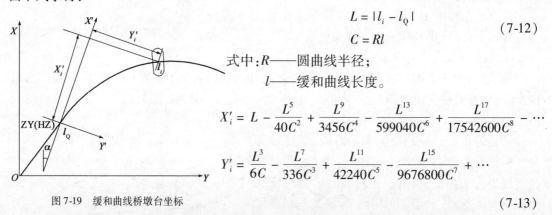

$$L = |l_i - l_Q| \tag{7-12}$$
$$C = Rl$$

式中:R——圆曲线半径;

l——缓和曲线长度。

$$X'_i = L - \frac{L^5}{40C^2} + \frac{L^9}{3456C^4} - \frac{L^{13}}{599040C^6} + \frac{L^{17}}{17542600C^8} - \cdots$$

$$Y'_i = \frac{L^3}{6C} - \frac{L^7}{336C^3} + \frac{L^{11}}{42240C^5} - \frac{L^{15}}{9676800C^7} + \cdots$$

图 7-19 缓和曲线桥墩台坐标

$$\tag{7-13}$$

再通过坐标平移和旋转计算出该点在大地坐标系 XOY 中的坐标 (X_i,Y_i):

$$X_i = X_Q + X'_i\cos\alpha - Y'_i\sin\alpha$$
$$Y_i = Y_Q + X'_i\sin\alpha + Y'_i\cos\alpha \tag{7-14}$$

当起点为直缓点时,(X_Q,Y_Q) 为直缓点坐标,l_Q 为直缓点里程。左偏时,$Y'_i = -Y'_i$ 将代入。

当起点为缓直点时,(X_Q,Y_Q) 为缓直点坐标,l_Q 为缓直点里程。右偏时,$Y'_i = -Y'_i$ 将代入。

(3)桥墩台位于圆曲线上

如图 7-20 所示,当桥墩台位于圆曲线上时,圆曲线半径为 R,起点里程为 l_Q,起点坐标为 (X_Q,Y_Q),起点的切线方位角为 α,曲线上一点 i 的坐标可用下式直接求得:

$$L = |l_i - l_Q|$$

$$S = 2R\sin\frac{L}{2R}$$

$$\alpha_i = \alpha \pm i = \alpha \pm \frac{L \times 180°}{2\pi R}$$

$$X_i = X_Q + S\cos\alpha_i$$

$$Y_i = Y_Q + S\sin\alpha_i \qquad (7\text{-}15)$$

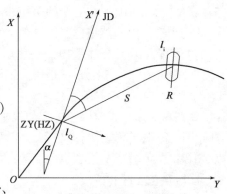

图 7-20 圆曲线桥墩台坐标

式中的"±",左偏取"−",右偏取"+"。

2)铁路桥墩台坐标计算

(1)直线桥坐标计算

如图 7-21 所示,铁路直线桥梁中心线与线路中心线吻合,即桥梁墩台中心均位于桥轴线方向上。在桥梁施工坐标系统中,各墩台中心的横坐标 $x=0$,控制点 B 的里程等于控制点 A 的里程加桥轴线长,已知各墩台中心设计里程,则各墩台中心的纵坐标等于墩台中心与控制点的里程之差。

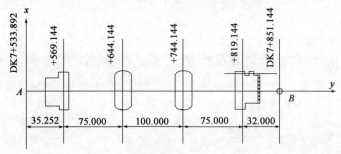

图 7-21 直线桥坐标计算(尺寸单位:m)

设控制点 A 的里程为 $\mathrm{DK_A}$,第 i 号墩的里程和纵横坐标分别为 DK_i 和 (x_i, y_i),则:

$$x_i = \mathrm{DK}_i - \mathrm{DK_A}$$

$$y_i = 0 \qquad (7\text{-}16)$$

(2)曲线桥墩台坐标计算

①桥梁在曲线上的布置

如图 7-22 所示,桥梁位于曲线上,线路中线呈曲线,而每孔梁中线是直线,两者不吻合。梁在曲线上布置是将各跨梁的中线连接起来,成为与线路中线基本符合的折线,这条折线称为桥梁工作线,也称为墩中心距,用 L 表示。桥墩的中心一般位于工作线转折角的顶点上。相邻梁跨工作线所构成的偏角 α 称为桥梁偏角。

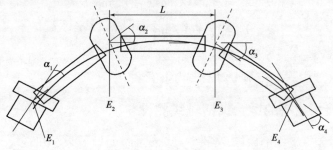

图 7-22 曲线桥坐标计算

在桥梁设计中,梁中心线的两端并不位于线路的中心线上,因为如果位于线路的中心线上,梁的中部线路必然偏向梁的外侧,当列车通过时,梁的两侧受力不均。为了尽可能使受力均匀,就必须将梁的中线向外侧移动一段距离 E,这段距离称为桥梁偏距。由于桥梁偏角 α 很小,故可以认为偏距 E 就是桥梁工作线各转折点相对线路中线外移的距离。

②墩台中心坐标计算

铁路桥梁坐标系统一般采用切线坐标系统,因此可以以 ZH(直缓点)、HZ(缓直点)分别建立坐标系,计算墩台坐标,分别利用两个坐标系测设,无须统一在一个坐标系中。坐标系以 ZH(HZ)为坐标原点,到 JD(交点)方向为 x 轴正方向,过原点垂直于切线方向为 y 轴。

a. 墩台位于缓和曲线上。

如图 7-23 所示,A 为工作线交点,A' 为桥墩横向轴线与线路中线的交点。计算线路中线上 A' 点的坐标公式为:

$$x_{A'} = l - \frac{l^5}{40R^2l_0^2}$$

$$y_{A'} = \frac{l^3}{6Rl_0} - \frac{l^7}{336R^3l^3} \tag{7-17}$$

式中:R——圆曲线半径;

l_0——缓和曲线全长;

l——待求点至 ZH(HZ)的曲线长。

如图 7-23 所示,工作线交点 A 的坐标为:

$$x_A = x_{A'} + \Delta x = x_{A'} + E\sin\beta$$

$$y_A = y_{A'} + \Delta y = y_{A'} + E\cos\beta$$

$$\beta = \frac{90l^2}{\pi Rl_0} \quad (°)$$

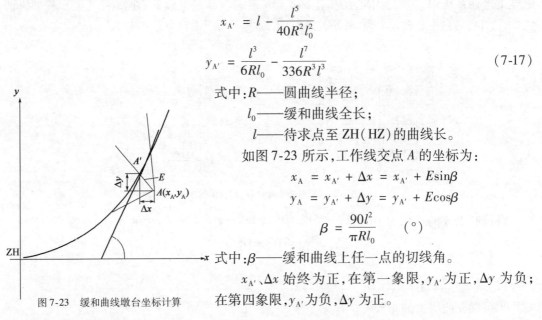

图 7-23 缓和曲线墩台坐标计算

式中:β——缓和曲线上任一点的切线角。

$x_{A'}$、Δx 始终为正,在第一象限,$y_{A'}$ 为正,Δy 为负;在第四象限,$y_{A'}$ 为负,Δy 为正。

b. 墩台位于圆曲线。

如图 7-24 所示,工作线交点坐标计算公式为:

$$x_C = (R + E)\sin(\beta_0 + \theta) + m$$

$$y_C = (R + P) - (R + E)\cos(\beta_0 + \theta)$$

$$\theta = \frac{180°}{\pi R}S \tag{7-18}$$

式中:θ——C' 至 HY 点弧长 S 所对的圆心角。

在第一象限 y_C 为正值,在第四象限 y_C 为负值。

7.5.3 墩、台、索塔的墩台纵横轴线测设

为了进行墩台施工的细部放样,需要对其纵横轴线进行测设。在直线上,纵轴线指过墩台中心平行于线路方向的轴线;曲线上是过墩台中心与该点切线方向平行的轴线。而横轴

线即是过墩台中心与纵轴垂直的轴线。

如图7-25a）所示，公路、铁路直线桥墩纵轴线与桥轴线相重合，无须另行测设，在横轴线测设时，只需在墩台中心架设仪器，自纵轴线方向测设90°角或90°减斜交角度，即为横轴线方向。

在曲线桥的墩台纵轴线测设时，如图7-25b）所示，由于相邻墩台中心曲线长度为 l，曲线半径为 R，则：

$$\frac{\alpha}{2} = \frac{l}{2R} \times \frac{180°}{\pi}$$

测设时，需在墩台中心架设仪器，照准相邻的墩台中心，测设角度 $\alpha/2$，即为纵轴线方向，横轴线与直线桥墩测设方法一致。

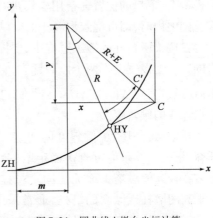

图7-24 圆曲线上墩台坐标计算

C-工作线交点；C'-交点所对应之线路中线点

在施工过程中，墩台中心定位桩往往会被破坏，但施工中常需要恢复，因此在施工范围外就需要钉设护桩，依此来恢复墩台中心位置。在水中的桥墩，由于不能架设仪器，也不能钉设护桩，所以暂不测设轴线，待筑岛、围堰或沉井露出水面后，再利用它们钉设护桩，准确测设出墩台中心及纵横轴线。

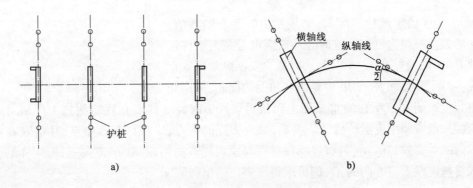

图7-25 墩台纵横轴线测设

护桩就是在纵横轴线上，于两侧不被干扰的位置各钉不少于2根木桩，可多钉几根以防被破坏，且编号以避免混淆。

7.5.4 墩、台的细部施工测量

桥梁墩、台除基础部分外，主要是由墩（台）身、墩（台）帽组成。墩台细部放样，就是根据施工的需要，从下至上分段地将墩台各部分的尺寸相对应的位置测设到施工的作业面上，这项工作自始至终贯穿于墩台施工的全过程。

墩台的细部放样，是在中心定位和标定纵横轴线的基础上进行的。如果在施工中由于墩台逐段加高或其他某种原因，纵横轴线遭到破坏，这时应根据护桩或交会定位的方法恢复轴线，然后再进行细部放样。所以桥墩台的中心定位与细部放样工作有时是交织在一起反复进行的。一般来说，墩台施工中的测量工作，就是要使整个构造物在平面和高程方面都能

满足设计要求。墩台的施工测量主要是控制模板上、下口的位置和混凝土浇筑的顶面高程。而模板上、下口的位置通常用坐标进行控制,通过测量其坐标与设计坐标比较,使差值在允许范围之内时,即可浇筑混凝土。

在桥梁墩台柱的施工过程中,要控制好墩(台)柱的垂直度或倾斜度。一般在模板上、下口的立面上设置上下两个监测标志,它们的高差为 h,用全站仪把上标志中心的平面坐标测出后,通过公式 $\Delta s = \sqrt{\Delta x^2 + \Delta y^2}$,即可求得两标志点之间的平距 Δs,则 $i = \Delta s / h$ 为两标志中心点连线的倾斜度。

桥梁墩台(塔)的倾斜度的测定,最简单的方法是悬吊锤球,根据其偏差值可直接确定墩、台或塔的倾斜度,但是有时在较高的墩塔上面无法固定悬挂垂球的钢丝,因此对于很高的墩柱或倾斜的塔柱,通常采用经纬仪投影或测平面坐标的方法来测量它们的倾斜度。

如图 7-26 所示,根据墩柱设计,A 点与 B 点位于同一竖直线上,墩柱的高度 h,当墩柱发生倾斜时,A 点相对于 B 点沿水平方向移动了某一距离 a,则该墩柱的倾斜度为:

$$i = \tan\alpha = \frac{a}{h}$$

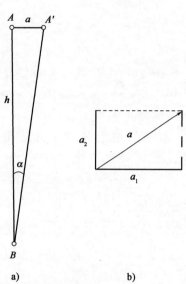

图 7-26　墩柱倾斜示意图

因此,为了确定墩柱的倾斜,必须量出 a 和 h 的数值,其中 h 的数值一般为已知。这时经纬仪应设置在离墩柱较远的地方(距离最好在 $1.5h$ 以上),以减少仪器纵轴不垂直的影响。对于 a 值而言,如果 A' 是塔柱角上的标志,可用经纬仪将其投影到 B 点所在的水平面上而量得。投影时经纬仪要在固定测站上严格对中整平,用盘左、盘右两个度盘位置往下投影,取投影点的中点,以视线瞄准中点,并量取 B 点对视线方向的垂直偏离值 a_1,再将经纬仪移到与原观测方向约成 90°的方向上,用同样的方法可以求得与视线垂直方向的 a_2,即可求得该塔柱的偏移值 a。

7.5.5　桥墩台顶帽放样

当墩台砌筑至离顶帽底 $30 \sim 50\text{cm}$ 时,应根据纵横轴线的护桩恢复其纵横轴线,纵横轴线的恢复即是在墩台身一侧的护桩上架设经纬仪,照准另一侧的护桩。但由于墩台身浇筑以后,视线受阻,无法通视,此时就需要在墩身尚未阻挡之前先将其轴线用红油漆标记在已浇筑的墩身上,以后恢复轴线只需要将经纬仪架设在护桩上,照准这个方向标志点即可。然后根据纵横轴线支立墩台帽模板,安装锚栓孔、钢筋,并根据设计图纸所给的数据,从纵横轴线放出预埋支座垫石钢筋位置,为确保顶帽中心位置、预埋件位置的正确,在浇筑混凝土之前,应再进行一次复核。在全站仪普遍应用于施工单位的当今社会,也可将预埋件位置直接放样在已绑好的钢筋骨架上。

顶帽立模应注意轴线关系,基础中心线、墩中心线、梁工作线之间及支座布置,如图 7-27 所示。

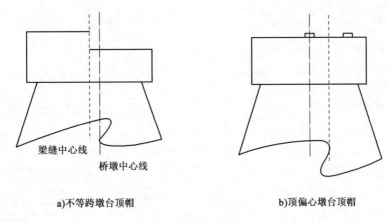

a)不等跨墩台顶帽　　　　　　　　　　　　b)顶偏心墩台顶帽

图 7-27　墩台中心线关系

7.5.6　高塔柱的细部施工测量

高塔柱施工测量与桥梁墩、台的施工测量相同,但作为斜拉桥或悬索桥的主塔施工测量有其特殊性。高塔柱施工测量的重点是保证塔柱各部分的空间位置正确,其主要任务有:塔柱各节段的轴线放样;劲性骨架与劲性柱的定位与检查;模板的定位与检查;高程传递测量。

斜拉桥或悬索桥的主塔相对高度较大,如果是在陆地上施工的旱桥,施工放样比较容易,各项测量工作都可以在施工控制点上直接进行极坐标放样。但是大部分斜拉桥或悬索桥位于河流上,其主塔都位于主航道附近,距离岸边较远,直接利用岸上的施工控制点来完成塔柱轴线测量及上述测量任务,精度难以满足施工的需要。因此根据塔柱的结构特点,结合施工现场情况,对于不同的施工阶段,在不同的施工部位应建立相应的施工控制方法。

1)高塔柱施工控制的建立

以武汉长江二桥为例,如图 7-28 所示,在塔桩基础的承台上建立控制点作为下塔柱及下横梁施工阶段放样的依据。墩中心点 A 将作为整个塔柱平面控制的基准,上投到下横梁和上横梁。A 点的位置确定是整个塔柱控制的重点,可采用极坐标法和距离交会法来精密定位。在墩中心线距 A 点上、下游各 7m 处布设平面控制点 B、C 作为检核与备用点。高程基准采用三角高程测量方法由岸上精密传递,在承台平面上的上、下、南、北共设 4 个水准点。中心点和高程点须由测量监理工程师复测认可,最后作为整个塔柱施工放样的基准。对称于中心的 4 个水准点,除作为高程控制外,还可用来观测塔墩的沉降情况:通过定期观测其绝对高程变化可确定绝对沉降值;通过观测其相对高差变化而确定不均匀沉降和塔柱的倾斜情况。

根据主塔施工的阶段性,于下横梁竣工后,在其顶面建立如图 7-29 所示的控制点,作为中塔柱及上横梁施工阶段放样的依据。A 为墩中心点,B、C 在墩中线上且距 A 点 11.7m。水准点也布设了上、下、南、北 4 点,为了便于基准点的向上传递,结合下横梁的结构,在桥轴线上适当位置布置了一直径约为 150mm 的预留孔。

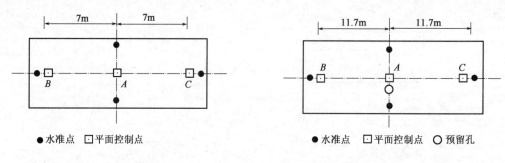

图 7-28　下塔柱施工控制点　　　　　　　图 7-29　中塔柱施工控制点

上横梁竣工后,考虑到上塔柱的具体外形及上塔柱索道管定位的特殊要求,为便于上塔柱施工,在其顶面上,布设了如图 7-30 的控制点。A 为墩中心点,J 为预留孔,供传递中心基准点用。另设有 I、K 两孔,它们在墩中心线上且距墩中心点 A 为 11.7m,孔 I、K 可作为投点检核用,同时也是塔柱日照扭转变形观测和监控状态下梁体施工时观测塔柱变形的预留孔。矩形控制网点 M、N、L、P 建立在上塔柱"H"形断面内,可直接用来控制上塔柱及索道管的施工。

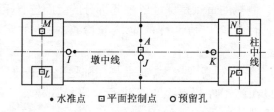

图 7-30　主塔上部结构施工控制点分布图

2)塔柱施工测量基准的传递

由各层控制点的布设情况可知,整个塔柱施工测量的平面基准为基础承台平面的墩中心点,高程基准为该平台上的 4 个水准点。平面基准的传递分为两次进行,第一次是在下横梁竣工后,借助于预留孔,将承台顶面的墩中心点铅直地投到下横梁顶面,以建立如图 7-28 所示的平面控制点线;第二次是在上横梁竣工后,将墩中心点再次铅直上投到上横梁顶面,建立如图 7-29 所示的上塔柱及索道管定位平面控制网点。墩中心点的传递是整个塔柱施工测量的关键,其正确与否直接影响塔柱及索道管定位的质量,基准点向上传递的方法很多,利用激光铅直仪精密投点是其中方法之一。

高程基准的传递常采用检定过的钢尺传递,传递时如图 7-31 所示,同时设置两台水准仪,两根水准尺,一把钢尺。将钢尺悬挂在固定位置,零点端在下。下面的水准仪 1,在起始水准点上的水准尺 3 上读数得 a,在钢尺上读取 r_1,上面的水准仪 2 同时在钢尺上读取 r_2,在待定水准点上的水准尺 4 读取 b,所有测量与计算过程按精密钢尺量距方法进行。为检核,后视 3 应分别立于上、下、南、北的 4 个水准点上,钢尺应变换三次高度,取均值作为最后结果。对于整个塔柱的高程基准,即基础承台顶面上的 4 个水准点,应定期与岸上水准点进行联测,以确定其沉降量。

3）塔柱施工放样的方法

在塔柱的施工放样中,劲性骨架或劲性架的放样和塔柱中心十字线的放样方法基本相同。以塔柱中心十字线的放样为例:下、中塔柱都是倾斜的柱体,其放样方法基本相同。下、中塔柱横桥向中心线与墩中心线一致,放样比较方便,一般是在墩中心架设全站仪,后视桥轴线方向,旋转90°就可直接投放不同高度上的横桥向中心线。但下、中塔柱的顺桥向中心线随着高度的不同,其到桥轴线的距离各不相同,其实际距离可以根据图纸的详细尺寸计算出不同高度的放样数据。而实际放样都是采用全站仪或经纬仪配合钢尺量距的方法进行。具体的方法是:采用极坐标的方法,在墩中心点架设全站仪,后视桥轴线方向,利用弯管目镜可以建立起一个过桥

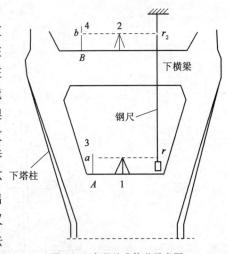

图 7-31　高程基准传递示意图

轴线的铅直面,能够方便地确定不同高度上的桥轴线的位置,这样可以通过测距或直接测量中心点的坐标,来测设塔柱不同高度上的中心点。

7.5.7　索塔的施工测量

索塔造型的主要结构包括直塔柱、斜塔柱、下横梁以及索塔附属结构设施。以下列出了索塔施工测量主要技术指标:

（1）索塔垂直度误差:顺桥向不大于塔高的1/3000;横桥向不大于塔高的1/5000;

（2）索塔轴线偏差:顺桥向不大于±10mm,横桥向不大于±5mm;

（3）断面尺寸偏差:顺桥向不大于±20mm,横桥向不大于±10mm,壁厚 ≤ ±5mm;

（4）塔顶高程偏差: ≤ ±10mm;

（5）斜拉索锚固点高程偏差 ≤ ±5mm,斜拉索锚固点平面偏差 ≤ ±10mm。

索塔的施工测量与高塔柱施工测量相同,但作为悬索桥的主塔施工测量有其特殊性。不同结构的索塔,其施工方法和施工测量控制的方法也不相同。桥梁设计中,由于索塔结构及尺寸(如索塔总高度、索塔底面高程、塔顶高程等)不同,对施工放样测量的精度要求也不一样,但是实施放样测量的方法和原理基本类似。

以江阴长江大桥索塔施工测量为例,介绍索塔施工测量的方法。

江阴长江大桥是20世纪"我国第一,世界第四"箱梁悬索桥,桥跨长为1385m。南岸索塔高186.846m,塔顶高程为192.846m,大桥主塔顶理论缆索中心高程196.236m,桥塔由两列塔柱、三道横梁组成门式空心混凝土框架结构,索塔断面为六边形,两列塔柱横桥向内倾,倾斜度为1/50,纵桥向收坡、塔柱底部尺寸纵桥向方向最大长度为14.5m,横桥向方向宽6m,上中下3道横梁截面高度为11m,如图7-32所示。索塔施工采用爬架拆翻模板施工工艺,除了使索塔施工满足设计提出的精度要求外,还要求施工测量控制尽量满足施工方法的要求,测量方法简单可靠、定位迅速,指导模板调整方法直观。另外考虑到索塔的地理位置和现场条件,提出了采用三维坐标法施工测量方法。

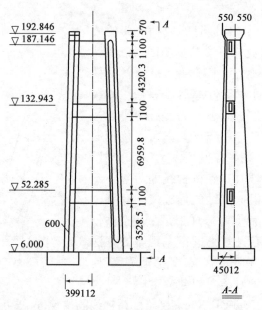

图 7-32　索塔纵横向示意图(尺寸单位:mm)

1) 索塔施工控制网的建立

为了控制索塔的施工测量位置,保证塔柱施工满足设计所提出的具体要求,施工区附近原有的桥梁施工控制点无论从点的位置、点的密度,还是从精度上都不能满足塔柱高精度放样的要求:主塔垂直度满足不大于 1/3000 的要求,轴线偏位 ≤ ±5mm,断面尺寸误差 ≤ ±15mm,塔顶高程精度 ≤ ±10mm。在原有桥梁控制网的基础上,布设相应的平面和高程控制网,如图 7-33 所示。

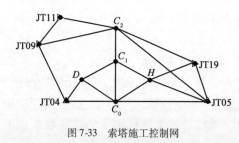

图 7-33　索塔施工控制网

如图 7-33 所示,JT11、JT09、JT04 是桥梁下游首级控制点,JT19、JT05 是桥梁上游控制点,C_0、C_1、C_2、D、H 点是索塔施工控制点,其中 C_0、C_1、C_2 经过平差改正,使之位于桥轴线上,作为施工过程中桥梁轴线控制,D、H 点用同样的方法使之位于塔柱的墩中心线上,构成主塔墩中线控制。

根据上述布网方案采用测边的方法进行观测,边长观测取 4 个测回,观测数据经过温度改正,投影改正,平差计算求出各施工控制点的平面坐标。高程控制采用国家二等水准测量。

该网一方面是施工测量的依据,另一方面还可以作为索塔和承台在施工过程中受外界环境因素作用下的扭转变形、沉降变形监测的基准网。

2) 索塔施工放样数据的准备

对索塔进行三维坐标定位时,首先应确定索塔的施工高度,然后根据所测高度计算出索塔施工断面角点的设计坐标和偏差值,最后对索塔施工断面进行平面定位,如图 7-34 所示。建立如图 7-34 所示的施工测量坐标系,施工测量坐标系 x 轴与桥轴线重合,y 轴与索塔横桥向墩中心线重合,假设 A' 点在高程为 181.146m 上横梁顶高程位置断面上,则 A' 点在 x 方向

和 y 方向上的变化值为：

$$\Delta x = AE = \frac{14.5}{2} - \frac{8.50}{2} = 3 (\text{m})$$

$$\Delta y = AF = \frac{39.91}{2} - \frac{32.726}{2} = 3.592 (\text{m})$$

$$A'A'' = 181.146\text{m}$$

如图 7-35 所示，在塔柱三棱锥体中，通过图示的集合关系，可以计算出下列角度：

$$\alpha_1 = 1°28'47.78''$$

$$\alpha_2 = 50°07'54.22''$$

$$i_1 = 1°08'09.55''$$

$$i_2 = 0°56'55.69''$$

根据上述各两面角和任意高程可计算出任意高程面索塔各轮廓点的坐标，计算公式如下：

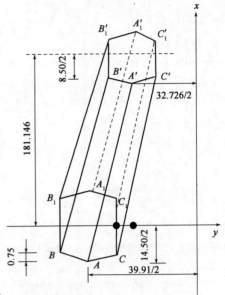

图 7-34　索塔空间立体图

$$x_{A'} = \frac{14.50}{2} - h\tan\alpha_1\cos\alpha_2 = \frac{14.50}{2} - h\tan i_1$$

$$y_{A'} = \frac{39.91}{2} - h\tan\alpha_1\cos\alpha_2 = \frac{39.91}{2} - h\tan i_2 \qquad (7\text{-}19)$$

$$x_{B'} = x_{A'} - 0.75$$

$$y_{B'} = y_{A'} + 3$$

$$x_{C} = x_{A'} - 0.75$$

$$y_{C} = y_{A} - 3$$

A'_1、B'_1、C'_1 与 A'、B'、C' 关于 y 轴对称。

3）索塔施工放样的实施

索塔施工放样的主要任务是保证塔柱的垂直度与各施工节段几何尺寸满足设计要求，其主要内容包括模板放样、模板检查验收、竣工测量等。现场放样之前，根据设计图纸和选取的施工放样方法，计算出塔柱各节段有关数据，同时把施工控制点桥梁坐标系坐标转换为施工坐标系中的坐标。

如图 7-36 所示，假设以施工控制点 C_1 为测站，以桥轴线方向为后视方向，依次在塔柱轮廓点 A'、B'、C'、C'_1 与 E、D、F、E' 各点立镜，调整模板，使轮廓点位置与设计位置相符合。A'_1、B'_1、D'、F' 点采用边角交会方法定出其位置。若四个主镜轮廓点不能通视，可使用偏距法进行改正。另外在 D、H 点架设弯管经纬仪或弯管全站仪，对索塔中心位置进行检查，以便检查垂直度。各轮廓点放样完毕，用钢尺检查各模板的几何尺寸，以确保放样点准确无误。

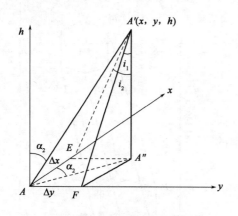

图 7-35　索塔三棱锥体

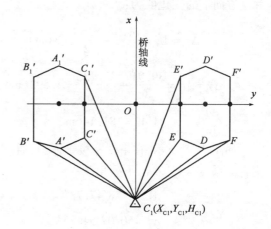

图 7-36　索塔施工放样点示意图

7.5.8　桥台锥体护坡放样

路堤与桥台连接处,为保护桥台后方路基不受冲刷,桥台两侧筑有锥形填土并用石料铺砌表面,称为锥体护坡。锥体护坡坡脚及基础为椭圆形曲线,按规定,当路堤填土高度小于 6m 时,锥体坡度平行于线路方向为 1:1,横向垂直于线路方向的坡度 1:1.5;大于 6m 时,路基面下超过 6m 部分纵向坡度由 1:1 变为 1:1.25,横向坡度 1:1.5 变为 1:1.75。

锥体护坡的放样,可先求出坡脚椭圆形轨迹线,测设到地面上,适用于锥坡不高、干地、底脚地势平坦的情况。桥涵中心与水流方向正交的情况下,也可采用此法。

1)内侧量距法

已知锥坡的高度为 H,两个方向的坡率分别为 m、n,则椭圆的长轴 $a = mH$,$b = nH$。在实地确定锥坡定点 O 的平面位置后,以 O 点为圆心,放样出以 a、b 为半径的同心圆的四分之一,过 O 点拉直线,与同心圆分别相交于 I、J 两点,过 I、J 两点作平行于 x、y 轴的直线,交于 P 点。P 点即为以 O 为圆,以 a、b 为长短轴的椭圆上的点,如图 7-37a)所示,以此就可以在实地放样出锥坡底脚与基础的边缘线。由于 P 点为椭圆上的任意点,设 P 点坐标为 (x, y)。将长轴 a 分为 n 等分,相应于 n 等份的坐标 y 值,可按椭圆方程导出下式进行计算:

$$y = \pm \frac{b}{a} \sqrt{a^2 - (na)^2} = b\sqrt{1 - n^2}$$

一般情况下,取 n 为 10 就够用,每一等分的长度为 $a/10$,假定每一等份,则 $n_1 = 0.1a$,则 y_1 就等于 $0.995b$,依此类推,就可以将其他 $n-1$ 个点的坐标求出,将其连起来,即为椭圆曲线的轨迹线,如图 7-37b)所示。

2)外侧量距法

在桥涵施工中,为了减少回填工作量,路堤填土往往将开挖弃土放在锥坡位置,用内侧量距法不易放样锥坡,这时就需要平移 x、y 轴的方法,从椭圆曲线的外侧向内侧量距。

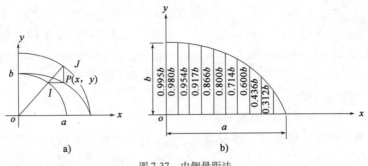

图 7-37 内侧量距法

以 1/4 椭圆的长短轴 a、b 为直角坐标系的 x、y 轴,椭圆上的一点 P 的坐标为 (x,y),如图 7-38 所示,在 ox 轴上用钢尺将 a 进行 n 等分,且直尺按平行于椭圆短轴 b 的方向,量出各点相应的 y' 值,$y'=b-y$,依此可以放样出椭圆曲线上的一系列点,然后将其连接起来,就形成了锥体护坡的底脚边缘线。

当遇到斜交桥涵锥坡放样时,也可应用此法,但不能直接应用,必须依照桥台或涵洞轴线与线路中线的夹角 α,将 a 值乘以不同的斜度系数 C。斜度系数 C 可按下式计算:

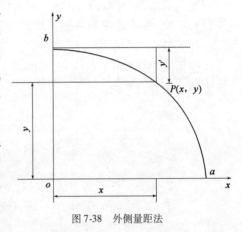

图 7-38 外侧量距法

$$C = \sec\alpha$$

7.6 桥梁架设施工测量

梁体施工是桥梁主体结构施工的最后一道工序。桥梁上部结构较为复杂,对其墩台方向、跨距、尺寸及高程都需要以较高的精度进行测量。由于各种桥梁结构不同,使得施工时的控制方法各异。梁体架设测量的主要工作在于平面控制上。在架设前,应在梁顶部和底部中点定出标记,架梁时用以测量梁体中心线与支座中心线的偏差值。在梁体安装基本到位后,应通过不断微调以保证梁体的平面位置准确。

7.6.1 盖梁施工测量

盖梁工程是连接立柱并承担桥梁上部结构的部分,是桥梁墩台柱之上的混凝土工程。盖梁施工与斜拉桥(悬索桥)塔柱工程的上下横梁施工相同。

盖梁的施工测量主要是盖梁的高程和平面位置控制。高程控制主要是采用水准测量的方法来控制盖梁底模的立模高程;平面位置控制主要是盖梁中心线的放样,可以利用全站仪进行坐标放样,或以立柱的中心线为基准线利用全站仪采用基线法放样。

7.6.2 主梁施工测量

1) 主梁施工测量的任务和要求

主梁施工测量是现代大型斜拉桥或悬索桥施工测量的重要组成部分。目前,用于大型斜拉桥的主梁,有预应力混凝土梁,有钢箱梁或钢桁梁三种基本形式。而主梁架设大致又分为现场浇筑和预制标准构件拼装两种基本方法。它们的共同特点是采用悬臂法进行架设施工,即由索塔下双向对称悬臂架设,跨中合龙的方法,施工方法复杂且为动态施工,主梁架设时所进行的测量工作,应满足整个施工过程每一个环节的设计需要。

2)现浇箱梁施工放样

(1)现浇曲线形箱梁断面控制测量

现浇箱梁施工就是在桥孔位置搭设支架,并在支架上安装模板,绑扎及安装钢筋骨架,预留孔道,并在现场浇筑混凝土与施工预应力的施工方法。其断面控制测量就是对其各断面的平面位置及高程进行控制。为了保证箱梁的线形平顺,至少每 5m 为一个断面,计算箱梁板底中线、两侧边线和两侧翼缘板的三维坐标,现分述如下:

计算各断面的平面坐标

根据其中桩坐标 (X_0, Y_0)、各断面与线路中心的交点切线方位角 α 及左右侧距离 D,计算出各点坐标:

$$X = X_0 + D \times \cos(\alpha \pm 90°)$$

$$Y = Y_0 + D \times \cos(\alpha \pm 90°) \tag{7-20}$$

式中:X_0、Y_0——计算断面中线点坐标;

D——横断面上计算点至中线点的位置;

α——过中点线的切线方位角。

放样各断面点位可利用 2 个导线点,一点架设仪器,一点作为后视点定向,放样出各断面上的点,以此指导支立模板、安装钢筋骨架,预应力安装等工序的施工。

(2)高程控制

如图 7-39 所示,高程放样点为①、②、③、④、⑤点,计算分为两步,首先计算断面中线点高程,再计算断面方向上各点高程。下面以实例说明计算方法。

【例】 某高速公路互通立交桥,桥全长 225.08m,为 $3 \times 2300 + 3 \times 2700 + 3 \times 2300$ 连续梁。从设计图中得知:箱梁横向坡度 7%、竖曲线起点里程 K0 + 602.180、终点里程 K0 + 747.820、竖曲线 $R = 2000m$、$i_1 = +4.282\%$、$i_2 = -3.000\%$、边坡点里程 K0 + 675。以 K0 + 614.019 断面为例,该断面位于第 1 跨,跨距 23m,考虑施工误差,全桥高程整体下 0.015m。

(1)1 号桥墩中心坡道高程:

如图 7-40 所示,1 号墩中心里程 K0 + 599.019,坡道高程计算如下:

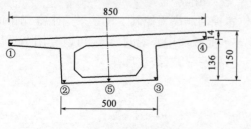

图 7-39 箱梁断面示意图

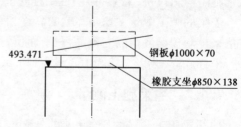

图 7-40 1 号墩身上部支座

$$H_{坡} = 493.471 + 0.138 + 0.04 - 0.015 = 493.634(\text{m})$$

（2）K0 +614.019 断面中心高程：

预拱度 $$y = k(L - x)x$$

式中：L——跨距；

x——计算断面至起点（起算墩中心）的距离；

k——系数，为试验数据（《桥梁工程》讲述）。

该桥 23m 跨距 $k = 0.00015$，27m 跨距 $k = 0.000137$。

$$y = 0.00015 \times (23 - 15) \times 15 = 0.018(\text{m})$$

（3）纵向坡道高程：

$$H'_i = H_{坡} + x \cdot i = 493.634 + 15 \times 0.04282 = 494.276(\text{m})$$

（4）底板中心⑤的高程：

$$H_{中} = H'_i + y - \frac{l^2}{2R} = 494.276 + 0.018 - \frac{11.839^2}{2 \times 2000} = 494.259(\text{m})$$

式中：l——计算断面至竖曲线起点的距离。

（5）①、②、③、④点高程：

不考虑梁顶面倾斜引起的误差，根据断面示意图中各部位尺寸，各点高程为：

$$H_1 = 494.259 + 1.5 - 8.5 \div 2 \times 0.07 - 0.14 = 495.322(\text{m})$$

$$H_2 = 494.259 - 5.0 \div 2 \times 0.07 = 494.084(\text{m})$$

$$H_3 = 494.259 + 5.0 \div 2 \times 0.07 = 494.434(\text{m})$$

$$H_4 = 494.259 + 1.5 + 8.5 \div 2 \times 0.07 - 0.14 = 495.917(\text{m})$$

根据各断面的点位进行模板安装，在采用支架法施工时，应对其支架预压前后高程的测量，以测得弹性变形，消除塑性变形。同时根据设计保留一定的预拱度，在浇注过程中，对其变形进行跟踪测量，如果变形过大，应暂停施工，并采取相应措施。

3）悬臂法施工测量

（1）悬臂法施工测量放样过程与现浇梁放样基本相同，悬臂法放样是将悬吊在空中的模板根据设计图纸坐标及高程逐渐调整到设计位置，然后进行立模、绑扎钢筋、浇注混凝土等工序。现就其悬臂法放样的具体步骤详述如下。

①各节段施工放样

a. 根据桥位合理布置平面和高程控制网，平面控制网主要以误差最小，不易扰动或破坏，适于施工放样为原则。高程控制首先应在 0 号块顶（墩中心梁顶位置）埋设水准点，然后根据相关规范及设计要求进行测量平差，形成高程控制网。

b. 在制作好的底模上分出其中心线及其边线点，以构成节段端头线。设站应根据现场情况布置，便于置镜，避免相互干扰。如图 7-41 所示。

c. 模板放样：

a）对模板高程进行粗平，并在底板上测设节段线中心点；

b）用钢尺丈量测设点至中心线的垂距，如测设点不经中心线，应对底模进行调整，直至中心点经过底模中心线为止；

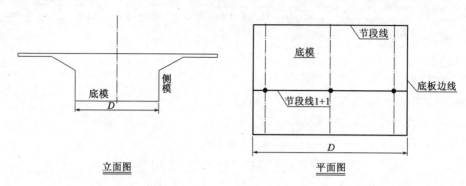

图 7-41　测点布设

c) 复核中心点高程, 如其与设计不符, 应对其进行调整, 然后对中心点进行复核, 重复此步骤, 直至满足要求为止。

②合龙段施工放样

首先应检查悬臂端中轴线及其高程, 通过监测数据分析找出最佳合龙条件, 如相对高差不符合合龙要求, 应对其进行预压, 以达到调整两端高程的目的, 然后进行立模, 绑扎钢筋, 浇注混凝土等工作。

(2) 悬臂法施工线形控制。

悬臂施工的线形控制测量就是根据施工监控得到的结构参数真实值进行施工阶段计算, 确定出每个悬浇节段的立模高程, 并在施工过程中根据施工监控的成果对误差进行分析预测, 调整下一立模高程, 以保证成桥后桥面线形、合龙段两悬臂端高程的相对偏差不大于规定值。

悬臂施工控制测量的主要工作在于高程控制。在曲线梁施工当中, 还要注意其轴线的控制。其控制程序如下:

①预拱度的确定

在预应力混凝土箱梁悬臂浇注施工中, 随着箱梁的延伸, 结构自重将逐步施加于已浇筑的节段上, 使其挠度逐渐增加而变化。因此, 在各节段施工时需要有一定的施工预拱。但实际施工中, 影响挠度的因素很多, 比如箱梁自重、挂篮变形、预应力大小、施工荷载、混凝土收缩徐变、预应力损失等等。挠度控制将影响到合龙精度和成桥线形, 对其必须进行精确计算和严格控制。通过实测对设计给定的预拱度在一定范围内适当修正。

②立模高程计算

现浇箱梁浇筑时各节段立模高程由几部分组成:

$$H_i = H_0 + f_i + (-f_{i预}) + f_{篮} + f_x \qquad (7-21)$$

式中: H_i ——待浇筑箱梁底板前端横板高程;

H_0 ——该点设计高程;

f_i ——本次及以后各浇筑箱梁段对该点挠度影响值;

$f_{i预}$ ——各次浇筑箱梁段纵向预应力束张拉后对该点挠度影响值;

$f_{篮}$ ——挂篮弹性变形对该点挠度影响值;

f_x ——由收缩、徐变、温度、结构体系转换、二期恒载、活载等影响值。

③挠度观测

为了保证其合龙线形级施工质量,在每段施工完毕后,对其定时定点进行挠度观测,并对其观测数据进行分析研究处理,找出最佳合龙条件(时间、温度等),使其成桥质量能够满足精度要求。

a. 测点布设。

箱梁施工当中,在每一节段悬臂端梁顶设立高程观测点和一个箱梁轴线控制点。

高程观测点用钢筋预埋,钢筋深处长度应高处箱梁截面混凝土表面 5mm,其顶端平滑,轴线控制用 5cm×5cm 方形钢板预埋,既作为顶面高程和挠度的控制点,也是轴线的控制点。其点位应注明编号,并采用相应的保护措施。观测点位置应选择在具有代表性和不影响挂篮施工的部位。

b. 测量时间。

测量时间应在早 7:00 左右和下午 5:00 以后进行。必要时应对温度因其的挠度进行测量。对于一些重点工况,应在荷载不变情况下,于早 6:00 左右和中午 12:30 ~ 14:30 之间测量其挠度变化,找出主梁挠度与温度之间的规律。

c. 立模高程的测量。

选择有代表性的点进行测量,测量时应避开温差较大的时段。在立模到位、测量完毕后,监理单位应对施工各节段的立模高程进行复测,监控单位不定期抽测。

d. 主梁顶面高程的测量。

在某一施工工况完毕后,对梁顶面混凝土高程进行直接测量。在测量过程中,同一截面测 3 个点,根据其横坡取其平均值,这样可得到梁顶面的高程值。同时,根据不同的施工工况观察梁的挠度变化值,按给定的立模高程立模,也可得到梁顶面的高程值。两者进行比较后,可检验施工质量。

e. 多跨线形通测和结构几何形状测量。

施工当中除要保证各跨线形在控制范围内,还应对其梁全程线形不定期进行通测,确保全桥形的协调性。线构几何形状的测量主要包括:左右幅箱梁上下表面的宽度、腹板厚度、顶板和底板厚度、箱梁截面高度以及施工节段的长度。

f. 对称截面相对高差的测量。

当两"T"构施工节段相同时,对称截面的相对高差可直接进行测量和分析比较。当施工节段不同时,对称节段的相对高差不满足可比性,此时,可选择较慢的一边最末端截面和较快的一边已施工的对应截面作为相对高差的测量对象,在测量过程中,统一对称截面可测多点,根据其横坡取其平均值,可得到对应点的相对高差。

4)【实例】　济南市纬六路斜拉桥主梁施工测量

现以济南市纬六路斜拉桥为例,说明主梁施工测量方法与步骤。

济南纬六路斜拉桥,其主塔为"A"字形,主梁为跨度 42m + 120m + 380m + 120m + 42m 的双塔双索面预应力混凝土箱型梁。采用 8m 牵索挂篮施工,索塔下双向对称悬臂法浇筑施工工艺。一次完成 8m 索距节段,在每浇筑完一个 8m 节段的标准循环施工中,施工测量任务和要求如下。

(1)在施工前,为建立主梁施工控制,必须复测全桥平面和高程控制网,其精度应能保证:边跨、中跨按设计预定的主梁中线正确合龙、斜拉索在梁体上穿孔的坐标位置(即索道管管口、顶口中心的三维坐标)的精确放样以及主梁跨中合龙 x、y、z 三维坐标尺寸误差的控制。

(2)挂篮定位测量:牵索挂篮和钢构梁施工挂篮,都要进行定位测量。牵索挂篮悬臂施工过程中,每当浇筑完成 1 个 8m 节段后,挂篮下降 3m,走行 8m,再提升 3m 到位。在这个过程中,首先是三角架走道和挂篮后端挂钩走道的安装定位。然后挂篮到位后对挂篮三维坐标进行实时相对定位。

在安装定位三角架走道和挂篮后端挂钩走道时,要求两种走道的线形相同,两种走道中距精度要求为 ±5mm,相对高差应小于 ±3mm。挂篮定位中里程和横向偏差误差均要求小于 ±10mm,高程定位可预抬约 +25mm。对于悬臂现浇钢构梁的施工挂篮,则只要求将挂篮底板高程进行定位,其高程安装值为设计值加预抬值(即 +25mm)。

(3)块件模板安装检查及竣工测量:主梁块件模板及模板支架采用可调式顶拉支撑,外模与支架固定在挂篮平台上,随挂篮整体行走到位。而模板上部尺寸及箱梁顶高程必须进行检查调整。模板安装要求平面位置的误差不得大于 ±10mm,箱顶高程调整误差为 ±10mm,块件纵、横梁宽度尺寸安装误差应控制在 0 ～ -5mm。对于主梁封端模板的安装应控制在 -5 ～ -10mm 范围内。节段浇筑及养护后,要对块件混凝土主梁进行竣工测量。

(4)主梁索道管安装定位测量及竣工测量:采用悬臂浇筑法施工的钢筋混凝土主梁,其索道管的安装定位是一个技术性强、难度大的关键性测量工作,应结合动态施工的实际情况,分析索道管竣工资料,总结影响索道管定位质量的各种因素,适时改进和调整定位元素,提高索道管定位的精度。

(5)施工过程中的监控测量:在斜拉桥主梁施工中,监控测量内容包括主梁线形测量、主梁中线测量和塔柱变形测量。监控测量的主要任务是为工程控制提供所需的线形信息。监控测量的实施时间应在模板、钢筋安装完成、挂篮高程设定之前,并且要求全部监控测量内容在日温度变化小、气温稳定的时间段内完成。

(6)挂篮高程设定测量:对于采用牵索挂篮悬臂浇筑法施工的主梁架设程序,在节段灌注之前,要进行挂篮高程设定工作。控制主梁线形的实质是预定现浇段挂篮前端的绝对高程数值。为减小因主梁受大气温度变化影响,造成挂篮高程设定工作的难度。一般情况下,要求高程设定的时间尽可能在日温变化小的时间段(一般在晚 10 点～次日凌晨 8 点)进行。

(7)混凝土灌注过程中的监测:主梁施工是从索塔向两侧对称,一块块向前延伸。浇筑一块,挂索一块,整个梁体全靠缆索牵挂。因此梁体在塔柱两侧处于动态平衡状态,若这种平衡状态失衡,梁体将可能发生微倾,有可能危及塔柱安全。为保持梁体两侧始终处于平衡状态,以及对挂篮平台前端在灌注过程中的变化进行控制和调整线形达到设计值,在灌注混凝土过程中,应对现浇节段梁体进行监测。

(8)全桥成桥线形测量:斜拉段主梁边跨、中跨合龙后,紧接着就要实施全桥调索与全桥线形测量计划,其最终目的是实现全桥索力和全桥线形达到设计的预期目标。以全桥线形测量数据为依据计算全桥桥面铺装线形的设计值,作为后续装饰工程的线形依据。在进行桥面铺装之前,为便于全桥成桥线形测量,还必须将梁顶面上全部水准点传递到相应的踢脚门型架上。当桥面铺装完成后,即可进行全桥成桥线形测量,其成果资料作为全桥竣工的重要档案资料。

7.6.3 大型斜拉桥索道管精密定位测量

大型斜拉桥主要由塔、梁、索三大部分组成,是一种塔墩高、主梁跨度大的高超静定结构体系。这种超静定结构体系对每个节点的要求十分严格,节点坐标的变化会影响结构内力的分配和成桥线性。为满足大型斜拉桥这种高超静定结构特点和设计要求,在斜拉桥高塔柱施工中,索道管的精密定位显得非常重要。索道管的定位是大型斜拉桥施工过程中一项精度要求很高、工作难度较大,对成桥质量影响显著的测量工作。因此,如何根据设计图纸,结合人员、仪器配置,以及现场实际情况,制订出切实可靠的高精度施测方案,并在具体工程施工中应用实施,对斜拉桥建设尤为重要。

由于索塔上施工条件的限制,高塔柱索道管的施工放样非常困难,但要求精度高。一般情况下,索道管越长,体积越大,重量越重,则相应的定位难度越大。定位精度要求平面位量偏差小于±5mm,高程偏差小于±10mm。

同样以济南纬六路跨铁路特大桥为例,济南纬六路跨铁路特大桥为双塔双索面PC斜拉桥,索培为"A"形单箱双室结构,两柱体按7.5:1斜率内倾,主塔高123.698m,从高程+73.2~+145.2m约72m的高度内布置有24层索道管,每层4根,索道管最长11.047m,最短2.141m,最大倾角68.6°,最小倾角28°。其倾角变化大、分布比较密集的特点,决定了该桥索道管的定位具有较大难度。

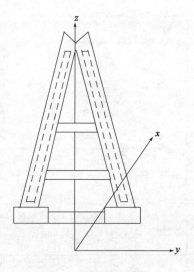

图7-42 主塔外形示意图

1)定位原理

桥梁建设通常以桥轴线方向建立桥梁独立坐标系。纬六路桥交桩时平面控制网坐标采用原济南市独立坐标系,高程系采用1956年黄海高程。为了施工测量的方便,把原济南市独立坐标换算成纬六路桥独立坐标,统一以桥独立坐标的形式计算,桥独立坐标系采用北塔墩中心为平面坐标系原点,顺桥向为x轴,横桥向为y轴,通过墩中心的铅垂方向作为三维坐标系的z轴(图7-42)。

依据设计图纸给出的索道管参数,将斜拉索中心线分别向xoz面及yoz面投影,计算出投影后的截距及斜率,由此可归纳出斜拉索中心线(先不考虑悬链影响)的空间直线方程为:

$$x_0 = x_{z_0} + az_0$$
$$y_0 = y_{z_0} + bz_0$$

式中: z_0——自变量,表示斜拉索中心线上某一点的高程;

x_0、y_0——与z_0相对应的点在三维坐标系中的x及y值;

x_{z_0}、y_{z_0}、a、b——斜拉索中心线投影到xoz面及yoz面上的截距及斜率。

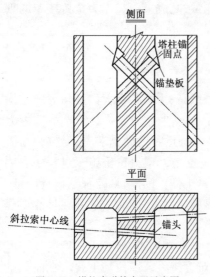

图 7-43　塔柱索道管布置示意图

索道管与 yoz 面相切的截面是椭圆形状（图 7-43），依据椭圆方程、索道管的外管径及倾角关系，经坐标转换及一阶求导后可得出索道管与 xoz 面相切后椭圆面最低点与最高点的轨迹方程，即索道管特征线的空间直线方程：

$$L_1 : x_1 = x_{z_1} + aZ_1 ; y_1 = y_{z_1} + bZ_1 \quad (7\text{-}22)$$

$$L_2 : x_2 = x_{z_2} + aZ_2 ; y_2 = y_{z_2} + bZ_2 \quad (7\text{-}23)$$

部分计算参数见表 7-18。

索道管的定位是按照先放样、后安装、再复测调整的程序进行的，采用式（7-22）可在主塔劲性骨架上对索道管的空间位置进行放样，采用式（7-23）可检查安装后的索道管是否满足精度要求。

部 分 计 算 参 数　　　　　　　　　　表 7-18

索号	a	x_{z_2}	x_{z_1}	b	y_{z_2}	y_{z_1}
N_1	0.38544086	−31.531105	−31.2108	0.0654424	−15.44466	−15.44466
N_2	0.49930806	−43.637072	−43.3321	0.0620525	−15.29577	−15.29577
N_3	0.6002415	−55.194555	−54.8764	0.079362	−15.994	−15.994
N_4	0.69136726	−66.322431	−65.9908	0.0720374	−15.6838	−15.6838
N_5	0.77495306	−77.116883	−76.772	0.0872095	−15.28861	−16.28861
N_6	0.85259654	−87.646213	−87.2879	0.0781666	−15.90996	−15.90996
N_7	0.92630266	−97.993414	−97.622	0.0926001	−16.47956	−16.47956
N_8	0.99468387	−108.12322	−107.702	0.08242208	−16.05722	−16.05722

2）定位方法

索道管的定位测量要达到高精度的要求，既要设法提高放样精度，对控制网的精度也应从严要求。纬六路桥控制网按《公路桥涵施工技术规范》（JTG/T F50—2011）要求只测设四等网就可以了，但实际上其测设精度却高于三等网的要求。由于控制网在施工中使用频繁，因此，在索道管定位前须对控制网的稳定可靠性进行一次复测。用三维坐标法进行索道管定位时，高程采用三角高程法传递，测站点均设置为强制归心观测墩，既作为平面控制点，也是临时高程控制点，复测平面控制网的同时，临时高程控制点也与高程控制网联测，而且采用不低于原测高程网的精度要求进行。三维坐标法一般采用极坐标法放样，即使复测精度较高，在施工放样 中，也坚持使用双后视法，以减小角度测设误差。

在索道管的定位过程中，从观测到计算及复核工作，不但要准确可靠，而且要快速，因此，测量人员的配置非常重要，既包括专业的技术人员，还必须有操作熟练的技术工人。而且在数量上也要满足施工测量的需要。仪器设备方面准备了 1 台 Lecia TC1800 全站仪,1 台 Lecia T2 经纬仪及 1 台 DI2002 测距仪,1 台 NA28 自动安平水准仪,2 台 S3 微倾式水准仪,2 部 Casio 4500P 可编程计算器及全部仪器的附件,另外自制 4 个短的对中杆。所有的仪器都在施测前送检,确保其性能达到要求才能使用。

实际放样过程中,受劲性骨架结构特性的局限,用高程作为自变量比较困难,一般采用 x 为自变量来进行放样,此时索道管最低点轨迹方程[式(7-22)]变为:

$$z_1 = (x_1 - x_{z_1})/a$$
$$y_1 = y_{z_1} + bz_1 \tag{7-24}$$

索道管的安装是搁置在劲性骨架上的,放样时在劲性骨架上选择略低于索道管位置的横桥向型钢(型钢一般低于索道管 $0 \sim 200\text{mm}$,必要时为满足放样条件在劲性骨架上的适当位置补焊),在型钢上用全站仪测出一点的 x、y、z 坐标,由实测的 x 值代入上式可求出相对应实测 x 位置的 z、y 的理论值,由此可推出偏差值 Δz 及 Δy:

$$\Delta z = z_测 - z_理$$
$$\Delta y = y_测 - y_理$$

依据偏差值在型钢铅垂侧面贴焊一钢板(尺寸为 $500\text{mm} \times 200\text{mm} \times 8\text{mm}$),钢板顶面距型钢顶面的距离即为 Δz,钢板顶上用小钢尺量取 Δy 值,并做好标记,置镜于标记处,复测这点坐标再代入式(7-24),计算 z、y 值是否满足放样要求,若不满足,用逐渐趋近的方法,直到达到要求为止。

安装前,在索道管的外管壁上用墨线弹出索道管的特征线,依据已放样出的搁置点坐标计算出与搁置点相对应的点在索道管特征线上距锚垫板的尺寸,用小钢尺从锚垫板处沿特征线量取尺寸并做好标记。安装时一定要做到索道管外壁特征线段上的标识与搁置点准确对位,才能保证安装精度(图 7-44)。安装完毕后,用全站仪复查特征线上任意两点的三维坐标,代入方程验算索道管定位精度是否满足设计要求,若不满足,分析原因,适当调整,直到达到要求为止。

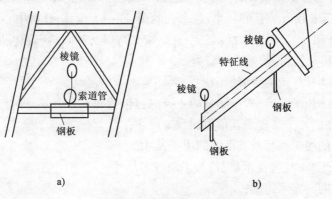

图 7-44 索道管安装示意图

由于索自重的影响(图 7-45),安装索道管时,必须考虑垂度的改正值。垂度的具体计算公式如下:

$$f(x) = -\frac{q(x)(L-x)}{2H} \cdot \cos\alpha \quad (7-25)$$

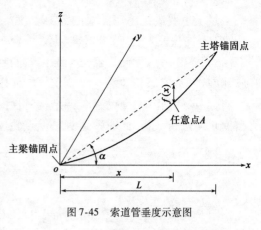

图 7-45　索道管垂度示意图

式中：L——索在水平面上的投影长；

　　　x——索上任一点在水平面上的投影距主
　　　　　梁锚固点的距离；

　　　q——索的单位长度重量；

　　　H——设计张拉力在水平方向上的分力；

　　　α——斜拉索两端点连线的倾角。

安装时先计算出由垂曲值 $f(x)$ 引起特征线
管口出口处三维坐标的改正值，特征线上其他
位置的改正值按管长比例进行内插。

7.7　桥梁竣工测量

在桥梁施工完毕后，通车前应对其进行竣工测量，竣工测量的作用，主要体现在两个方面：一是检查施工是否满足设计要求，起到检查施工质量的作用；二是作为今后分析桥梁变形的基础资料，通过变形观测结果与竣工资料的对比即可获知桥梁投入运营后是否发生变形。它在工程施工中是一个非常重要的环节。桥梁竣工测量不能等到桥梁全部竣工后再测量或收集资料，而应在施工过程的各个阶段结束时随时进行，并把这些资料汇集编制整理好，一旦全桥竣工后，及时移交运营单位。下面对几个重要阶段竣工测量的主要内容进行分述。

1）墩（台、索塔）基础竣工测量

若方式为沉井基础，沉井下到设计高程后，竣工测量包括经清基的井孔内泥面高程及其等高线图（或井孔内的泥面平均高程）；沉井顶、底的中心位移及倾斜率；封底前、后顶面及刃脚的平均高程，封底后孔内的混凝土面竣工高程。

若方式为钻孔灌注桩基础，竣工测量包括每个成孔的顶、底竣工高程及孔底沉渣厚度；孔身的孔径、钢筋笼长度及成孔倾斜率；每个孔的顶、底中心位移；孔群中心的顶、底位移。

若是打入桩基础，竣工测量包括：桩尖、桩顶竣工高程及其倾斜率和桩顶的中心位移；桩群顶、底的中心位移及其顶、底的平均高程。

2）承台、墩身、墩帽（或盖梁）竣工测量

承台、墩身、墩帽（或盖梁）竣工测量的主要内容包括如下几个方面：

（1）承台顶、底的竣工高程及其顶面的竣工尺寸；

（2）墩身顶面的竣工高程及其平面的竣工尺寸；

（3）墩柱的竣工高程（含支承垫石）及平面竣工尺寸；

（4）墩帽中心间的实际跨度；

（5）墩、台预埋件的竣工测量。

3）桥梁架设竣工测量

桥梁架设竣工测量的主要内容包括如下几个方面：

（1）主梁弦杆的直线度；

（2）梁的拱度；

（3）立柱的竖直度；

（4）各个支点与墩（台、索塔）中心的相对位置。

4）桥面竣工测量

包括：测设出桥梁中线，依据中线用钢尺量取桥面宽度是否满足其精度要求，并测其轴线偏位是否符合相关精度要求，测定桥面高程、坡度及平整度。桥面高程、坡度不符合要求，将会使雨水无法排泄。平整度差，将会造成积水，使其桥面提前被破坏。

上述每项竣工测量工作结束后，都要将其资料绘成平、立面竣工图（图上还要注明竣工日期、测量日期和测量方法），最后连同施工控制测量资料一同编制成册。如果运营期间要对墩台进行变形观测，则应对两岸水准点及各墩顶的水准标以不低于二等水准测量的精度联测。

思 考 题

1. 桥梁施工测量工作包括哪些内容？

2. 桥梁控制网常采用哪几种形式？

3. 某三联三跨连续梁桥，每跨支座间距离为 128m，由长 16m 的 8 个节间组成，每联 24 个节间，固定支座安装极限误差为 ±7mm，试计算全桥桥轴线中误差。

解 单联中误差为：

$$m_1 = \pm \frac{1}{2} \sqrt{n\Delta l^2 + \delta^2} = \pm \frac{1}{2} \sqrt{24 \times 2^2 + 7^2} = \pm 6.02 (\text{mm})$$

全桥桥轴线中误差为：

$$m_L = \pm \sqrt{m_{l_1}^2 + m_{l_2}^2 + \cdots + m_{l_N}^2} = m_l \sqrt{3} = \pm 10.43 (\text{mm})$$

4. 如图 7-46 所示，已知某直线桥的施工平面控制网各控制点 A、B、C、E 及水中 2 号墩中心 P_2 点的设计坐标如表 7-19 所示，各控制点间互相通视，试计算用角度交回测设出 P_2 点的测设数据，并简述其测设方法（角度计算准确到 s）。

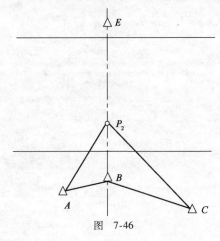

图 7-46

各控制点设计坐标 表 7-19

点号	X(m)	Y(m)	坐标方位角
A	−23.125	−305.440	
			85°40′13″
B	0.000	0.000	
			91°27′42″
C	−9.033	354.024	
E	400.750	0.000	
P_2	248.516	0.000	

解 测设数据计算:

$$\alpha_{AP_2} = \tan^{-1} \frac{\Delta y_{AP_2}}{\Delta x_{AP_2}} = 48°21'07''$$

$$\alpha_{CP_2} = \tan^{-1} \frac{\Delta y_{CP_2}}{\Delta x_{CP_2}} + 360° = 306°02'08''$$

$$\angle A = \alpha_{AB} - \alpha_{AP_2} = 37°19'06''$$

$$\angle C = \alpha_{CP_2} - \alpha_{CB} = 34°34'26''$$

测设方法:置镜于 A,后视 B 点,反拨 $37°19'06''$ 得 AP_2 方向;置镜于 C,后视 B。正拨 $34°34'26''$ 得 CP_2 方向;置镜于 B,后视 E 得 BP_2 方向,此三个方向相交得 P_2 点。

5. 什么是竣工测量? 竣工测量的内容有哪些?

第8章 水利工程测量

水利工程测量是指水利工程在规划设计、施工建设和运营管理各阶段所进行的测量工作,是工程测量的一个重要的分支,它涉及大地测量、普通测量、水下地形测量、纵横断面测量、施工放样以及变形监测等测量技术,为编制地形图、工程设计、河流治理、规划建设和水科学研究提供测绘资料。水利工程测量是专门为水利工程建设服务的测量,属于工程测量学的范畴,它的主要任务如下:

(1)为水利工程规划设计提供所需的地形资料。规划时需提供中、小比例尺地形图及有关信息,建筑物设计时要测绘大比例尺地形图。

(2)施工阶段要将图上设计好的建筑物或构筑物按其位置、大小测设于地面,该过程称为施工放样或测设,如坝轴线测设、坝体浇筑中的放样等。

(3)在施工过程中及工程建成后运行管理中,需要对建筑物的稳定性及变化情况进行变形监测,确保工程安全。

测量工作在水利水电建设中起着十分重要的作用,是水利建设基础工作之一。本章主要阐述水利水电工程测量的基本知识,主要内容包括水下地形图测量、河道纵横断面测量和水利枢纽工程测量等内容。

8.1 水下地形测绘

在开发和利用水利资源、整治航道、各种水工建筑物建设等工程中,都要了解水下地形情况,要求测量人员施测各种比例尺的水下地形图。由于水下地形的起伏是看不见的,不像陆上地形测量可以选择地形特征点进行测绘,因此,水下地形测绘只能用测深线法或散点法均匀地布设一些测点。观测时利用船只测定每个测点的水深,测点的平面位置可以利用岸上的控制点上架设仪器测定或利用 GPS 定位方法测定。测点的高程是由水面高程(水位)减去测点的水深间接求得,因此水位观测是水下地形测量中不可缺少的一部分。

8.1.1 精度要求

为了保证水下地形测量的成图质量,在施测之前,应根据测区内水面的宽度、水流缓急等情况,在实地布设一定数量的测深线和测深点。水下地形测量的精度主要由测深点的测深精度和定位精度决定,其精度必须满足相应的国家标准、行业标准或特定测量项目的精度要求,例如《海道测量规范》、《海洋工程地形测量规范》、《水运工程测量规范》等。表 8-1 为 1999 年版国家标准《海道测量规范》(GB 12327—1998)规定的深度测量极限误差。对定位精度的要求,通常是根据测图比例尺和项目的特定要求来规定,尽管存在一些细微的差别,但对定位精度的要求基本应满足表 8-2 的规定。定位中心应尽量与测深中心保持一致,当二者之间的水平距离超过定位精度要求的1/2时,应将定位中心归算到测深中心。

深度测量极限误差   表 8-1

测深范围 Z(m)	极限误差(m)	测深范围 Z(m)	极限误差(m)
$0 < Z \leq 20$	± 0.3	$50 < Z \leq 100$	± 1.0
$20 < Z \leq 30$	± 0.4	$Z > 100$	$\pm Z \times 2\%$
$30 < Z \leq 50$	± 0.5		

水深测量定位点点位中误差   表 8-2

测图比例尺	定位点中误差图上限差(mm)
$1:200 \sim 1:500$	2.0
$1:500 \sim 1:5000$	1.5
$\leq 1:5000$	1.0

主测线与检查线的重合点水深值比对是检查水深测量的主要指标。主测线、检查线点位图上距离1.0mm内的重合深度点深度不符值限差规定见表8-3。当超限的点数超过参加比对点总数的25%,或图幅拼接的点位水深比对超限时应重测。

主、检测线重合点水深比对互差限差   表 8-3

水深(m)	水深比对互差(m)	水深(m)	水深比对互差(m)
≤ 20	≤ 0.4	> 20	$\leq 0.02 \times$ 水深值

8.1.2 测深线布设

由于水底地形的不可见性,其测量不能像陆地上一样选择地形特征点进行测绘,因此一般采用测深线法(断面法)或散点法均匀地布设测点。

1)测深断面和测深点的布设方法

(1)散点法。当水面流速较大时,一般采用散点法。此时,测船不断往返斜向航行,每隔一定的距离测定一点,如图8-1所示,先由1顺水斜航行至2,再由2顺水航行至7,然后自7逆航行至3,再由3顺水斜航行至4…,如此连续航行,在每条航路上以尽快地观测速度测定一些水下地形点。

(2)断面法。断面法又叫测深线法,测深线可分为主测深线、补充测深线和检查测深线。主测深线是测深线的主体。它担负着探明整个测区水下地形的任务,补充测深线起着弥补主测深线的作用,而检查测深线是检查以上测深线的水深测量质量,以保证水深测量的精度。

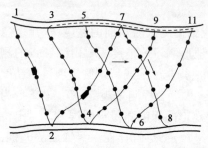
图 8-1 散点法船航行路线示意图

主测深线的间隔依据测图比例尺选择,一般为图上1cm,允许变通范围为图上0.5~2.0cm。在测深间距一定的情况下,应当正确选择测深线的方向。测深线可采用以下3种方法布置:

①测深线垂直于水流方向。在这种情况下,可使测深线正好通过水底地貌变化比较剧烈和有代表性的地

方,有利于全面如实地反映测区的水底地形,这是较为常用的方法,见图8-2。

②测深线与水流轴线成45°方向。如图8-3所示,该方式常用于比较狭窄的河道或水库测区,由于斜距大于平距,因而它比垂直于水流方向的测深线所包含的测深点更多,更能反映测区的水下地形变化情况。

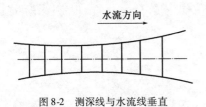

图8-2 测深线与水流线垂直   图8-3 测深线与水流线成45度角

③测深线成辐射线形式。如图8-4所示,辐射线方向布设使测深线间距内密外疏,有利于岛屿周围水下地形的测量。

补充测深线主要用于局部区域的加密水下地形测量,补充测深线的布设方法有两种:补充测深线方向与主测深线方向一致,间距根据需要而定;和航道方向一致布设3~5条补充测深线,中间一条测深线应和航道中心线重合,两侧的测深线则根据航道宽度均匀平行线布设。

2)导标放样

为了使测量船能沿着设计好的测深线方向航行,通常在岸上沿测深线方向设立两个导标,这两个导标可用不同颜色的大旗表示,以指示测量船航行。布设导向标时,可借助岸边的控制点用极坐标法测定导标位置,测量仪器可选用经纬仪或全站仪放样导标。其具体过程为:如图8-5,A、B、C为测站,1和1′以及2和2′为导向标,若采用全站仪可将仪器直接安置在测站A处,用B或C点定向,根据已知数据,依次测设导标点1和1′、2和2′。

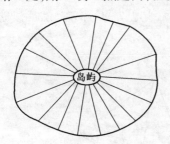

图8-4 测深线呈辐射线形式

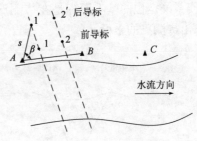

图8-5 极坐标法放样导标

8.1.3 测深点平面位置的测定技术

测深点平面位置的测定是水下地形测量的一个重要组成部分。根据离岸远近有不同的定位方法,用于测深点平面位置的测定技术包括:交会法、无线电定位、全站仪定位和GPS-RTK定位,无论采用哪种定位方法,水域定位大都是通过水平角、方位角、距离和距离差等测量来实现。

1)前方交会

图8-6中P为船上的测深点位置,A、B为岸上的控制点,定位过程为:在岸上控制点A和B点上同时安置仪器,同时照准船上目标P点,实施前方交会定位,并且要做到与水深测

量同步。根据测得的交会角 α 和 β,以及控制点 A 和 B 的坐标就可以很容易求得船上 P 点的坐标。

2)后方交会

图 8-7 中 P 为船上的测深点,A、B 和 C 为岸上的控制点,定位过程为:在进行水深测量的同时,在船上利用仪器同步观测岸边的 A、B 和 C 三点,实施后方交会,根据测出的角度以及岸边的控制点坐标,计算出 P 点的坐标。

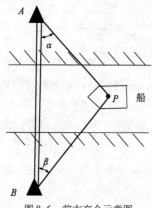

图 8-6　前方交会示意图

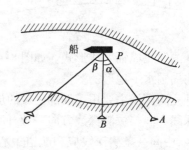

图 8-7　后方交会示意图

3)无线电定位

无线电定位是通过测定无线电波的传播时间来确定两点距离的方法,具有全天候、实时定位的特点,系统作用距离远,覆盖面积大,是水域测量广泛采用的一种定位方法。

无线电定位的方式可分为圆系统定位和双曲线系统定位等,如图 8-8 所示,圆系统定位的基本原理是测量待测点到两个无线电站的距离,通过距离交会的方法确定待测点的坐标。双曲线系统定位的基本原理是在待测点上测量到两个无线电站的距离差,然后建立观测方程,求出待测点的坐标。

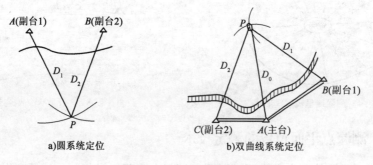

a)圆系统定位　　　　　　　　b)双曲线系统定位

图 8-8　无线电定位示意图

4)全站仪定位

近年来,随着电子全站仪的普遍使用,测深点平面位置确定的方法多采用按方位－距离的权坐标法进行定位。观测值通过无线通信可以立即传输到测量船上的笔记本电脑中,立即计算出测点的平面坐标,与对应点的测深数据合并到一起,也可以先存储在全站仪或电子手簿中,在进行内业数据处理时,由数字测图软件自动生成水下地形图。在河道或水库测量中用得比较多,它不但可以满足测绘大比例尺水下地形图的精度要求,而且方便灵活,自动化程度相对较高,精度也较高。

5)GPS 卫星定位

目前,大范围的水下地形测绘常采用 GPS 定位 + 测深仪 + 测图软件的组合,形成水下地形测量系统,从而实现水下地形测绘的自动化。测量时利用 GPS 进行定位,利用导航软件指导其在设定的测线上航行,定位和测深系统每隔一定时间自动记录观测数据,并进行水位改正和相关数据处理,最终通过测图软件得到相应的水下地形图。一个典型的水深测量导航定位系统应包括 GPS 接收机、安装有导航定位软件的计算机、导航显示器、操作员使用的显示终端以及与测深仪连接的数据通信电缆。有时候还需要一个专门的同步定标器,其作用是控制测深仪的测深与 GPS 定位取样时间保持一致。导航定位系统的组成见图 8-9。

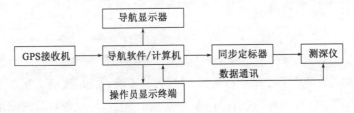

图 8-9 水深测量导航定位系统组成

不同的水深测量项目,对定位的精度和覆盖区域的要求不同,所以,应根据项目的具体要求选择合适的导航定位方式。目前在水深测量工作中 GPS 主要有以下几种导航定位方式。

(1)单点 GPS 定位

单点 GPS 定位就是采用一台 GPS 接收机,以测码伪距为观测量,根据单点定位的原理,确定测量船水深测量瞬时的位置,也称为绝对定位。其定位的精度,取决于应用的测距码。当采用 P 码时,单点定位的精度为 5~10m;当采用 C/A 码(S 码)时,定位精度为 20~50m。根据水下地形测量对定位精度的要求,当测量比例尺小于 1:50000 时,由于定位精度要求低,因此,采用单点 GPS 定位的方式可以满足定位工作的需要。

(2)差分 GPS 定位

差分 GPS 定位,即 DGPS(Differential GPS)定位。DGPS 系统主要由基准台(也称基准站)的 GPS 接收机、数据处理与传输设备以及移动台 GPS 接收机组成。DGPS 定位需要在一个或一个以上的坐标已知点上设立 GPS 接收机作为基准站,并和测量船上的 GPS 接收机(移动台)同步观测不少于 4 颗的同一组卫星,求得该时刻的差分改正数,通过通讯数据链把这些改正数实时播发给测量船上的移动台或者事后传送给移动台,移动台用所接收到的差分改正数对其 GPS 定位数据进行修正,进而获得精确的定位结果。由于在差分改正数中包含了星历误差、接收机钟差、大气传播误差等的综合影响,DGPS 定位的精度和移动台与基准站距离和改正数的龄期密切相关。在 DGPS 定位系统中,基准站提供的改正数的常见形式有伪距改正数、坐标改正数和载波相位改正数。其中,以伪距差分模式最为灵活,应用普遍,但其定位精度一般较低,适合于中、小比例尺水下地形测绘;以载波相位差分模式的定位精度最高,适合于大比例尺水下地形测绘和要求厘米级精度的定位测量。

GPS RTK 或 CORS 定位是一种高精度实时动态载波相位差分定位技术,能够实时获得厘米级精度的三维坐标,GPS RTK 定位技术的作用距离较近,通常只有 10~20km。利用

GPS RTK 定位技术可实现无水位观测的水下地形测量。如图 8-10 所示，h 为 GPS 天线到吃水线的高度，Z_0 为测深仪换能器设定吃水，Z 为测量的水深值。Z_P 为绘图水深，H 为 RTK 测得的相对深度基准面的高程。则：

$$Z_P = Z + Z_0 + h - H \tag{8-1}$$

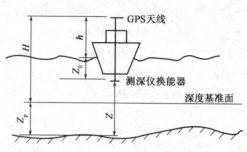

图 8-10 GPS RTK 无水位观测模式水深测量原理

由于 H、Z 的测量精度不受潮水或者波浪起伏的影响，Z_0、h 数值不变。根据式(8-1)，从理论上讲，GPS RTK 无验潮测深将消除波浪和潮位的影响，是一种较好的测量方法。

在使用 GPS 进行水深测量的导航定位时，须采取下列措施，以保证导航定位的质量。

①测量前应在已知点上对 GPS 接收机作检校和比对测量。比对时应将各项技术参数设置在与实际测深时相同的状态，比测时间一般在半小时以上。利用式(8-2)进行精度估算。

$$m = \pm \sqrt{\frac{\sum\limits_{i=1}^{n}(x_0 - x_i)^2 + \sum\limits_{i=1}^{n}(y_0 - y_i)^2}{n-1}} \tag{8-2}$$

式中：m——定位中误差；

　　　n——比对观测值个数；

　x_0、y_0——已知点坐标值；

　x_i、y_i——比对观测坐标值。

②当采用自设基准站 DGPS 或 RTK DGPS 定位时，基准站应选在视野开阔、视场障碍物仰角小于 10° 的地区；尽可能避开强磁和电信号干扰的物体和区域。当差分改正数的龄期大于 30s 时，应停止作业，查明原因，直到信号恢复正常。

③GPS 定位测量的坐标值应转换为工程项目要求的坐标值。在获取定位数据时，通常采用等时或等距的方式与测深数据同步采集。当采用等距方式采集定位数据时，采集的定位数据密度视测图比例尺和项目的要求而定，一般为图上 1～2cm。采用多波束测量时，定位数据的采集密度与多波束系统的发射更新率有关，大部分系统要求 1 次/s。此外，遇到下列情况时，应及时定位：进出一条测线、发现特殊水深、改变航向和其他突发情况。

8.1.4 水深测量

水深测量(简称测深)是水下地形测量的主要内容。根据使用的测量工具不同，测深方法主要有人工测量和测深声呐测量两种。

1)人工测深

人工测量水深的工具，主要是测深杆和测深锤。利用人工测深在内陆和海洋浅水区域可以获得较准确的结果,对于深水区域,其测量精度和作业效率都很低。现在的测深设备主要是测深声呐,但在水草密集的区域,或者极浅滩涂等声呐设备无法工作的地方,这些人工测深工具仍然在发挥作用。

测深锤(图 8-11)重约 3.5kg,水深与流速较大时可用 5kg 以上的重锤。在测深锤的绳索上每 10cm 做一标志,以便读数。测深时应使测深锤的绳索处于垂直位置,再读取水面与绳索相交的数值,其测深精度与操作人员的熟练程度有关。

测深杆(图 8-12)适用于水深 5cm 以内且流速不大的水区。同样,在测深杆上每 10cm 做一标志,以便读数。测深杆下端的铁质底板是为了防止杆端陷入淤泥中。测量水深时,使测深杆垂直放入水底,再读取水面与测深杆相交处的数值。在浅滩测量工作中,尤其当回声测深仪难以反映小于 1m 的水深时,用测深杆进行水深测量十分有效。测量时应记取定位的点号和所测水深,以便根据测深的时间进行水位改正。

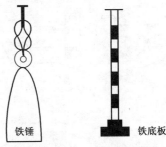

图 8-11　测深锤　　　图 8-12　测深杆

2)单波束测深仪测量

目前,回声测深仪(也称测深声呐)是国内外进行水深测量的最主要的仪器。随着电子工业的发展与集成电路技术的应用,测深技术不断得到改进,测深仪从模拟信号处理发展到数字信号处理,极大地提高了水深测量的进度和效率。

测深仪的型号虽多,但其测深的基本原理都是利用声波在同一介质中均匀传播的特性,如图 8-13 所示,换能器至水底的深度为:

$$H = \frac{1}{2}ct \tag{8-3}$$

式中:c——声波在水下传播的速度,设计一般为 1500m/s,称为标准声速;

t——声波在水中往返所需的时间。

测深仪工作原理如图 8-14 所示,在仪器的电源作用下,使激发器输出一个电脉冲至换能器发射晶片,将电脉冲转换为机械振动,并以超声波的形式向水底垂直发射。达到水底或遇到水中障碍物时,一部分声能被反射回来,经接收换能器接收后,将声能转变为微弱的电能。这个信号经接收放大器接收放大后,使记录纸被击,留下一个黑点。每反射和接收一次,记录一个点,连续测深时,各记录点连接为一条曲线,这就是所测水深的模拟记录。现代的测深仪在定位的瞬时,不但可以在测深记录纸上打出定位线,而且可以打印测深的时间、测点号和所测水深。除了模拟记录外,数字式测深仪还对将模拟信号转换成数字信号,同时记录所测点的水深值。

当求水面至水底的深度时,则应将测得的水深加上换能器吃水(图 8-13),可得水面至水底的深度 D:

$$D = H + h \tag{8-4}$$

式中:h——换能器吃水。

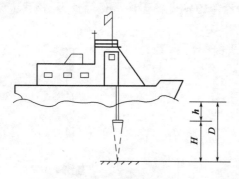

图 8-13　回声测深仪测深基本原理

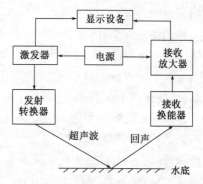

图 8-14　回声测深仪工作原理

3)多波束测深仪测量

单波束测深仪只能测量船正下方的水深,测量水下地形时通常需要设置一些平行的测线,测线的间距取决于多种因素,如测图的比例尺、测量的目的等。即使布设很密的测线仍不能保证对水下的全覆盖,测线之间的水下地形,特别是一些孤立的特征地形很容易被漏测。多波束测深仪,也称为多波束测深声呐系统(Multi-beam echo sounding sonar),能以条带测量方式,对测区进行全覆盖、高精度地测量。

多波束测深仪和单波束测深仪的测深原理从根本上讲都是测量声波在水中的传播间。在多波束系统中,换能器配置有一个或者多个换能器单元的阵列,通过控制不同单元的相位,形成多个具有不同指向角的波束,通常只发射一个波束而在接收时形成多个波束。这里以波束角 1.5°×1.5°的单平面换能器多波束系统的 16 个中央波束为例来说明(图 8-15)。系统声信号的发射和接收由两个方向互相垂直的激发阵和水听器阵组成。激发阵平行船轴向排列,向垂直船轴的对称向两侧正下方发射 1.5°(沿船轴向)×12°(垂直船轴向)的脉冲声波。水听器阵垂直船轴向排列,在脉冲声波发射垂面上接收来自海底的回声,在窄波束控制方向上接收方式与发射方式正好相反,以 20°(沿船轴向)×15°(垂直船轴向的发射扇区内)10 个接收波束角接收来自海底照射面积为1.5°×12°回波。接收方式和发射方式叠加后,形成垂直船轴,沿船下方两侧对称的 16 个 1.5°×1.5°波束。

除换能器正下方波束外,外缘波束随着入射角的增加,波束在倾斜穿过水层时会发生折射,由于对应各波束的声线入射角不同,因此各声线在介质中的路径构成一个向下发散、向上收敛于换能器中心的辐射状扇形区。各声线海底投影点的空间位置为:

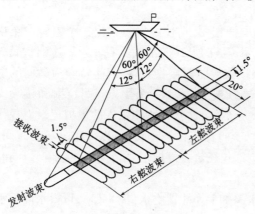

图 8-15　多波束测深仪测深原理

$$d = \frac{1}{2} \times c \times t \times \cos\theta$$

$$x = \frac{1}{2} \times c \times t \times \sin\theta \tag{8-5}$$

式中：c——力均匀介质声速；

$\quad t$——波束旅行时间；

$\quad \theta$——波束到达角；

$\quad d$——测点的水深；

$\quad x$——测点距换能器垂直中心轴的水平距离。

由于多波束沿航迹方向采用较窄的波束角，而在垂直航迹方向采用较宽的覆盖角，要获得整个测幅上精确的水深和位置，必须要精确地知道测量区域水体各层的声速分布，以补偿声线弯曲的影响。同别，还要精确测量波束在发射和接收时船的姿态和船艏向。因此，多波束测深仪在系统组成和测量时比单波束测深仪要复杂得多。

8.1.5 水位改正和水位观测

1）水位改正

水面在某一基准面上的高度称为水位，即水面高程。水下地形点的高程是根据测深时的水位减去水深计算得到的，由于海洋、江河、湖泊的水位受潮汐、风浪等各种因素的影响，水面高程不断变化，同一地点、不同时间测得的水深值是不一样的，因此，水深测量的同时必须进行水位测量，这种测深时的水位称为工作水位。

对于以航运基准面为基准的等深线表示的航道图，必须对测得的水深做水位改正，将测量水深值改正到从规定的深度基准面起算的深度。深度基准面根据测区的特点和测量目的选择，当内河非感潮河段用于船舶航行、航道维护和航道开发时，深度基准面采用航行基准面；海图所载水深的起算面，又称海图基准面（图8-16），通常取在当地多年平均海面下深度为 L 的位置。求算海图基准面的原则是：既要保证舰船航行安全，又要考虑航道利用率。由于各国求 L 值的方法有别，因此采用的深度基准面也不相同。我国在 1956 年以后采用理论深度基准面。如图 8-17 所示，h 为测深仪测得的瞬时水深；Δh 为水位改正值，它是从深度基准面起算的水位高度；H 为经水位改正后归算到深度基准面上的水深。

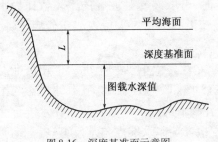

图8-16 深度基准面示意图

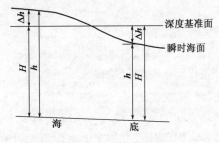

图8-17 水位改正示意图

2）水位观测站

为了在水深测量时同步进行水位观测工作，需要在测区布设足够的水位观测站。在海洋测量时，水位观测站也称为潮位观测站或验潮站。水位观测站的类型有以下几种：

（1）长期站，主要用于计算平均水（潮）位面，一般应有两年以上连续观测的水位资料。

(2)短期站,用于补充长期验潮站的不足,与长期验潮站共同推算确定测区的深度基准面,一般应有30d以上连续观测的水位资料。

(3)临时验潮站,在水深测量时设置,用于测量项目的水位改正。

(4)海上定点验潮站,至少应在大潮期间(良好海况下)与相关长期站或短期站同步观测1~3次/24h或连续观测15d水位资料,用于推算平均海面、深度基准面以及预报瞬时水位用于水深测量时的水位改正。

水位观测站布设的密度应能控制全测区的水位变化,要注意测区的范围、水位站的数量,能满足测区的需要。相邻观测站之间的距离应满足最大水位高差不大于0.4m、最大水位时差不大于2h。对于水位时差和水位变化较大的测区,除布设长期站或短期站外,也可在湾顶、河口外、水道口和无潮点处增加临时水位观测站。

3)水位观测

常用的水位观测设备有水尺、自动验潮(水位观测)仪。在用水尺观测水位时,水尺最好固定在直立的码头壁或牢固的桩柱上。设立水尺时,尽量选在避风和便于观测的地方。水尺设立要求牢固、垂直于水面,高水位不淹没,低水位不干出。当岸滩坡度较缓或因潮差太大,1根水尺不能满足水位观测要求时,可以设立两根或两根以上的水尺(图8-18),相邻两根水尺应有0.3m的重叠。水尺中至少有1根水尺与工作水准点之间按等外水准联测,以确定该水尺零点的高程,其他各水尺零点之间的高差可在海面平静时,用水面水准或等外水准

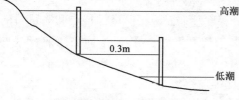

图8-18 在缓坡或潮差大的地区设立的1组水尺

方法测定。水面水准法要求各水尺每隔10min同时进行1次读数,连续读数3次,其高差不超过3cm时,取中数使用,超限应重测。水位观测时,水面所截的水尺读数加上水尺零点高程即为水位,而水下地形点的高程等于该时刻的水位减水深。

用水尺观测水位时,观测时间间隔视测区水位变化而定。在水位变化较慢地区,每隔30min观测1次即可,整点时必须观测,读到厘米。当水位差较大、水位涨落比较剧烈时,每隔5~10min观测1次。在大风浪、水面波动不稳定时,可取波峰和波谷的平均值作为水位读数。当水尺损坏,水位观测无法进行时,应立即重新设立水尺。水位观测所使用的钟表,必须经常校对,其表差应不大于±1min。

水尺附近应埋设工作水准点标志,以便经常检查水尺零点的变动情况。工作水准点应设在高(潮)水位线以上、地质比较坚固稳定、易于进行水准联测的地方。工作水准点与国家水准点之间的高差,按四等水准测量要求,工作前后各测1次。水尺零点与工作水准点之间的高差可用等外水准测定。水位观测过程中,应经常检查工作水准点与水尺零点、自动验潮仪零点之间的相互高差有无变化,如发现或怀疑零点有变化时(如大风浪或水尺受碰撞后)应及时进行高程联测,当零点变动超过3cm时,应重新确定相互关系。海上定点验潮站的水尺零点无法进行水准联测时,可利用平均海面特性进行海面水准联测传递高程,采用回归分析法计算海上未知验潮站水尺零点高程。

自动验潮仪观测水位时,需预先设置采样时间间隔,可安装在固定的桩柱或码头边。以

码头安装为例,验潮仪的传感器(探头)从码头边沿垂直放下,记取从码头边沿至潮位仪探头的长度,即可根据码头边沿的高程确定验潮仪的水位零点。因电缆和探头的重量较轻,在风浪和海流的作用下,可能会发生晃动,因此,好在探头上栓挂类似重锤的重物,以保持探头的稳定。自动验潮仪使用方便、资料可靠、精度高,而且能大大减轻劳动强度。

8.1.6 水深数据处理和成图

首先,在数据处理开始前,需要对外业资料进行检查,检查内容主要包括:测区范围是否合适,记录是否完整,外业要做的相应校准和各项改正是否已按照相关要求进行等。其次,必须根据测区的位置和测量时间整理相应的水位资料,对测深数据进行水位改正,设立多个验潮站的要进行水位分带改正。

1)人工测深或单波束测深数据处理

(1)定位数据处理

定位数据处理的主要依据是测深点的展点图或航进图。根据作业范围以及航迹状态,将外业资料对照展点图或航迹图进行全面的检查,把那些定位误差大、明显偏离测线的点删除。

(2)水深数据处理

利用单波束测深的,先根据点号,将数据文件中的记录按记录点号、坐标和原始水深,与模拟记录纸进行对照检查,对不匹配的点进行认真核实,对个别点之间的特殊水深值采取内插;然后利用测得的水位值进行水位改正,制作水深图。对水深图上的交叉点进行比对,如果水深差超过技术标准要求,查找原因并进行改正。在没有交叉点的位置,从图上直观地检查是否有不合适的水深值,这种不合适的水深值一般指与周围水深相差太大的水深值,需要检查记录纸,以确认是真实地形还是错误水深。

2)多波束数据处理

多波束测深数据量与单波束测深相比非常庞大,一般要利用专业的数据处理工作站和数据处理软件进行,其处理过程较单波束也复杂得多。在多波束测量过程中,由于仪器噪声、海况因素或者多波束系统参数设置不合理,导致测量资料不可避免地存在假信号和不合理的水深,造成虚假地形。为了提高水下地形测量的精度,必须消除假信号,改正不合理的水深,因此必须对实时采集的多波束资料进行数据清理,剔除假信息,恢复、保留真实信息,得到高精度的水深值。

(1)数据预处理

数据预处理是对水深数据编辑与清理前做的必要改正,包括水位改正、吃水改正、声速改正、横摇改正、纵倾改正及时间延迟改正等。在外业已经改正过的参数,如声速、横摇、纵倾及时间延迟等在内业处理时不必再改正,如果改正不充分的可以在内业重新改正。一些数据处理软件可以进行自动改正,只要把改正参数按照软件要求格式输入即可。

(2)定位数据的编辑与处理

影响定位数据精度的因素很多,如卫星信号质量、信标台信息传送质量、信号盲区等,甚至天气、海况等都能够对其造成影响。使定位资料不可避免地出现错误,其中主要是偏离真实位置的"飞点",它们是瞬时地、突发性地出现的,属偶然误差。

多波束数据处理软件都有自动处理导航数据的成熟算法,可以对可疑的导航数据进行剔除,只是需要数据处理者根据测量的实际情况进行参数设置。例如,根据偶然误差出现的规律,实际工作中将外符合绝对误差值确定在 2~3 倍中误差内。当其误差绝对值超过 2~3 倍中误差时,往往视其为可疑数据,予以剔除。可疑数据占全部定位数据的比例较低时(如 5% 以内),可予以剔除;若异常数据所占比例较大时,则应认真分析原因,慎重处理。

(3)水深数据处理

由于多波束的测深数据密度大、测幅间有重叠以及水下地形特征复杂等因素,测深数据的处理工作量大而复杂。一般由经验丰富并对测区地形趋势有所了解的专业人员来完成。

在测深数据处理中常用到的一个概念是数据清理(data cleaning),它是指测量或数据处理人员对多波束产生的水底检测数据选择接受或拒绝的处理。多波束测量的水底检测必须由计算机来做,由于各种原因可能存在着许多误差、界外值和失败的检测,操作者需要检查这些水底检测并做出决定。水深数据处理的主要任务是利用自动清理和人机交互的方式清理错误水深,剔除虚假信息,主要剔除一些不可能的孤立点、跃点和噪声点。

(4)成果图绘制

水深测量的成果图主要包含水深地形图、彩色立体图、影像图等,可根据项目需要绘制。利用单波束数据成图,一般是水深地形图,图上主要包含坐标网格、水深值、等深线、图名、图例以及成图参数说明。多波束数据成图相对复杂,多波束数据虽大,而成果图图载信息有限,需要对原始数据进行处理后,把能反映地形特征的信息表达在成果图上。

在水下地形测量中,水深地形图是主要的成果图。目前,普遍采用计算机成图,各种专业的水深测量数据处理软件和 GIS 软件都有很好的绘图功能。对一些特殊的工程项目需求,需要开发和编制相应的处理和绘图程序,以便成果图的格式能满足规范、图式或者工程项目的要求。

多波束数据量大,不可能把所有测量的水深点都绘制到成果图上,需要按照工程需要和成图比例尺对数据做压缩处理,从原始数据中挑出能表现测量区域地形特征的特征点来进行成图。对多波束数据进行网格化处理生成 DTM,是从海量数据中提取地形特征点的有效方法。经过网格化生成 DTM 后,可以生成多种形式的成果图,如用等深线表示的水下地形图、立体图、影像图等。由于多波束是对海底无遗漏的测量,这些图对海底特征的表达细致、精确而直观,对工程应用有很大的价值。

8.2 河道测量

在水力发电、灌溉、航运等工程的勘测设计中,必须知道河流水面坡降和过水断面的大小。在水利工程的规划设计阶段,为了拟定梯级开发方案,选择坝址和水头高度,推算回水曲线等,都应编绘河道纵断面图。河道纵断面图是河道纵向各个最深点(又称深泓点)组成的剖面图,图上包括河床深泓线、归算至某一时刻的同时水位线、某一年代的洪水位线、左右堤岸线以及重要的近河建筑物等要素。在水文站进行水情预报时,在研究河床变化规律和计算库区淤积以确定消淤方案时,在桥梁勘测设计以决定桥墩的类型和基础深度、布置桥梁的孔径等时,都需要施测河道横断面图。河道横断面图是垂直于河道主流方向的河床剖面图。图上包括河谷横断图、施测时的工作水位线和规定年代的洪水位线等要素。另外,河道横断面图及其观测成果也是绘制河道纵断面图和水下地形图的直接依据,特别是河道纵断面图,是完全依据河道横断面图绘制的。

8.2.1　同时水位的测定

为了在河道纵断面上给出同时水位线,了解河段上的水面坡降,提供各河段水面落差等资料,一般均需要测定同时水位。但在河段比降大,水位变化小,用工作水位能满足规划设计要求时,可用工作水位代替同时水位。根据河道长度、水面比降、水位变化大小和生产的要求,测定同时水位的方法有多种,这里介绍两种主要方法。

(1)工作水位法

在不同时间内测定各水位点的高程,然后根据两端水位站或临时水位站的水位资料来换算同时水位。若河道较长,可分为若干河段,每段均以水位站作为起、止点。具体作业方法如下:

①根据任务的要求对河道进行适当的分段,然后逐段测定水位点。

②作业出发前,所有观测人员应核对时表,使上、下游两水位点的时表一致。

③在选出的水位点处设立水边桩,测量出水面与桩顶的高差,并读出时刻,记入手簿。为了便于观测,可采用引沟或其他防浪措施使水面稳定。

④从临时水位点连测出水边桩的高程。按五等水准观测精度,可转站次数最多不得超过3站。计算各水位点的水位值。

(2)瞬时水位法

在规定的同一时刻,连测出全部水位点的高程,具体作业步骤如下:

①作业出发前,观测员应该核对时表,并规定测量水面高程的同一时刻。

②在选出的水位点处打一水边桩,并在上、下游各约5m处再打两个检查桩。打水边桩应在测量水位时,不至于因水位涨落而使木桩离开水边。

③在规定的同一时刻,迅速量出水面与桩顶的高差,即木桩顶上的水深。高差取一次波峰与波谷的中数。当由3个木桩推算的水位无显著矛盾时,以主桩观测结果为准。

④各水边桩桩顶高程的连测,以在测量水面与各桩顶水深前、后两天之内进行为宜。

8.2.2　同时水位的换算

当观测的河段较短时,可采用瞬时水位法测定的成果换算同时水位;若施测的河段较长,观测力量不足时,可采用工作水位法。用工作水位换算为同时水位时,其改正数的计算方法,可根据不同地区选用下列方法之一。

1)由两个水位站与水位点间的落差求改正数

此法是假定改正数的大小与两水位站和各水位点间的落差成正比进行内插。对于平原与山区河道均适用。如图8-19所示,A、B为上、下游两个水位站,m为两站间一个水位点。设 H_A、H_B 及 H_M 为测定 m 点工作水位时,A、B、m 点的水位,即工作水位。设 h_A、h_B 为 A、B 站某一指定时刻的水位,该数值可由 A、B 水位站的观测记录中查得。A、B 站与 m 点及两站间的距离为 l_1、l_2 及 L 可由地形图或纵断面图上量算。A、B 两站各自的位涨落数为 $\Delta H_A =$

$H_A - h_A$ 和 $\Delta H_B = H_B - h_B$。根据 m 点落差改正数 ΔH_m 与水位站和水位点间落差成正比的原则,可分别从 A、B 水位站推算。

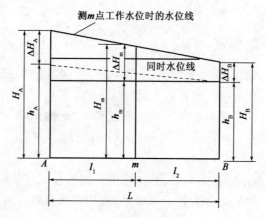

图 8-19 同时水位线图

由上游水位站推算,得:

$$\Delta H_m = \Delta H_A - \frac{\Delta H_A - \Delta H_B}{H_A - H_B}(H_A - H_m)$$ (8-6)

由下游水位站推算进行检查,得:

$$\Delta H_m = \Delta H_B + \frac{\Delta H_A - \Delta H_B}{H_A - H_B}(H_m - H_B)$$ (8-7)

则 m 点的工作水位换算成同时水位的计算公式为:

$$h_m = H_m - \Delta H_m$$ (8-8)

2)由距离求改正数

此法是假定各水位点落差改正数的大小与水位站和水位点间的距离成正比即按距离进内插求改正数,它适用于平原河道。由图 8-19 可见,其计算公式如下。

由上游水位站推算,得改正数:

$$\Delta H_m = \Delta H_A - \frac{\Delta H_A - \Delta H_B}{L}l_1$$ (8-9)

由下游水位站推算进行检查得:

$$\Delta H_m = \Delta H_B + \frac{\Delta H_A - \Delta H_B}{L}l_2$$ (8-10)

为了求得各水位站不同时间的水位,可绘出工作期间各水位站的水位与时间关系曲线。这样在计算同时水位时便于查取和推算。

8.2.3 河道纵横断面图的绘制

为了掌握河道的演变规律,在水利枢纽工程设计中,计算回水曲线和了解枢纽上、下游地区的河道形状,或者研究库区淤积等,都需要沿河流布设一定数量的横断面,在这些断面线上进行水深测量,并绘制横断面图。横断面的位置一般可根据设计用途由设计人员会同测量人员先在地形图上选定,然后再到现场确定。横断面应尽量选在水流比较平缓且能控制河床变化的地方。为便于进行水深测量,横断面应尽可能避开急流、险滩、悬崖、峭壁,断面方向应垂直于河槽。横断面的间距视河流大小和设计要求而定,一般在重要的城镇附近、支流人口,水工建筑物上、下游和河道大转弯处等都应加设横断面;而对于河流比降变化和河槽形态变化较小、人口稀少和经济价值低的地区,可适当放宽横断面的间距。

在河道纵横断面测量中,主要工作是横断面图的绘制,河道横断面图及其观测成果是河道纵断面图绘制的直接依据。

1)断面基点的测定

代表河道横断面位置并用作测定断面平距和高程的控制点,称为断面基点。断面基点应埋设在最高洪水位以上,在进行河道横断面测量之前,首先必须沿河布设一些断面基点,并测量它们的平面位置和高程,作为横断面测量的平面和高程控制。断面基点平面位置的测定精度应不低于编制纵断面图使用的地形图测站点的精度,高程一般应以五等水准测定。当地形条件限制无法测定断面基点的平面位置和高程时,可布设成平面基点和高程基点,分别确定其平面位置和高程。

(1)平面位置的测定。断面基点平面位置的测定有两种情况:

①专为水利、水能计算所进行的纵、横断面测量,通常利用已有地形图上的明显地物点作为断面基点,对照实地打桩定标,并按顺序编号,不再另行测定它们的平面位置。对于那些无明显地物可作为断面基点的横断面,它们的基点需在实地另行选定,再在相邻两明显地物点之间用导线测量方式测定这些断面基点的平面位置。

②在无地形图可用的河流上,须沿河的一岸每隔 50～100m 布设一个断面基点。这些基点的排列应尽可能地与河道主流方向平行,并从起点开始按里程编号,如图 8-20 所示。各接点间的距离可按具体要求分别采用视距法、光电测距法等方法测定。在转折点上应用经纬仪观测水平角,以便在必要时按导线计算各断面点的坐标。

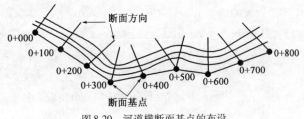

图 8-20 河道横断面基点的布设

(2)高程的测定

断面基点和水边点的高程,应用五等水准测量从邻近的水准基点进行引测。如果沿河没有水准基点,则应先沿河进行四等水准测量,每间隔 1～2km 布设一个水准基点。

2)横断面方向的确定

在断面基点上安置经纬仪或者全站仪,照准与河道主流垂直的方向,倒转望远镜在本岸标定一点作为横断面后视点,如图 8-21 所示。由于相邻断面基点的连线不一定与河道主流方向恰好平行,所以横断面不一定与相邻基点连线垂直,应在实地测定其夹角,并在横断面测量记录手簿上绘制

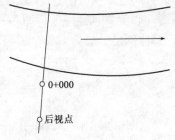

图 8-21 横断面方向的标定

一略图并注明角值,以便在平面图上标定出横断面方向。为使测船在航行时有定向的依据,应在断面基点和后视点上插上花杆。

3)陆地部分横断面测量

在断面基点上安置全站仪,照准断面方向,用极坐标法依次测定水边点、地形变化点和地物点的平面坐标和高程。若使用经纬仪,可采用视距法依次测定水边点、地形变化点和地物点到测站点的平面距离和高差,并算出高程。每个断面都要测到最高洪水位以上,对于不可到达处的断面,可利用相邻断面基点按前方交会法进行测定。

4)水下部分横断面测量及绘制

横断面的水下部分,需要进行水深测量、水位观测以及测深点的定位,可参考本章其他章节内容的介绍,在获得的陆地地形点的平面位置和高程及水下部分测深点的平面位置和水深后,应对观测成果进行整理,检查和计算各测点的起点距,由观测时的工作水位和水深值计算各测点的高程,然后将河道横断面图按一定的比例绘制在图纸上,横向表示平距比例尺一般为1:1000或1:2000,纵向表示高程,比例尺为1:100或1:200。绘制时应当注意:左岸必须绘制在左边,右岸必须绘制在右边。因此,绘图时通常以左岸最后一个断面点作为平距的起算点,绘制在最左边,将其他各点对断面基点的平距换算成对左岸断面点的平距,再去展绘各点,见图8-22。

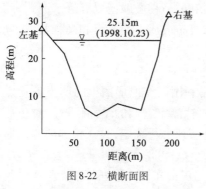

图8-22 横断面图

5)河道纵横断面图的绘制

河流纵断面是指沿着河流深泓点(即河床最低点)剖开的断面。用横坐标表示河长,纵坐标表示高程,将这些河流深泓点连接起来,就得到了河底的纵断面形状。在纵断面图上应表示出河底线、水位线以及沿河主要居民地、工矿企业、铁路、公路、桥梁、水文站等的位置和高程。

纵断面图一般是利用已有的水下地形图、河道横断面图及有关水文资料进行编绘的,其基本步骤如下:

(1)量取河道里程。在已有的水下地形图上,沿河道深泓线从上游(或下游)某一固定点开始算起,往下游(或上游)累计,量距读数至图上0.1mm,在有电子地图时,可直接在电子地图上量取。

(2)换算同时水位,同时水位的计算一般根据距离或时间作线性内插。

(3)编制河道纵断面表,内容包括:点编号、点间距、累计距离、深泓点高程、瞬时水位及时间、洪水位及时间、堤岸高程等。

(4)绘制河道纵断面图,一律从上游向下游绘制。高程比例尺一般为1:200~1:2000,距离比例尺一般为1:25000~1:200000。

8.3 水闸的施工放样

水闸一般由闸室段和上、下游连接段三部分组成,如图8-23所示。闸室是水闸的主体,这一部分包括底板、闸墩、闸门、工作桥和交通桥等;上、下游连接段有防冲槽、消力池、翼墙、护坦(海漫)、护坡等防冲设施。由于水闸一般建筑在土质地基甚至软土质地基上,因此通常以较厚的钢筋混凝土底板作为整体基础,间墩和翼墙就浇注在底板上,与底板结成一个整体。放样时,应先放出整体基础开挖线;在基础浇筑时,为了在底板上预留闸和翼墙的连接钢筋,应放出闸墩和翼墙的位置。图8-24为三孔水闸平面布置示意图。水闸的施工放样,包括测设水闸的轴线 *AB* 和 *CD*、闸墩中线、闸孔中线、闸底板的范围以及各细部的平面位置和高程等。其中轴线 *AB* 和 *CD* 是水闸的主要轴线,其他中线是辅助轴线,主要轴线是辅助轴线和细部放样的依据。

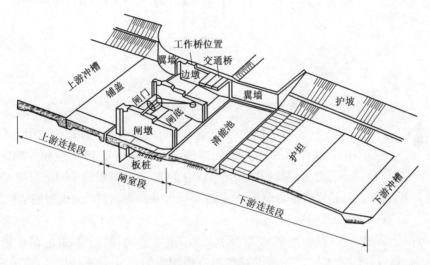

图 8-23　水闸组成部分示意图

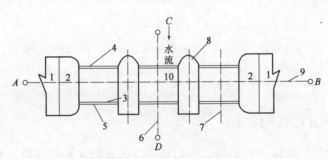

图 8-24　三孔水闸平面布置图

1-坝体;2-侧墙;3-闸墩;4-检修闸门;5-工作闸门;6-水闸中线;7-闸孔中线;8-闸墩中线;9-水闸中心轴线;10-闸室

8.3.1　水闸主要轴线、辅助轴线的测设和高程控制的建立

1)水闸主要轴线的放样

水闸主轴线一般由闸室中心线(横轴)和河道中心线(纵轴)两条互相垂直的直线组成。水闸主要轴线的放样,就是在施工现场标定轴线端点的位置,如图8-25中的 *A*、*B* 和 *C*、*D* 点的位置。根据实际情况选择下述一种方法放样。

(1)根据端点施工坐标,利用施工控制点,采用极坐标法、前方交会法等进行放样。

(2)根据端点施工坐标换算成测图坐标,利用测图控制点,采用极坐标法、前方交会法等进行放样。

（3）对于独立的小型水闸，可在现场直接选定端点位置。

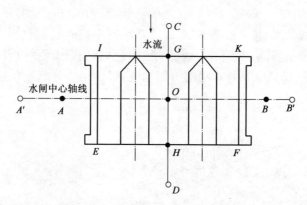

图 8-25　水闸主要轴线的放样

主轴线定出后，应在交点检测它们是否相互垂直，若误差超过 10″应以闸室中心线为基准，重新测设一条与它垂直的直线作为纵向主轴线，其测设误差应小于 10″。主轴线测定后，应向两端延长至施工影响范围之外、地势较高、稳定易保存的地方，各埋设四个固定引桩 A' 和 B'（图 8-25）。设立引桩的目的，是检查端点位置是否发生移动，并作为恢复端点位置的依据。

2）各部分结构辅助轴线的放样

各部分结构辅助轴线包括：闸墩轴线、闸孔轴线、边墙轴线、闸门槽轴线、闸墩边线、闸底板边线等。根据设计图纸上标定的辅助轴线与主要轴线的几何关系，现场实地采用直角坐标法等标定各辅助轴线的位置。

3）高程控制的建立

高程控制一般分两级布设，首级布设水准基点，一般布设在河流两岸不受施工干扰的地方，采用三等或四等水准测量方法测定。加密高程控制一般采用四等或五等水准测量方法测定临时水准点，临时水准点应靠近水闸位置，可以布设在河滩上。

8.3.2　基础开挖线的放样

水闸基础开挖线的放样是根据闸底板的基础设计高程和现场实地地面高程，考虑放坡宽度，根据闸底板的设计形状和尺寸，实地放样画线。放样的方法可根据实地地形、控制点分布、仪器设备等情况选择直角坐标法、角度前方交会法、全站仪坐标法等。

8.3.3　水闸底板的放样

水闸底板是闸室和上、下游翼墙的基础。闸孔较多的大中型水闸底板是分块浇注的。底板放样首先是放出每块底板立模线的位置和高程，以便安置模板进行浇筑混凝土。底板浇完后，要在底板上定出主轴线、各闸孔中心线和闸门槽控制线。然后以这些轴线为基础标出闸墩和翼墙的立模线，以便安装模板。

1）底板立模线的标定和装模高度的控制

为了定出立模线，先应在清基后的地面上恢复主轴线及其交点的位置，于是必须在原轴线两端的标桩上安置经纬仪进行投测。轴线恢复后,从设计图纸上取得底扳四角的施工坐标(即至主轴线的距离),便可在实地标出立模线的位置。

模板安装后,用水准测量方法在模板内侧标出底板浇筑高程的位置。

2)翼墙和闸墩位置及其立模线的标定

由于翼墙和闸墩将和底板结成一个整体,因此它们的主筋必须一道结扎。于是在标定底板立模线时,还应该定出翼墙和闸墩的位置,以便竖立连接钢筋。翼墙、闸墩的中心位置及其轮廓线,也是根据它们的施工坐标进行放样,并在地基上标定。

底板浇筑完后,应在底板上再恢复主轴线,然后以主轴线为依据,放样闸孔和闸墩中心线以及闸门槽控制线等,并弹墨线标定。各轴线按一定的方式进行编号。根据墩、墙的尺寸和已标明的轴线,再放出立模线的位置。

8.3.4 闸墩的放样

闸墩的放样,是先放出闸墩中线,再以中线为依据放样闸墩的轮廓线。

放样前,由水闸的基础平面图计算有关的放样数据。放样时,以水闸主要轴线 AB 和 CD 为依据,在现场定出闸孔中孔、闸墩中线、闸墩基础开挖线以及闸底板的边线等。待水闸基础混凝土垫层打好后,在垫层上再精确地放出主要轴线和闸墩中心线等。根据闸墩中心线放出闸墩平面位置的轮廓线。

闸墩平面位置的轮廓线,分为直线和曲线。直线部分可根据平面图上设计的有关尺寸,用直角坐标法放样。闸墩上游一般设计成椭圆曲线,如图 8-26 所示。放样前,应按设计的椭圆方程式,建立局部独立直角坐标系,计算曲线上相隔一定距离点的坐标,采用直角坐标法或极坐标法放样椭圆部分。根据已标定的水闸轴线 AB、闸墩轴线 MN 定出两轴线的交点 T,沿闸墩轴线测设距离 L 定出椭圆的对称中心点 P。在 P 点安置经纬仪,以 M 方向定向,用极坐标法(或直角坐标法)放样 1、2、3 点等。由于 PM 两侧曲线是对称的,左侧的曲线点 1′、2′、3′等也按上述方法放出。施工人员根据测设的曲线放样立模线。

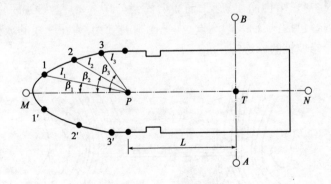

图 8-26 闸墩曲线部分放样

闸墩各部位的高程,根据施工场地布设的临时水准点,按高程放样的方法在模板内侧标出设计高程位置。随着墩体的增高,有些部位的高程不能用水准测量法放样,这时,可用钢卷尺代替水准尺从浇筑的混凝土高程点上直接丈量放出设计高程。

8.3.5 下游溢流面的放样

为了减小水流通过闸室下游时的能量,常把闸室下游溢流面设计成抛物面,抛物线的方程式注写在设计图上。首先根据放样要求的精度,选择不同的水平距离作为高程放样点间距,然后通过计算求出纵剖面上相应点的高程,最后放出抛物面,溢流面的放样步骤为:

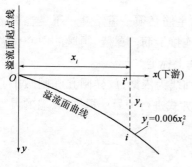

图 8-27 溢流面局部坐标系

(1)如图 8-27 所示,以闸室下游水平方向线为 x 轴,闸室底板下游高程为溢流面的起点(该点称为变坡点),该点为原点 O,通过原点的铅垂方向线为 y 轴(即溢流面的起始线),建立独立平面直角坐标系。

(2)沿 x 轴方向每隔 $1 \sim 2\mathrm{m}$ 选择一点,则抛物线上相应各点的高程为:

$$H_i = H_0 - y_i, y_i = 0.006x_i^2 \tag{8-11}$$

式中:H_i——i 点的设计高程;

H_0——下游溢流面的起始高程,可从设计的纵剖面图上查得。

(3)在闸室下游两侧设置垂直的样板架,根据选定的水平距离,在两侧样板架上作一条垂线。再用高程放样的方法,在各垂线上标出相应高程的位置。

(4)将各高程标志点连接起来,即为设计的抛物面与样板架的交线,该交线就是抛物线。施工员根据标定的交线安装样板,浇筑混凝土后即为下游溢流面。

8.4 土坝的施工放样

土坝具有取材容易、结构简单、施工简单等特点。图 8-28 是土坝的平面示意图。土坝施工放样的主要内容包括:坝轴线的测设、坝身控制测量、清基开挖线的放样、坡脚线和坝体边坡线的放样以及修坡桩的标定等。

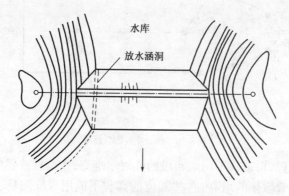

图 8-28 土坝平面示意图

8.4.1　坝轴线的测设

土坝的修筑首先要确定坝轴线的位置,而土坝轴线的确定一般有两种情况,即实地选定和图上选定再实地测设。

一般土坝的轴线可以直接在实地选定。首先由有关人员组成选线小组,深入现场进行实地踏勘,根据现场附近的地形、地质和建筑材料等条件,进行方案论证比较,最后直接在现场选定,在河流两岸打桩标定。

另一种情况是,由选线小组经过野外踏勘、图上规划等多次调查研究和方案论证比较,确定出最优建坝位置,并结合整个水利枢纽布置情况将坝轴线标定于地形图上。此时坝轴线端点可采用角度交会法或极坐标法放样到地面上,并打桩标定。

坝址选定后应用永久性标志标明,为防止施工时端点破坏,应将轴线的端点延长到两面山坡上,在施工影响范围之外埋设永久性标志。

8.4.2　坝身控制测量

坝轴线标定出来后,实地就确定了坝体的中心位置,是土坝施工放样的主要依据。但是,为了放样坝体的形状、大小和高程,在进行土坝的坡脚线、坝坡面、马道等坝体各细部的放样时,在施工干扰较大的情况下,只有一条轴线是不能满足需要的。因此,坝轴线确定后,还必须进行平面和高程控制测量,并且一般首先应进行高程控制测量。

1)高程控制测量

为了满足土坝的高程放样,高程控制测量一般分两级布设。首先采用三等或四等水准测量,在坝区施工范围以外,布设一些永久性的水准点,并和勘测阶段的水准点联测,形成闭合水准路线或水准网,作为整个高程控制的基础。

为了土坝施工中引测高程的方便,还将在施工范围内以永久性水准点为依据,设立一些临时水准点,这些点布置在从河底到坝顶的高度上,临时水准点可按四等或五等水准测量施测,并附合到永久性水准点上。临时水准点布设的密度,要尽量考虑到施工放样时的需要,一般只需设置一两个测站就能进行高程放样。临时水准点应经常进行检测,以防由于施工影响而发生变动。

2)平面控制测量

由于土坝的结构比较简单,一般不必布设专门的施工平面控制,只需测设若干条平行和垂直于坝轴线的直线就行了。

(1)平行于坝轴线的控制线测设

在图 8-29 中,M、N 为土坝轴线的端点,M'、N' 为轴线延长线上的固定标志,将经纬仪安置在 M 点,后视 N 点,固定照准部,用望远镜向河床两岸较平坦处处设 A、B 两点。然后,分别在 A、B 点安置经纬仪,标出坝轴线的两条垂线 CF 和 DE,在垂线上按建筑物的尺寸和施工需要,一般每隔5m、10m 或 20m 测定其距离,定出 a、

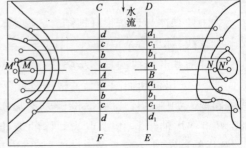

图 8-29　平行于坝轴线的控制线

b、c…和 a_1、b_1、c_1…点,则直线 aa_1、bb_1、cc_1…就是坝轴线的平行线。坝轴线的平行线需要长期保留,以便于施工放样,因此应利用仪器将各条平行线延长并投测到河床两岸的山坡上,用混凝土桩标定。

(2)垂直于坝轴线的控制线测设

①定出零号桩:通常将坝轴线上与坝顶设计高程一致的地面点作为坝轴线里程桩的起点,称为零号桩。测设零号里程桩的方法如图 8-29 所示,利用设计图纸求得坝顶的设计高程,在坝轴线的一端点 M 附近安置水准仪。在坝轴线的另一端点 N 上安置经纬仪,照准 M 点,固定照准部。扶尺员持水准尺在经纬仪视线方向沿山坡上、下移动,同时利用水准仪测出水准尺位置的地面高程,当测得的高程与坝顶设计高程一致时,该立尺点即为坝轴线上零号桩的位置。

②测设里程桩:从零号桩开始,根据坝址地形条件,沿坝轴线每隔 20m(或 10m、30m)打一个里程桩,其桩号分别为 0 +000、0 +020、0 +040…,如坝轴线方向坡度太大,用钢尺丈量距离比较困难,可采用两台经纬仪进行角度交会法放样,有条件时可采用电磁波测距仪放样。

③标定横断面方向桩:将经纬仪安置在各里程桩上,瞄准 M 点或 N 点,转 90°,即定出垂直于坝轴线的一系列平行线,并在上、下游施工范围外围堰上或山坡上用木桩或混凝土标定各垂线的端点,这些端点桩称为横断面方向桩,如图 8-30 所示。

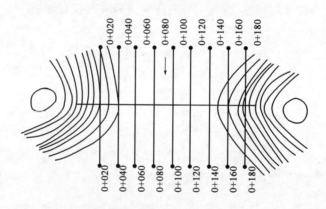

图 8-30　垂直于坝轴线的控制线

8.4.3　清基开挖线的放样

为了使坝体与岩基很好地结合,在坝体填筑前,必须对基础进行清理。为此,必须放出清基开挖线,标出清基范围。

放样清基开挖线的具体步骤是:首先根据标定的横断面方向桩,在每一单程桩上施测横断面线,并绘出横断面图;然后,根据设计要素求出放样数据,即每个横断面上两侧坡脚与中线的距离。如图 8-31 为根据设计要素和实测的横断面数据绘制的横断面图,里程为 0 +080,B 点在坝轴线上,A、C 点为坝体的设计断面与地面线上、下游的交点,d_1、d_2 为放样数据,放样数据可以从图上直接量取,也可根据坝顶设计高程、坝面坡度及实测的横断面数据计算求得。在放样清基开挖线时,在 B 点安置经纬仪,照准横断面方向桩标定横断面方向,从正点分别向上、下游方向测设 d_1、d_2，标出清基开挖点 A 和 C。采用上述方法分别标出各断面的清基开挖点，将各开挖点连接起来，即为清基开挖线，如图8-32所示。

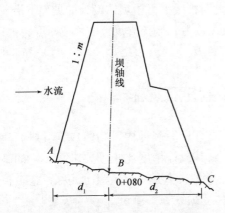

图8-31 图解法求清基开挖点的放样数据　　　　　图8-32 标定清基开挖线

由于清基开挖有一定的深度和地度，所以当现场实际放样时 d_1、d_2 的数值应加上一定的放坡长度。

8.4.4 坡脚线(起坡线)的放样

坝址清基完工后，为了实地标出填土起坡位置，还应在坝基上标出坝体和地面的交线，即坡脚线，自该线开始向内填筑坝体。坝体坡脚线(起坡线)的放样精度要求较高，一般要求为实测的轴距(坡脚点与轴线的平距)与设计的轴距相对误差应小于1/1000，用图解法量取的放样数据精度已不能满足要求。坡脚点(起坡点)的放样方法可参考路基边桩位置的测设方法。将各个断面的坡脚点放样完后，将其依次连接起来，即为坝体的坡脚线。

8.4.5 坝体填筑时的边坡放样

当坝体上、下游坡脚线放出后，就可在坡脚线范围内填土筑坝。土坝施工是分层上料，每层填土厚度约0.5m，上料后即进行碾压。为了使坝体的边坡符合设计要求，每层碾压后应及时将边坡的位置标定出来。为了使压实并修理后的坝坡面恰好是设计的坝面，上料时应根据不同的土料加宽填筑，所以上料桩应标在坝体加宽后的边坡线上。上料桩的标定可以采用坡度尺法或轴距杆法。

8.4.6 坝体坡面的修整

坝体修筑到设计高程后，要根据设计的坡度修整坝坡面。修坡是根据削去厚度的修坡桩进行的，修坝桩常采用以下方法施测。

(1)在已填筑的坝坡面上，依据平行于坝轴线的控制线标定出若干排平行于坝轴线的木桩，木桩的纵、横间距都不宜过大，以免影响修坡质量。确定出每排木桩至坝轴线的水平距离，然后计算每个木桩位置的设计高程。根据附近已知水准点，测定出各木桩位置的实际高程，各点实测坡面高程与其设计高程之差即为该点的削坡厚度。

(2)根据坝坡面的设计坡度计算坡面的倾角，例如对于1:2的边坡，$\tan\alpha = 1/2$，则 $\alpha =$

26°33′54″。根据坝轴线中心桩或轴距杆标定坝顶边缘坡肩桩,并测定坡肩桩桩顶高程 H,计算出该点的坝顶设计高程 H_0。在坝顶边缘坡肩桩上安置经纬仪,瞄准横断面方向并固定照准部,虽取仪器高 i,将望远镜向下倾斜 α 角,固定望远镜,此时视线平行于坝体设计的坡面。沿着视线方向每隔几米竖立标尺,设经纬仪中丝对应的标尺读数为 v,则该立尺点的修坡厚度为:

$$\delta = (i - v) + (H - H_0) \tag{8-12}$$

8.5 混凝土重力坝的施工放样

混凝土重力坝主要由坝体、闸墩、闸门、廊道、电站厂房等多种构筑物组成,其结构、建筑材料、施工程序和施工方法相对于土坝来说较为复杂,其放样精度比土坝要求高。它的施工大体上可分为围堰导流、基础开挖、坝体浇筑等几个阶段。其施工测量主要包括:施工控制网建立、围堰工程施工测量、基础开挖施工测量、坝体立模线施工测量等。

8.5.1 围堰工程的施工测量

围堰的形式有土围堰、浆砌石围堰、混凝土围堰等。在进行围堰工程施工前,应先进行围堰轴线的放样,其放样精度要求不高,并依不同形式而不同,如土围堰一般为 ±0.5m,混凝土围堰为 ±50mm。围堰轴线的放样一般采用角度交会法或电磁波测距的极坐标法来进行,在河两岸用花杆或其他标志标定轴线位置,并在河中用船或浮标标明其位置。施工期间,应经常检查和纠正河中设置的标志。

8.5.2 基础开挖的施工测量

在坝体浇筑混凝土以前,必须对基础进行清理。混凝土坝清基要清除表土覆盖层以及风化和半风化的岩层,直至新鲜基岩。为了保证大坝的稳定,在垂直坝轴线方向设计开挖面不允许向下游倾斜;沿坝段长度方向,地形突然变化时,需挖成缓坡或台阶。因此,清基开挖工作必须根据地基的情况做好设计,清基开挖线根据设计方案进行放样。

放样清基开挖线时,常用的方法有:断面法、极坐标法、GPS RTK 法等。

8.5.3 坝体施工中的测量工作

1)坝坡脚的立模线放样

基础开挖竣工后,应首先找出上、下游坝与基岩的接触点,即需将分跨线上、下游脚点放样出来,以便竖立坡面模板。坝坡脚的立模线放样可参考土坝施工测量中的坡脚线放样,但混凝土坝对精度要求更高,其要求量得的坡脚点到坝轴线间的距离与计算所得距离之差在1cm 以内。

2)坝体立模线的放样

混凝土重力坝是一层一层进行浇筑的,每层的高度一般为 2 ~ 3m。而且每一层又要分跨分仓(或称分段分块)进行浇筑。为此,施工前应根据设计的要求放出分跨分仓的控制线,以便根据它竖立模板。分仓控制线一般是平行于坝轴线的一组直线,分跨控制线则是垂直于坝轴线的一组直线,图 8-33 是某混凝土坝分跨分仓布置图,每跨每仓的角点都有设计坐标,连接这些点的直线称为立模线。坝体立模线的放样,可根据不同的坝型和地形而采用不同的方法。对于直立的模板,还要检查它们的垂直度,该项检查一般通过在模板侧面悬挂垂球线的方法检查。为了控制浇筑混凝土层的高程,一般是在模板内侧画出高程线。方法是先将高程传递到坝块面上,然后利用水准仪将设计高程测设到模板内侧。

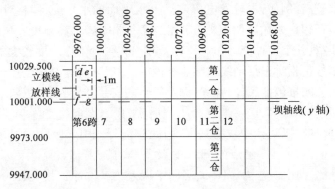

图 8-33 混凝土坝分跨分仓布置图

8.5.4 隧洞的放样

水工隧洞按其作用可分为:引水发电洞、输水洞、支洞、泄洪洞、导流洞等,这些隧洞中,测量精度要求最高的是发电洞及其支洞,其次是输水洞,有压隧洞的测量精度一般比无压隧洞的测量精度要求高。

隧洞施工测量的主要内容包括洞外控制测量、洞内控制测量、联系测量、隧洞中心线放样、开挖断面和衬砌断面放样等,其与道路隧道施工测量内容基本相同,在此不再叙述。

8.5.5 水电站厂房施工测量

水电站厂房施工测量的主要内容包括:厂房施工控制网的建立、基础开挖测量、厂房建筑放样等。不同的测量内容对施工控制网的精度要求不同。由于在厂房施工完毕后要进行人电机组的安装,为保证机组的安装精度和土建工程轴线与安装轴线一致,在建立厂房控制网时,其点位精度和点位分布都应考虑机组的安装测量。

厂房控制网一般根据实际情况布设成矩形方格网,其主轴线可根据首级施工控制网测设并调整,矩形控制网的精度应根据工程的规模和具体要求确定。

厂房基础开挖的测量工作一般精度要求不高,放样工作比较简单,通常利用附近的控制点采用直角坐标法或极坐标法等直接放样出开挖边界。厂房两侧边墙的放样,一般利用厂房中心轴线设置平行线的方法进行控制,其高程一般采用悬吊钢尺的方法进行控制。对于厂房内的吊车梁轨道安装,其精度要求相对较高,一般通过设置平行轴线,利用激光经纬仪进行测量,为了保证两轨道间距的精度,可采用量距法对轨道的中心间距进行调整和检核。

8.5.6 金属结构的安装测量

在水电工程中,闸门、压力管道、水轮发电机组等都是金属构件,这些构件有的采用单独吊装,有的采用现场拼接组装,金属结构安装测量是施工测量的一项重要内容。

金属结构安装测量的精度一般要求较高,需建立独立的控制网。由于金属构件与土建工程有一定的关系,因此,所建立的安装测量控制网应与土建施工测量控制网保持一定的联系,其轴线关系应保持一致。

金属结构与机电设备安装轴线和高程基点一经确定,在整个施工过程中不宜变动。安装测量的精度要求较高,例如,水轮发电机座环上水平面的水平度,即相对高差的中误差为 $\pm(0.3 \sim 0.5)$ mm,所以应采用特制仪器和严密方法,才能满足高精度安装测量的要求。安装测量是在场地狭窄、几个工种交叉作业、精度要求高、测量工作难度较大的情况下进行的。安装测量的精度多数是相对于某轴线或某点高度的,一般来说相对精度高于绝对精度。

平面闸门的安装测量包括底、门枕、门楣及门轨的安装和验收测量等。门轨(主侧、反轨等)安装的相对精度要求较高,应一期混凝土浇后,采用二期混凝土固结埋件。闸门放样工作是在闸内进行,放样时以闸孔中线为基准,因此应恢复或引入闸孔中线,并将闸孔中线标志于闸底板上。平面闸门埋件测点的测量中误差,底槛、主、侧、反轨等,纵向测量中误差 $\leqslant \pm 2$ mm;门楣测量纵向中误差为 ± 1 mm,竖向中误差为 ± 2 mm。其安装测量工作可参考工业厂房结构及机械设备安装测量。

思 考 题

1. 何为水利工程测量?

2. 测深断面和测深点的布设方法有哪些?

3. 测深点平面位置的测定技术有哪些?

4. 简述河道横断面图的测量过程。

5. 简述河道纵断面图的绘制步骤。

6. 何谓深度基准面?

7. 简述水位观测的方法和过程。

8. 水深测量归算一般可包含哪几项?

9. 试述 GPS-RTK 无验潮水下地形测量的基本原理。

10. 表 8-4 是某地进行 GPS-RTK 无验潮水下地形测量的测量点坐标,其中,G_1 和 G_2 是控制点,同时具有 WGS-84 坐标和西安 80 坐标,其余 3 个点为测深点,只具有 WGS-84 坐标,现在要想将它们转换为西安 80 坐标,应当如何进行转换?(提示:利用四参数相似变换方法)

测 量 点 坐 标 表   表 8-4

点名	WGS-84 坐标		西安 80 坐标	
G_1	5982484.158	541145.720	5982487.493	541054.474
G_2	5846504.419	359966.146	5846506.883	359874.258
G_3	5822459.423	547800.649	—	—
G_4	5702925.716	428059.191	—	—
G_5	5733741.064	577611.679	—	—

第9章 地下工程测量

9.1 概　　述

9.1.1　地下工程概述

地下工程是指为了开发利用地下空间资源,深入到地面以下建造的各类工程。地下工程可分为三大类:

(1)地下通道工程。以隧道为主,是一种穿通山岭,横贯海峡、河道和盘绕城市的地下交通通道。按工程用途,可分为公路隧道、铁路隧道、城市地下铁道和水工隧洞等。按地形又分为山岭隧道、沿山隧道、海底和过江隧道等。

(2)地下建(构)筑物。包括地下厂房、地下仓库、停车场、地下商场、人防工程、地下粒子加速器工程和军事设施等。

(3)地下采矿工程。为开采各种矿产而建设的地下采矿工程,如地下煤矿、磺矿、铁矿和各种有色金属矿等。

9.1.2　地下工程测量的内容和特点

1)地下工程测量的内容

地下工程测量主要是为地下工程设计、施工和管理提供测绘保障的测量工作,主要包括:地面、地下控制测量,联系测量,施工测量,隧道(洞)贯通测量,竣工测量和变形测量等。地下工程测量的作用,是标定地下工程建(构)筑物中心线的平面位置和高程,为开挖、衬砌、施工、设备安装指定方向和位置;特别是要保证两个相向开挖面的正确掘进和贯通,即保证所有建(构)筑物在贯通前能正确地施工修建,贯通后能按设计的几何位置正确对接,保证地下工程的施工质量和工程的安全,为设计、施工、管理提供所需要的各种测绘资料。

2)地下工程测量的特点

地下工程测量与地面工程测量相比较,具有以下特点:

(1)地下工程的测量空间狭窄、黑暗、潮湿、烟尘、滴水、人员和机械干扰大,测量条件差。

(2)地下工程的隧道或巷道采用独立掘进方式,随施工逐渐延伸,施工面狭窄,只能前后通视,洞内控制测量只适合布设导线,一般先布设低等级的短边导线,指示隧道或巷道的掘进,再布设高等级的长边导线,进行检核和控制。由于掘进过程较长,洞内导线的重复测量较多,这样可提高测量的精度和可靠性。

(3)洞内点位埋设受到环境限制,测站点一般设在两边地面或墙上,有的还设在顶部,测量时需进行点下对中,对于曲线巷道和隧道来说,导线边较短,且相邻导线边的边长相差较大,加上测量条件差,精度和可靠性都受到影响。

(4)地下工程测量,往往需要采用一些特殊的仪器和方法,如仪器加防爆装置,采用陀螺经纬仪进行地上、地下的方向传递和控制地下导线测角误差的积累,在竖井中采用多种联系测量方法等。

地下工程测量中,以隧道工程最为典型,对测量工作的要求也很高;矿山井巷工程是矿山测量的主要内容,城市地铁工程也以隧道为主,在隧道和矿山井巷中,都涉及贯通测量、地面与地下的联系测量、隧道和巷道的定向测量等。本章主要以隧道工程为例,讨论与地下工程有关的地面与地下控制测量、隧道贯通测量、竖井联系测量、地下工程的施工、竣工测量和施工与运营期间的变形测量等。

9.2 隧道贯通误差与估算

9.2.1 隧道贯通误差

在隧道工程中,两个相向掘进工作面在设计的位置对接连通的过程称为贯通,由于误差的影响,隧道的设计中线在贯通面上会出现偏差,该偏差称隧道的贯通误差。贯通误差通常用横向、纵向和竖向三个分量来描述,称横向贯通误差、纵向贯通误差和高程贯通误差。横向贯通误差是在水平面内垂直于隧道轴线方向上的误差,纵向贯通误差是在水平面内隧道轴线方向上的误差,高程贯通误差是在竖直平面内垂直于隧道轴线方向上的误差,分别用 m_q、m_l 和 m_h 表示。一般取两倍中误差作为各项贯通误差的限差。高程贯通误差影响隧道的竖向设计即隧道的坡度,一般容易满足限差的要求;纵向贯通误差只要不大于定测中线的误差,能够满足铺轨的要求即可,按定测中线精度,其限差为:

$$\Delta l = 2m_l \leqslant \frac{1}{2000}L \tag{9-1}$$

式中:L——隧道两开挖洞口间的长度。

横向贯通误差影响隧道的平面设计,引起隧道中线几何形状的改变。如果贯通误差大了,会引起洞内建筑物侵入规定限界,增加隧道在贯通面附近的竖向和横向开挖量,或使已衬砌部分拆除重建,将造成重大工程损失,影响工程质量。因此,我们主要讨论隧道的横向贯通误差。

在隧道设计后和施工前,可以估算贯通误差的大小;在隧道贯通时,可以测量出实际的贯通误差,方法是:利用隧道进、出口两端贯通面两侧平面和高程控制点,测出贯通面上同一点(称贯通点)的平面坐标和高程,根据其差值即可得到相应的隧道贯通误差。

9.2.2 隧道贯通误差分配

根据《工程测量规范》(GB 50026—2007),隧道工程的贯通误差限差如表 9-1 所示,表 9-2 为《既有铁路测量技术规则》(TBJ 105—1988)中的隧道贯通误差限差,可对比参考。一般按 2 倍贯通中误差作为贯通误差限差。表 9-3 列出了隧道控制测量对贯通中误差的影响值的限值,贯通中误差影响值是指洞外、洞内平面控制测量,洞外、洞内高程控制测量和竖井联系测量所引起的贯通中误差称为相应测值的影响值。注意,表9-3列出的是中误差值,不是限差。

隧道工程的贯通误差限差　　　　　表9-1

类　　别	两开挖洞口间长度(km)	贯通误差限差(mm)
横向	$L < 4$	100
	$4 \leqslant L < 8$	150
	$8 \leqslant L < 10$	200
高程	不限	70

《既有铁路测量技术规则》中的隧道贯通误差限差　　　　　表9-2

两开挖洞口间的长度(km)	<4	4~8	8~10	10~13	13~17	17~20
横向贯通限差(mm)	100	150	200	300	400	500
高程贯通限差(mm)						

隧道控制测量对贯通中误差的影响值的限值　　　　　表9-3

两开挖洞口间的长度(km)	横向贯通中误差(mm)				高程贯通中误差(mm)	
	洞外控制测量	洞内控制测量		竖井联系测量	洞外	洞内
		无竖井的	有竖井的			
$L < 4$	25	45	35	25	25	25
$4 \leqslant L < 8$	35	65	55	35		
$8 \leqslant L < 10$	50	85	70	50		

在制订方案时,可以根据误差分配的三个原则(即等影响原则、按比例分配原和忽略不计原则)进行误差分配。如施工放样误差引起贯通误差可以忽略不计,洞外平面控制网的误差可以分配得小一些。

[例]　设某隧道长9.4km,中间无竖井、斜洞,即只有一个贯通面,由表9-2和表9-3可查出,横向贯通限差为200mm,贯通中误差为100mm。洞内控制测量误差影响值为85mm,洞外控制测量误差影响值为50mm,即:

$$100 = \sqrt{(50^2 + 85^2)} = \sqrt{9725} = 98.6 \approx 100$$

若将洞内控制测量误差按进出口端的两条导线分配,则每条洞内导线所引起的横向贯通误差为60mm。上述的分配是洞外平面控制网的误差按$100/\sqrt{4}$点的比例分配,洞内按平均分配,其值为:50mm、60mm、60mm;若洞外平面控制网的误差按$100/\sqrt{5}$的比例分配,洞内按平均分配,其值则为:45mm、63mm、63mm。若将洞外、进出口端的洞内导线拉平均分配,则都为57mm。

9.2.3　隧道横向贯通误差影响值估算

洞外平面控制测量的横向贯通误差影响值估算有以下几种方法。

1)导线法

导线法是一种近似估算方法。过去用地面三角形网、导线网作洞外平面控制时,选择最靠近隧道中线的一条线路(如图9-1中的$J-1-2-3-4-C$)作为导线,用下述导线公式估算对横向贯通误差的影响值：

$$m_q = \pm \sqrt{\left(\frac{m_\beta}{\rho}\right)^2 \sum R_x^2 + \left(\frac{m_1}{l}\right)^2 \sum d_y^2} \tag{9-2}$$

测角误差的影响：

$$m_{y\beta} = \pm \frac{m_\beta}{\rho} \sqrt{\sum R_{xi}^2} \tag{9-3}$$

量边误差的影响：

$$m_{yl} = \pm \sqrt{\sum m_1^2 \cos^2\alpha} = \pm \frac{m_1}{l} \sqrt{\sum d_i^2} \tag{9-4}$$

$$m_{q下} = \pm \sqrt{m_{y\beta}^2 + m_{yl}^2} \tag{9-5}$$

式中：m_β——测角中误差，以秒计；

m_1——最弱边相对中误差；

$\sum R_x^2$——导线点至贯通面垂直距离的平方和；

$\sum d_y^2$——导线边在贯通面上投影长度的平方和。

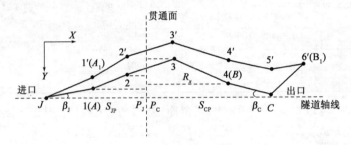

图 9-1　贯通误差影响值计算示意图

2）权函数法

目前，隧道地面平面控制测量主要是采用 GPS 网、全站仪导线或两者结合的方式，而地面控制测量对横向贯通误差的影响主要是由进、出口的洞口点坐标误差和定向边的坐标方位角误差所引起，因此，不论地面采用何种平面控制测量方式，误差估算就是计算两端洞口点的坐标误差和定向边的坐标方位角误差对横向贯通误差的影响值。

目前，由于计算机和测量平差软件的广泛应用，贯通测量误差估算大多由计算机辅助设计来完成。它既可以严密地直接计算出各项测量误差对贯通点的影响值，还可在计算机上作平面控制网的优化设计，对贯通测量方案设计中初步确定的网形与观测精度进行试验修正和优化，计算出点位误差椭圆和相对误差椭圆参数，直到地面控制测量的精度满足贯通工程的要求为止。另外，横向贯通误差的影响值还与贯通点的位置有关（贯通点应位于进出、口点之间的中部），而且也与洞外定向点的位置和精度有关，选取不同的定向点计算出的影响值也不同。在测量方案设计时，可通过计算机优化设计，选用计算出的最小影响值所对应的定向点组，作为优先考虑向洞内引测导线的一组联系方向点（最佳定向点），而用其他定向点检核。

下面介绍按方向间接平差,用求平差未知数目数精度的方法估算横向贯通误差的严密估算方法。设未知数的函数和共线性化的权函数式为

$$F = F(\hat{X}), \mathrm{d}F = f^{\mathrm{T}}d(\hat{x}) \tag{9-6}$$

由误差传播定律,贯通点的横向偏差的权到数为

$$\frac{1}{P_{\mathrm{F}}} = f^{\mathrm{T}} Q_{xx} f \tag{9-7}$$

求得权倒数后,可按下式计算未知数函数的中误差

$$m_{\mathrm{q}} = \pm \frac{m_{\mathrm{d}}}{\rho} \sqrt{\frac{1}{P_{\mathrm{F}}}} \tag{9-8}$$

式中:m_{d}——设计的方向观测中误差。

图9-2所示的GPS控制网中,J、C为隧道进、出口的控制点(不一定要在中线上),A、B为洞外定向点(可能有多个),G为贯通点。设隧道施工坐标系的x坐标轴与贯通面垂直,在不考虑定向边与进洞方向的连接角β_1、β_{C}和地下导线测量误差的情况下,分别从进、出口控制点J和C推算出贯通点G的横坐标差ΔY_{G},其中误差即为横向贯通误差影响值。ΔY_{G}的计算公式为

$$\Delta Y_{\mathrm{G}} = y_{\mathrm{C}} + S_{\mathrm{CG}}\sin(\alpha_{\mathrm{CB}} + \beta_{\mathrm{C}}) - y_{\mathrm{J}} - S_{\mathrm{JG}}\sin(\alpha_{\mathrm{JA}} - \beta_{\mathrm{J}}) \tag{9-9}$$

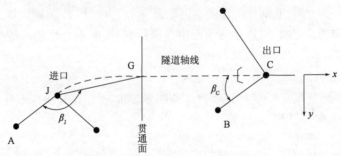

图9-2　GPS网的横向贯通误差影响值估算

然后对横坐标差ΔY_{G}全微分,即:

$$\mathrm{d}\Delta Y_{\mathrm{G}} = \mathrm{d}y_{\mathrm{C}} + \Delta x_{\mathrm{CG}}\mathrm{d}\alpha_{\mathrm{CB}} - \mathrm{d}y_{\mathrm{J}} - \Delta x_{\mathrm{JG}}\mathrm{d}\alpha_{\mathrm{JA}} \tag{9-10}$$

式中:α_{CB}、α_{JA}——分别为出口和进口点上的定向边的坐标方位角,其微分式为:

$$\mathrm{d}\alpha_{\mathrm{CB}} = \alpha_{\mathrm{CB}}\mathrm{d}x_{\mathrm{C}} + b_{\mathrm{CB}}\mathrm{d}y_{\mathrm{C}} - \alpha_{\mathrm{CB}}\mathrm{d}x_{\mathrm{B}} - b_{\mathrm{CB}}\mathrm{d}y_{\mathrm{B}} \tag{9-11}$$

$$\mathrm{d}\alpha_{\mathrm{JA}} = \alpha_{\mathrm{JA}}\mathrm{d}x_{\mathrm{J}} + b_{\mathrm{JA}}\mathrm{d}y_{\mathrm{J}} - \alpha_{\mathrm{JA}}\mathrm{d}x_{\mathrm{A}} - b_{\mathrm{JA}}\mathrm{d}y_{\mathrm{A}} \tag{9-12}$$

代入式(9-9),可得"影响值"权函数式的具体形式为:

$$\mathrm{d}\Delta Y_{\mathrm{G}} = - \alpha_{\mathrm{JA}}\Delta x_{\mathrm{JG}}\mathrm{d}x_{\mathrm{J}} - (1 + b_{\mathrm{JA}}\Delta x_{\mathrm{JG}})\mathrm{d}y_{\mathrm{J}} + a_{\mathrm{JA}}\Delta x_{\mathrm{JG}}\mathrm{d}x_{\mathrm{A}} + b_{\mathrm{JA}}\Delta x_{\mathrm{JG}}\mathrm{d}y_{\mathrm{A}} -$$
$$\alpha_{\mathrm{CB}}\Delta x_{\mathrm{CG}}\mathrm{d}x_{\mathrm{B}} + (1 + b_{\mathrm{CB}}\Delta x_{\mathrm{CG}})\mathrm{d}y_{\mathrm{C}} + a_{\mathrm{CB}}\Delta x_{\mathrm{CG}}\mathrm{d}x_{\mathrm{C}} - b_{\mathrm{CB}}\Delta x_{\mathrm{CG}}\mathrm{d}y_{\mathrm{B}} \tag{9-13}$$

式中:　　　　Δx_{JG}——由J点推算出的贯通点G的横坐标与J点横坐标之差;

　　　　　　　Δx_{CG}——由C点推算出的贯通点G的横坐标与C点横坐标之差;

a_{JA}、b_{JA}、a_{CB}、b_{CB}——系数,可由控制点J、A、C、B点的坐标计算出。

最后,利用式(9-7)、式(9-8)可求得未知数函数中误差(横向贯通误差影响值)。上述公式既适合GPS网,也适合三角网、边角网、导线和混合网,只要在间接平差通用程序中加入

计算横向贯通误差的子程序,即可方便地计算不同布网方案下的"影响值"。

由式(9-10)可以看出,横向贯通误差与洞口控制点和定向点的位置和精度有关,选择不同的定向点,其横向贯通误差则不同。在隧道控制网优化设计时,应考虑确定洞内导线进洞的最佳定向点。

3)零点误差椭圆法

如图9-2所示,从控制网进出口点 J、C 通过连接角 β_J、β_C 和距离 S_{JG}、S_{CG} 可以分别得到贯通点 G_J、G_C。由于测量误差的影响,G_J 和 G_C 不重合,将 β_J、β_C、S_{JG}、S_{CG} 当作不含误差的观测值(权取无穷大),与地面控制网一起平差,则 G_J 和 G_C 两点的相对误差椭圆(理论上两点应为同一点,其间距离为零,故称零点误差椭圆)在贯通面上的投影长度即为横向贯通误差影响值。

$$m_q = \sqrt{E^2\cos^2\psi + F^2\sin^2\psi} \tag{9-14}$$

式中:ψ——以椭圆长半轴为起始方向时 y 轴的方位角。

4)设计尺寸法

按照隧道设计尺寸确定横向贯通误差允许值。对于圆形隧道可取设计直径的 $1/7 \sim 1/10$ 作为横向贯通误差的允许值,对于方形隧道可取洞宽 $1/7 \sim 1/10$ 作为横向贯通误差的允许值。当出现这种横向贯通误差时,可以在贯通面附近进行调整,既不会增加开挖量,也不会影响工程的质量和进度。

5)误差来源分析法

在《铁路工程测量规范》和《高速铁路工程测量规范》中,对洞外 GPS 平面网测量误差对隧道横向贯通的影响,采用下式估算:

$$M^2 = m_J^2 + m_C^2 + \left(\frac{L_J\cos\theta \times m_{\alpha_J}}{\rho}\right)^2 + \left(\frac{L_C\cos\varphi \times m_{\alpha_C}}{\rho}\right)^2 \tag{9-15}$$

式中:m_J、m_C——进、出口 GPS 控制点的 Y 坐标误差;

L_J、L_C——进、出口 GPS 控制点至贯通点的长度;

m_{α_J}、m_{α_C}——进、出口 GPS 联系边的方位中误差;

θ、φ——进、出口控制点至贯通点连线与贯通点线路切线的夹角。

该法称误差来源法,与微分分析法有些类似,但不如微分分析法严密。

9.2.4 洞内平面控制测量的横向贯通误差影响值

1)导线公式法

洞内导线横向贯通误差影响值按导线公式(9-2)估算,导线公式是按支导线推导的,实际工作中,多布设为环形或网形,平差后测角、测边精度都会提高,故按导线公式估算的值偏于安全。

2)简化公式法

对于直线隧道,设洞内布设等边直伸导线,洞内导线测角误差引起横向贯通误差可近似表示为以下简化公式:

$$m_q = \sqrt{\frac{n^2 s^2 m_\beta^2}{\rho^2} \cdot \frac{n+1.5}{3}} \tag{9-16}$$

式中：s——导线的平均边长，m；

n——导线的边数；

m_q——横向贯通误差，m。

简化公式的实质是：洞内导线测量误差所引起的隧道横向贯通误差完全由测角误差所引起，测角误差与边长成正比，且与平均边长有关，平均边长越长，则导线测量误差所引起的隧道横向贯通误差越小。

3）坐标差统计法

对于只有一个贯通面的直线隧道，按等边（如 $300 \sim 500\,\mathrm{m}$）模拟从进、出口到贯通面的洞内导线网，取隧道轴线为 X 坐标轴，贯通面与 X 坐标轴垂直，与 Y 轴平行。根据按一定精度模拟观测值，并对进、出口洞内导线网分别进行平差，计算位于贯通面上同一点的 X、Y 坐标，Y 坐标差即为洞内导线测量误差所引起的隧道横向贯通误差，模拟计算 20 组（大子样），对 Y 坐标差作统计计算，即计算 Y 坐标差的均值、均值的中误差。最后可将均值作为洞内导线网测量误差所引起的横向贯通误差。若对 X 坐标差值作统计计算，则可得洞内导线网测量误差所引起的纵向贯通误差。该方法的特点是使用简便，易于程序实现，子样越大，所得的结果越可靠。而且可将进、出口洞内导线网作为一个独立的影响因子一起估算。

4）坐标中误差法

与坐标差统计法完全一样，对直线隧道按前述坐标系和设计的进、出口洞内导线网分别进行平差，计算出的位于贯通面上同一点的 X、Y 坐标及其中误差，我们可以把 X、Y 坐标的中误差视为洞内导线测量误差所引起的隧道纵、横向贯通误差，因为进出口端各有一个网，坐标的中误差乘以 $\sqrt{2}$，即为洞内导线测量误差所引起的隧道横向贯通误差，又因为平差是一次性的结果，在实际作业中，要对洞内导线网作经常性的重复测量，可以乘以一个小于 1 的系数，如除以 $\sqrt{2}$，则刚好抵消，因此，可直接把进口端洞内导线网不同隧道长贯通面上点的 Y 坐标中误差视为洞内导线测量误差所引起的隧道横向贯通误差。

9.2.5　洞外 GPS 网的横向贯通误差影响值

GPS 网测量误差所引起的隧道贯通误差，可以采用两种方法估算。

（1）最弱点误差法。对 GPS 网作一点一方向的最小约束平差，一般以洞口点为已知点，垂直于贯通面的轴线方向为 X 轴方向，由此可推求得洞口点到另一洞口点的方位角，将其作为已知方位角。GPS 网平差后，可将最弱点 Y 坐标中误差作为 GPS 网测量误差的横向贯通误差影响值。

（2）权函数法与洞外地面边角网相似，可将 GPS 网视为边角网、测边网或测角网。按前面地面边角网间接平差求未知数函数精度的方法，可估算横向贯通误差影响值。只要给出进、出口点及其定向点的近似坐标、贯通点的设计坐标以及贯通面的方位角等信息，即可通过模拟 CPS 网的观测值和平差计算得到横向贯通误差影响值。

9.2.6　竖井联系测量误差对横向贯通误差影响的估算方法

如果有通过竖井联系测量由地面向地下传递坐标和方位角的情况时,则坐标方位角传递误差引起的横向贯通误差可用下式计算:

$$m_{x0} = \pm \frac{1}{\rho} m_{\alpha0} R_{x0} \tag{9-17}$$

式中:$m_{\alpha0}$——竖井定向误差,即井下导线起算边的坐标方位角中误差;

R_{x0}——井下导线起算点与贯通点连线在 x 轴上的投影长度。

各种误差引起的横向贯通总的中误差公式为:

$$M = \pm \sqrt{m_{q地面}^2 + m_{x0}^2 + m_{q井下}^2} \tag{9-18}$$

一般用两倍中误差作为贯通预计误差,即 $M_{预} = 2M$。

用贯通预计误差与贯通允许偏差进行比较,若预计误差小于允许偏差,则所选用的平面贯通测量方案是可行的,能保证贯通质量。

这里需要指出的是,由于隧道控制网是独立网,其坐标原点可任意选定(一般选取进口点),选 x 坐标轴与设计的贯通面垂直。贯通测量的地面、地下测量工作都是在同一坐标系内进行的,而且用地面同一已知点和同一条已知边作为起始数据,向两端洞口做地面控制测量,并向洞内引测导线,当隧道贯通后地面、地下的测量线路形成一个闭合路线,贯通面的偏差是由闭合路线中角度和边长测量误差引起的,而测量起始点的坐标误差和起始边坐标方位角的误差对贯通误差没有影响,计算贯通预计误差时不予考虑。

9.2.7　高程测量误差对高程贯通误差的影响

地面和地下高程控制测量主要是采用水准测量方法。水准测量误差对隧道高程贯通误差的影响,可用下式计算:

$$m_h = \pm m_{\Delta} \sqrt{L} \tag{9-19}$$

式中:m_{Δ}——每千米水准测量的高差中误差;

L——洞外(或洞内)水准线路总长,以 km 计,对于一、二、三等水准测量,分别为 $1mm/km$、$2mm/km$ 和 $3mm/km$。

按上式分别计算出地面、地下水准测量误差对隧道高程贯通误差的影响值,则高程贯通总的中误差为:

$$m_H = \pm \sqrt{m_{H上}^2 + m_{H下}^2} \tag{9-20}$$

若各项测量均独立进行 n 次,并取 2 倍中误差作为预计误差,则高程贯通预计误差为:

$$m_{H预} = \pm \frac{2m_H}{\sqrt{n}} \tag{9-21}$$

9.3　地下工程的控制测量

地下工程的地面与地下控制测量包括平面和高程控制两部分,一般都是分开进行。现以隧道工程为例予以说明。

隧道的地面控制测量应在隧道开挖以前完成,地面控制测量包括平面控制测量和高程控制测量,其作用是放样隧道的开挖洞口位置、方向和高度,并向洞内传递坐标、方位角和高程。现在地下工程的首级控制网,基本都采用 GPS 网,在规范中,尽管地面测量技术建网的内容还较多,实际中已基本不再采用地面三角形网和导线网。因为,无论是隧道(洞)、巷道还是城市地铁工程,因为 GPS 网不受隧道进出口之间的长度和通视限制,既经济、简便、实用,又精确、可靠。

地下平面控制只能采用导线,如短边导线、长边导线、交叉导线和导线网,特长隧道可加测陀螺方位角。大型矿山巷道也需要使用陀螺仪。

地面高程控制一般采用等级水准测量、也可根据情况采用三角高程测量技术建立。地下高程控制采用水准测量。

下面以隧道工程为例来说明地下工程的地面与地下控制测量。

9.3.1 隧道工程的地面控制测量

隧道地面平面控制网一般采用独立坐标系,为了施工放样和估算测量贯通误差的方便,坐标轴与隧道轴线一致,或与贯通面垂直,投影高程面选取隧道的平均高程面。采用一点一方向的最小约束平差。但为了与隧道和线路的设计坐标系联系起来,需要与线路控制点联测,根据线路测量的控制点进行定位和定向,并且计算出线路坐标系下的坐标。

1)地面平面控制测量

隧道地面平面控制的方法主要有以下三种,即现场标定法、地面边角网法和 GPS 网法,分述如下。

(1)现场标定法

对于长度较短(如小于 500m)且地形条件较好的直线型隧道,可酌情采用现场标定法。如图 9-3 所示,A、D 为隧道中线上的已知点,在线路定测时选定在进出口处,现场标定法就是要根据 A、D 在隧道中线竖直平面上标定出中间地面上的 B、C 两点,分别作为进出口的定向点,以便向洞内引线。标定步骤:在 A 点架设全站仪,按 AD 的概略方位角,用正倒镜延长直线法,将中线从 A 点延长至 B'、C' 和 D' 点,并测出 AB'、$B'C'$、$C'D'$ 的平距,量取 DD' 的距离,按下式计算 CC' 的距离:

$$CC' = \frac{DD'}{AD'} \times AC' \tag{9-22}$$

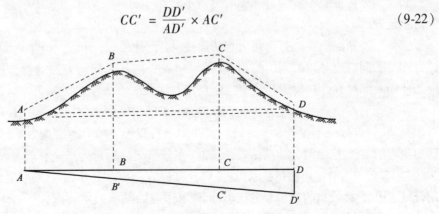

图 9-3 现场标定法示意图

将仪器移到 C，后视 D 点，再用正倒镜延长直线法至 A，若直线不通过 A 点，则按上述方法计算在 B 点的偏距，将仪器移至 B 点，后视 A 点，重复上述方法，直到 B、C 都在 AD 直线上为止，将 B、C 两点在地面上标定出来，相当于建立了一条无定向直伸导线。该法可认为是直线定线方法的扩展，随着 GPS 技术的普及，也将逐渐被淘汰。

（2）地面边角网法

在 GPS 定位技术应用之前，基本是采用地面边角测量技术建立隧道地面平面控制网。如图 9-4 所示是一个典型的隧道地面边角网图，隧道两洞口点 A、D，曲线隧道两切线上的点 ZD_1、ZD_3、ZD_4 和直圆点 ZY 都是网点，可精确地确定曲线的转角和曲线元素。

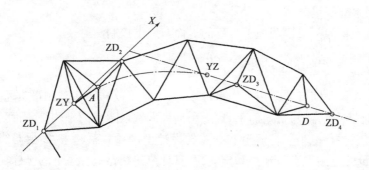

图 9-4　隧道地面边角网示意图

（3）GPS 网法

GPS 定位技术建立隧道地面控制网，由于无须通视，不需要中间连接点，故不受地形限制，只需考虑在隧道沿线的洞口和井口附近选择几个控制点，选点环境适合于 GPS 观测，因此选点布网灵活，减少了工作量，提高了观测速度，降低了工程费用。

布设隧道 GPS 控制网时，应考虑以下要求：

①控制网由隧道各开挖洞口和井口附近的控制点组成，每个洞口或井口应布设 1 个洞口控制点（或近井点）和 3 个以上的定向点，整个控制网应由一个或若干个独立观测环组成，每个独立观测环的边数应尽可能减少（最多不能超过 12 个）。

②网的边长最长不宜超过 30km，最短不宜小于 300m，对于短边控制点上应尽量设置强制对中装置。

③每个控制点至少应有 3 条边与其连接，极个别的点才允许由两个边连接。

④对于洞口或井口附近的控制点，考虑到需采用其他测量方法进行加密、检测或恢复，应当使同一洞口或井口附近的几个控制点相互通视。

⑤选择的控制点的环境适合于 GPS 观测。GPS 控制网应同附近等级高的国家平面控制网联测，联测点数应不少于 3 个。隧道路线附近有高等级的 GPS 点时，应予以联测。若同一隧道工程的 GPS 控制网分为两个投影带时，在分带交界附近的点应有两个投影带的坐标。

《全球定位系统城市测量技术规程》（CJJ/T 73—2010）中对 GPS 测量精度分级、闭合环或附合线路边数、接收机的选用和各级 GPS 测量作业的基本技术要求作了如下规定（表 9-4 ～表 9-6），它适合于城市或工程的 GPS 测量。

GPS 测量精度分级　　　　　表 9-4

等　　级	平均距离(km)	固定误差 d(mm)	比例误差 b($10^{-6} \times D$)	最弱边相对中误差
二等	9	≤10	≤2	1/120000
三等	5	≤10	≤5	1/80000
四等	2	≤10	≤10	1/45000
一级	1	≤10	≤10	1/20000
二级	<1	≤15	≤20	1/10000

闭合环或符合路线边数的规定　　　　　表 9-5

等　　级	二等	三等	四等	一级	二级
闭合环或附合线路的边数	≤6	≤8	≤10	≤10	≤10

GPS 测量各等级作业的基本技术要求　　　　　表 9-6

项　　目	观测方法	二等	三等	四等	一级	二级
卫星高度角(°)	静态	≥15	≥15	≥15	≥15	≥15
有效观测卫星数	静态	≥4	≥4	≥4	≥4	≥4
平均重复设站数	静态	≥2	≥2	≥1.6	≥1.6	≥1.6
时段长度(min)	静态	≥90	≥60	≥45	≥45	≥45
数据采样间隔(s)	静态	10~60	10~60	10~60	10~60	10~60

此外,《全球定位系统(GPS)测量规范》(GB/T 18314—2009)和各行业部门根据各自实际情况制订的其他 GPS 测量规程或细则也可供参考。

图 9-5 为只有一个贯通面 P 的直线隧道 GPS 控制网布网方案,图中两点间连线为独立基线,方案中每个点均有 3 条独立基线相连,其可靠性较好。假设该网采用 4 台接收机作业,只需观测 3 个时段,3 个时段有 3 个同步环,每个时段选 3 条独立基线,共 9 条独立基线构成 4 个独立的异步环(其中有 3 条复测基线)。

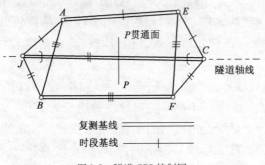

图 9-5　隧道 GPS 控制网

2)地面高程控制测量

地面高程控制测量的任务是在各洞口附近设立 2~3 个水准基点,作为向洞内或井下传递高程的依据。一般在平坦地区用等级水准测量,在丘陵及山区可考虑采用测距三角高程测量。

应以线路定测水准点的高程作为起始高程,水准线路应形成闭合环线,或敷设两条相互独立的水准线路。对于矿山工程,水准基点的精度应达到国家四等高程控制点的要求,对于大型隧道工程,水准测量等级应根据两洞口间水准线路长度确定。

9.3.2 隧道工程的地下控制测量

1)地下导线测量

洞内平面控制网宜采用导线形式,根据地下导线点的坐标可以放样隧道(或巷道)的中线及衬砌位置。地下导线的起始点通常位于平洞口、斜井口以及竖井的井底车场,这些点的坐标系由地面控制测量得到的。地下导线的等级取决于地下工程的用途、类型、范围大小及设计所需的精度等,可参见有关规范。地下导线应以洞口投点为起始点沿隧道中线或隧道两侧布设成直伸导线或多环导线。对于特长隧道,洞内导线可布设为由大地四边形构成的全导线网和由重叠四边形构成的交叉双导线网两种形式(图9-6),大地四边形的两条短边可用钢尺量取,不需作方向观测。大地四边形全导线网的观测量较大,靠近洞壁的侧边易受旁折光影响,所以采用交叉双导线网较好。为增加检核,应每隔一条侧边闭合一次。

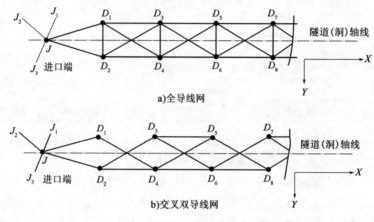

图9-6 洞内导线网

与地面导线测量相比,地下导线的主要特点是:不能一次布设,而是随隧道(或巷道)的开挖而分级布设,并逐渐向前延伸。一般先敷设边长较短、精度较低的施工导线,指示隧道(或巷道)的掘进;再布设高等级长边导线,进行检核,提高精度和可靠性,保证隧道(或巷道)的正确贯通。

地下导线的分级布设通常分施工导线、基本导线和主要导线(图9-7)。施工导线的边长为25~50m、基本导线边长为50~100m,主要导线的边长为150~800m。当隧道(或巷道)开始掘进时,首先布设施工导线给出坑道的中线,指示掘进方向。当掘进300~500m时,布设基本导线,检查已敷设的施工导线是否正确,高等级导线的起点、部分中间点和终点应与低等级导线点重合。隧道(或巷道)继续向前掘进时,应以高等级导线为基准,向前敷设低等级导线和放样中线。

地下导线布设的注意事项:①边长要近似相等,应避免长短边相接;②导线点应尽量布设在施工干扰小、通视好且稳固的地方,视线与坑道边的距离应大于0.2m;③有平行导坑时,平行导坑的单导线应与正洞导线联测;④在进行导线延伸测量时,应对以前的导线点作检核测量,在直线地段,只作角度检测,在曲线地段,要同时作边长检核,在短边进行角度测量时,应尽可能减小仪器和目标的对中误差影响;⑤当测距时,应注意镜头和棱镜不要有水雾,当洞内水汽、粉尘浓度较大时,应停止测距;⑥洞内有瓦斯时,应采用防暴全站仪;⑦对于螺旋形巷道,因不能形成长边导线,每次向前延伸时,都应从洞外复测,在导线点无明显位移时,取点位的均值。

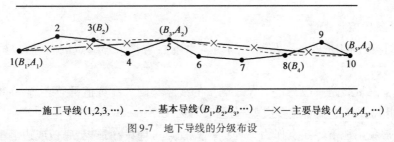

图9-7 地下导线的分级布设

2)加测陀螺方位角的地下导线测量

在地下导线中加测一定数量导线边的陀螺方位角,可以限制测角误差的积累,提高导线点位的横向精度。下面简介加测陀螺方位角的导线边位置,数量以及加测后对地下导线点位横向精度的增益。

如图9-8所示,地下导线有 n 条边,平均边长为 s,在不加测陀螺方位角时,导线终点 n 的横向误差估计公式为:

$$m_q^2 = \frac{m_\alpha^2}{\rho}(ns)^2 + \frac{m_\beta^2}{\rho^2}s^2\frac{n(n+1)(2n+1)}{6} \tag{9-23}$$

式中:m_α——地下导线起始边方位角中误差;

m_β——地下导线测角中误差。

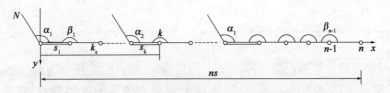

图9-8 地下导线加测陀螺方位角示意图

当在导线上均匀地加测了 i 个陀螺方位角时,则产生 i 条方位角附合导线。导线终点的横向误差估算公式(推导从略)如下:

$$m_q^2 = \frac{m_\beta^2}{\rho^2}s^2 \cdot i\left[\frac{k(k-1)(2k-1)}{6} + k^2w^2 - \frac{k^2(k-1+2w^2)}{4}\right] +$$

$$\frac{m_{\alpha i}^2}{\rho^2}s^2(n-ik)^2 + \frac{m_\beta^2}{\rho^2}s^2 \cdot \frac{(n-ik)(n-ik+1)[2(n-ik)+1]}{6} \tag{9-24}$$

式中:$w\dfrac{m_\alpha}{m_\beta}$;

k——每条附合路线的导线边数。

对于上式,求 m_q^2 对于 k 的极小值,在 m_q^2 等于极小的条件下,计算 k 与 n 的比值.可得到加测陀螺方位角的最优位置。

对不同的布设方案(导线总长、平均边长和边数),按上面公式可计算加测 1 个、2 个和多个陀螺方位角时,与不加测陀螺方位角的导线比较其横向精度的增益。计算表明,在 $m_\alpha = m_\beta$ 即 $w = 1$ 的情况下,加测 1~2 个陀螺方位角,横向精度增益的幅度较大。加测一个陀螺方位角时,应加测导线全长的 2/3 处的边,加测两个以上陀螺方位角时,以按导线总长均匀分布最好。

3)洞内高程控制测量

洞内高程控制测量的任务是测定洞内各水准点与永久导线点的高程,以建立地下高程基本控制。其特点为:

(1)高程测量线路一般与地下导线测量的线路相同。在坑道贯通之前,高程测量线路均为支线,因此需要往返观测及多次观测进行检核。

(2)通常利用地下导线点作为高程点。高程点可埋设在顶板、底板或边墙上。

(3)在施工过程中,为满足施工放样的需要,一般是用低等级高程测量给出坑道在竖直面内的掘进方向,然后再进行高等级的高程测量进行检测。每组永久高程点应设置 3 个,永久高程点的间距一股以 300~500m 为宜。

地下水准测量的等级和使用仪器,主要根据两开挖洞口间洞外水准路线的长度确定,表 9-7 为《既有铁路测量技术规则》(TBJ 105—1988)的相关规定。

地下水准测量等级及使用仪器要求 表 9-7

测量等级	每千米高差中数的偶然误差(mm)	两开挖洞口间水准路线长度(km)	水准仪	水准标尺类型
二等	≤1.0	>32	S1	线条式因瓦水准标尺
三等	≤3.0	11~32	S3	区格式水准标尺
四等	≤5.0	5~11	S3	区格式水准标尺

注:两开挖洞口间水准路线长度短于 5km 的,可按五等水准测量要求进行。

洞内高程控制测量采用洞内水准测量,应以洞口水准点的高程作为起始依据,通过水平坑道、斜井或竖井等将高程传递到地下,然后测定洞内各水准点的高程,作为施工放样的依据。

9.4 竖井联系测量

有多个开挖面的情况,为了保证地下工程按设计方向掘进,保证各相向掘进的工作面在预定地点能正确贯通,应通过平洞、斜井或竖井将地面的平面坐标系统和高程系统传递到地下,使地下和地面测量有一个统一的平面坐标系统和高程系统。该项测量工作称为联系测量。平洞、斜井的联系测量可由导线测量、水准测量、三角高程测量由地面洞口直接联测到地下完成。本节主要讲述竖井联系测量,即通过竖井将地面的平面坐标系统和高程系统传递到地下的测量。竖井联系测量分为平面联系测量和高程联系测量,平面联系测量包括一井定向、两井定向和陀螺经纬仪定向,亦称为竖井定向测量;传递高程的联系测量也称导入高程。

9.4.1　竖井平面联系测量

1）一井定向

通过在一个竖井内悬挂两根吊锤线（图9-9），将地面点的坐标和地面边的坐标方位角传递到井下的测量工作称为一井定向。在地面由井口投点（近井点）和控制点测定两吊锤线的坐标 x 和 y 以及其连线的坐标方位角；在井下根据吊锤线投影点的坐标及其连线的方位角确定地下导线起算点的坐标和起算边的坐标方位角。

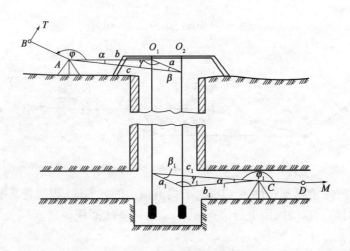

图9-9　一井定向示意图

（1）一井定向的原理与作业

一井定向测量的原理与作业分为投点和连接测量两部分。通过竖井用吊锤线投点，吊锤线选用细直径抗拉强度高的优质碳质弹性钢丝，吊锤的质量与钢丝的直径随井深而不同（例如当井深为 100m 时，锤重为 60kg，钢丝直径为 0.7mm）。投点时，首先在钢丝上挂上小重锤（例如 2kg），用绞车将钢丝放入井中，然后在井底换上作业重锤，并将其放入盛有油类液体的桶中，重锤线不得与竖井中任何物体和桶壁（底）接触，并要检查重锤线是否自由悬挂。

由地面向地下投点时，由于井筒内气流、滴水等影响，致使井下垂球线偏离地面上的位置，该线量偏差 e 称为投点误差，由此而引起的垂球线连线的方向误差 θ，叫作投向误差，用下式计算：

$$\theta = \pm \frac{e}{a}\rho''\tag{9-25}$$

当两钢丝间距 $a = 4.5\text{m}$、$e = 1\text{mm}$ 时，$\theta = +45.8''$。可见，投点误差对定向精度的影响是非常大的。因此，在投点时必须采取有效措施减小投点误差。

连接测量常采用连接三角形法（图 9-10）。A 与 C 称为井上下的连接点（近井点），O_1、O_2 点为两垂球线点，从而在井上下形成了以 O_1O_2 为公共边的三角形 O_1O_2A 和 O_1O_2C。

连接测量时，在连接点 A 与 C 点处用测回法测量角度 α、α_1、φ、φ_1。同时丈量井上下连接三角形的 6 个边长 a、b、c、a_1、b_1、c_1。量边应用检验过的钢尺并施加比长时的拉力,测记温度。在垂线稳定情况下,应用钢尺的不同起点丈量 6 次,读数估读到 0.1mm。同一边各次观测值的互差不得大于 2mm,取平均值作为丈量的结果。在垂球摆动情况下,应将钢尺沿所量三角形的各边方向固定,用摆动观测的方法至少连续读取 6 个读数,确定钢丝在钢尺上的稳定位置,以求得边长。每边均需用上述方法丈量 2 次,互差不得大于 3mm,取其平均值作为丈量结果。井上、井下量得两垂球线间距离 a、a_1 的互差,一般应不超过 2mm。内业计算时,首先应对全部记录进行检查。然后按下式解算连接三角形各未知要素:

$$\sin\beta = \frac{b}{a}\sin\alpha, \sin\gamma = \frac{c}{a}\sin\alpha \tag{9-26}$$

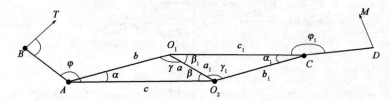

图 9-10 用连接三角形法进行井上下连接测量示意图

连接三角形三内角和 $\alpha + \beta + \gamma = 180°$,若尚有微小的残差时,则可将其平均分配给 β 和 γ。计算时还应对两垂球线间距进行检查。设 $a_{丈}$ 为两垂线间距离的实际丈量值,$a_{计}$ 为其计算值,则:

$$\begin{cases} a_{计}^2 = b^2 + c^2 - 2bc\cos\alpha \\ d = a_{丈} - a_{计} \end{cases} \tag{9-27}$$

当地面连接三角形中 $d < 2mm$、地下连接三角形中 $d < 4mm$,可在丈量的边长中分别加入下列改正数,以消除其差值:

$$v_a = -\frac{d}{3}, v_b = -\frac{d}{3}, v_c = \frac{d}{3} \tag{9-28}$$

然后按 $B \to A \to O_2 \to O_1 \to C \to D$ 的顺序,用一般导线计算方法计算各点的坐标。

(2)一井定向误差分析

由图 9-10 可知:

$$\alpha_{CD} = \alpha_{AB} + \varphi + \beta - \beta_1 + \varphi_1 \pm n \times 180°$$

由此可得:

$$m_{\alpha_{CD}}^2 = m_{\alpha_{AB}}^2 + m_\varphi^2 + m_\beta^2 + m_{\beta_1}^2 + m_{\varphi_1}^2 + \theta^2 \tag{9-29}$$

因为角度 β 是用正弦公式计算得到的,即:$\sin\beta = \frac{b}{a}\sin\alpha$,角度 β 为测量值 b、a 和 α 的函数,故其误差公式为:

$$m_\beta^2 = \left(\frac{\partial\beta}{\partial b}\right)^2 m_b^2\rho^2 + \left(\frac{\partial\beta}{\partial a}\right)^2 m_a^2\rho^2 + \left(\frac{\partial\beta}{\partial\alpha}\right)^2 m_\alpha^2 \tag{9-30}$$

式中各偏导数分别为:

$$\frac{\partial\beta}{\partial b} = \frac{\sin\alpha}{a\cos\beta}, \frac{\partial\beta}{\partial a} = \frac{b\sin\alpha}{a^2\cos\beta}, \frac{\partial\beta}{\partial\alpha} = \frac{b\sin\alpha}{a\cos\beta}$$

将各偏导数值代入式(9-30)中并进行整理后可得：

$$m''_\beta = \pm \sqrt{\rho^2 \tan^2\beta \left(\frac{m_b^2}{b^2} + \frac{m_a^2}{a^2} - \frac{m_\alpha^2}{\rho^2} \right) + \frac{b^2}{a^2 \cos^2\beta} m_\alpha^2} \qquad (9\text{-}31)$$

同理可得：

$$m''_\gamma = \pm \sqrt{\rho^2 \tan^2\gamma \left(\frac{m_c^2}{c^2} + \frac{m_a^2}{a^2} - \frac{m_\alpha^2}{\rho^2} \right) + \frac{c^2}{a^2 \cos^2\gamma} m_\alpha^2} \qquad (9\text{-}32)$$

对井下定向水平的连接三角形，也可得到同样的公式。

在式(9-31)和式(9-32)中，如果 $\beta \approx 0°$，$\gamma \approx 180°$（或 $\beta \approx 180°$，$\gamma \approx 0°$）时，则 $\tan\beta = 0$，$\tan\gamma = 0$，$\cos\beta = 1$，$\cos\gamma = -1$。此时各测量元素的误差对于垂球线 O_1、O_2 处计算角度的精度影响最小。式(9-31)和式(9-32)可简写为

$$\begin{cases} m''_\beta = \pm \dfrac{b}{a} m''_\alpha \\[2mm] m''_\gamma = \pm \dfrac{c}{a} m''_\alpha \end{cases} \qquad (9\text{-}33)$$

分析上述误差公式可得出如下结论：连接三角形最有利的形状为锐角不大于2°的延伸三角形。计算角 β（或 γ）的误差，随测量角 α 的误差增大而增大，随比值 $\dfrac{b}{a}$（和 $\dfrac{c}{a}$）的减小而减小。故在连接测量时，应尽量使连接点 A 和 C 靠近最近的垂球线，并精确地测量角 α。两垂球线间的距离 a 越大，则计算角的误差越小。在延伸三角形中，量边误差对定向精度的影响较小。

在点4处的连接角 φ 的误差，对连接精度的影响 m_φ 可按下式计算：

$$m_\varphi = \pm \sqrt{m_i^2 + \rho^2 \left(\frac{e_A}{\sqrt{2}\,d} \right)^2 + \rho^2 \left(\frac{e_B}{\sqrt{2}\,d} \right)^2} \qquad (9\text{-}34)$$

式中：m_i——测量方法误差；

$\quad\quad d$——连接边 AB 的边长；

$\quad e_A$、e_B——仪器在连接点 A、B 上对中的误差。

由此可知，欲减少测量连接角的误差影响，主要应使连接边 d 尽可能长些，并提高仪器的对中精度。上述公式对估算井下连接测量时 φ_1 的误差也同样适用。

2）两井定向

通过在已贯通的两相邻竖井各悬挂一根吊锤线和地面测量方法，把吊锤线的坐标传递到井下的测量工作叫两井定向。当两相邻竖井间开挖的隧道已贯通，或在矿山建设中，两竖井间已有地下巷道连通，此时就具备采用两井定向的条件。两井定向是在两竖井中各悬挂一根吊锤线 A 和 B，由地面控制点测定两吊锤线 A、B 的坐标，在地面和地下用导线将 A、B 两吊锤线连接起来，从而把地面坐标系统中的平面坐标传递到地下，如图9-11所示。布设连接导线时，在条件允许的情况下，应尽量使其长度最短并尽可能沿两吊锤线连线方向延伸导线。

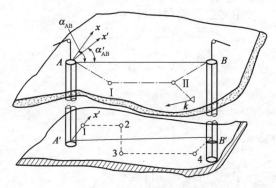

图 9-11　两井定向示意图

两井定向与一井定向相比,由于两吊锤线间的距离大大增加了,因而减少了投点误差引起的定向误差,有利于提高地下导线定向的精度;其次是外业测量简单,占用竖井的时间较短,有条件时可把吊锤线挂在竖井中的设备管道之间,以便使竖井能照常进行生产。

内业计算时,首先由地面测量结果求出两垂球线的坐标(x_A, y_A),(x_B, y_B)并计算 A、B 连线的坐标方位角 α_{AB} 和长度 D_{AB}:

$$\alpha_{AB} = \arctan \frac{y_B - y_A}{x_B - x_A}$$

$$D_{AB} = \sqrt{\Delta x_{AB}^2 + \Delta y_{AB}^2} \tag{9-35}$$

两井定向的地下导线采用无定向导线计算,可解算出地下各点的坐标。两井定向的实质是通过无定向导线测量和计算,提高地下导线的方位角精度和可靠性,由于测量误差的影响,地下求出的 B 点坐标与地面测出的 B 点坐标存有差值。如果其相对闭合差符合测量所要求的精度,可将坐标增量闭合差按边长成比例反号分配给地下导线各坐标增量上。最后计算出地下各导线点的坐标。

上述方法是在竖井中挂锤线,如果竖井深或重锤线不稳定,垂准误差对地下定向边的方位角精度影响较大,且有时在竖井中挂锤线也不方便,甚至影响到施工。因此,可用激光铅垂仪代替挂锤线进行两井定向,称为铅垂使与全站仪联合定向法,这种方法不仅方便,而且可提高垂准精度。该方法的基本原理与计算方法同在竖井中挂锤线的方法相同,在此不再赘述。

3)陀螺经纬仪定向

陀螺仪是专门用于测定方向的仪器,用陀螺仪可以把方位角直接从地面传递到地下去,用陀螺仪进行定向的过程如下:

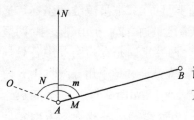

图 9-12　陀螺仪测角原理图

(1)在地面已知方位角的边上测定仪器常数;

(2)在地下待定边上测定陀螺方位角:

如图 9-12 所示,在 A 点安置好陀螺经纬仪,照准 B 点读取水平度盘的读数,然后设法测取陀螺转子轴指向真北方向的水平度盘读数 N,则 AB 边的陀螺方位角 m 为:

$$m = M - N \tag{9-36}$$

(3)在地面已知边上重新测定仪器常数;

（4）计算测线 AB 的坐标方位角。

9.4.2 高程联系测量

为使地面与地下建立统一的高程系统,应通过斜井、平洞或竖井将地面高程传递到地下巷道中,该测量工作称为高程联系测量(亦称为导入高程)。通过斜井、平洞的高程联系测量,可从地面用水准测量和三角高程测量方法直接导入,这里不再赘述。下面仅讨论通过竖井导入高程的方法。通过竖井导入高程的常用方法有长钢尺法、长钢丝法、光电测距仪铅直测距法等。

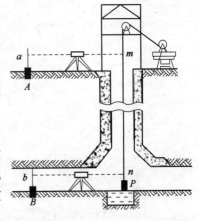

1）长钢尺法导入高程

如图 9-13 所示,将经过检定的钢尺挂上重锤(其重量应等于钢尺检定时的拉力),自由悬垂在井中。分别在地面与井下安置水准仪,首先在 A、B 点水准尺上读取读数 a、b。然后在钢尺上读取读数 m、n(注意,为防止钢尺上下弹动产生读数误差,地面与地下应同时在钢尺上读数)。同时应测定地面、地下的温度 $t_上$ 和 $t_下$。由此可求得 B 点高程:

图 9-13　钢尺(丝)法导入高程示意图

$$H_B = H_A - \left[(m - n) + (b - a) + \sum \Delta l \right] \tag{9-37}$$

式中: $\sum \Delta l$——钢尺改正数总和,包括尺长改正、温度改正、拉力改正、自重伸长改正。

其中钢尺温度改正计算时应采用井上、井下实测温度的平均值。钢尺自重伸长改正计算公式为:

$$\Delta l = \frac{\gamma}{E} l \left(L - \frac{l}{2} \right) \tag{9-38}$$

式中: l——$l = m - n$;

L——钢尺悬挂点至重锤端点间长度,即自由悬挂部分的长度;

γ——钢尺的密度($\gamma = 7.8 \text{g/cm}^3$);

E——钢尺的弹性模量,一般取为 $2 \times 10^6 \text{Pa}$。

2）钢丝法导入高程

用长钢丝导入高程,一般随几何定向一起进行。长钢丝导入高程的过程基本同长钢尺法,但因长钢丝无尺寸标记,因此在地面以下观测钢丝时,需要在钢丝上作出记号,然后在地面选一平坦区域,加悬挂时的重力将钢丝拉开,量测两记号间的长度(应注意加入各项改正)。

3）光电测距仪导入高程

采用光电测距仪导入高程时(图 9-14),在井口附近的地面上安置光电测距仪,在井口和井底分别安置反射镜,井上的反射镜与水平面成 45° 夹角,井下的反射镜处于水平状态,用光电测距仪分别测量出仪器中心至井上和井下反射镜距离 L、S,同时测定井上、井下的温度及气压。则井上和井下反射镜间高差可按下式计算:

$$h = S - L + \Delta l \qquad (9-39)$$

式中:Δl——光电测距仪的总改正数。

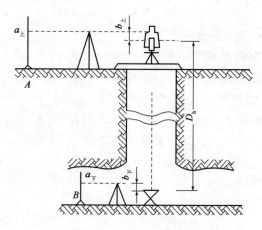

图 9-14 光电测距法导入高程示意图

然后用水准仪测量出井上、井下反射镜中心与地面、地下水准点间的高差,可计算出水准点的高程。

9.5 隧道施工测量与竣工测量

隧道施工测量的主要任务是:在隧道施工过程中标定掘进方向(包括中线法、串线法、激光指向仪法和腰线法),检查工程进度,计算土石方量进行贯通误差测量和调整,竣工测量和施工期的变形监测等。

隧道施工有全断面开挖法和导坑开挖法,在开挖过程中,除了要随时检查工程进度,计算土石方量外,最重要的是标定隧道的掘进方向,对于直线隧道,平面上掘进方向的标定有中线法、串线法和激光指向仪法,全断面开挖法施工通常采用中线法,导坑开挖法施工时.因精度要求较低,一般可采用串线法,但都将逐渐被激光指向仪法所取代。对于曲线隧道,主要用导线测量加全站仪极坐标法。竖面上掘进方向的标定则采用水准仪加腰线法。无论是哪一种测量和方法,都离不开洞内导线或高程控制测量。

9.5.1 洞口点的测量与进洞点的标定

为了保证隧道中线符合设计要求,确保施工不发生任何差错,施工单位在施工前必须把设计单位提交的全线控制点进行复测,只有各控制点在误差允许范围内方可利用。施工单位首先要布设洞口,因为洞口点是向洞内引伸导线的起算点,又是洞口及其附近地段施工放样的依据,有时可延用到隧道贯通,在建立洞口点时应满足下列要求:

(1)尽可能埋设在便于观测、保存和不受施工影响的地点;

(2)洞口点到洞口不宜太远,连接点数应不超过 3 个;

(3)洞口点标石深度,在无冻土地区不小于 0.6m,在冻土地区标石要埋在冻结线以下;

(4)为了使洞口点免受损坏,在点的周围宜设保护桩和栅栏或刺网。

1）洞口点的布设

（1）洞口点直接布设在主网上

洞口点应尽可能纳入为施工区布设的三角网或导线网的主网上，并采用相同精度观测、整体平差，以保证洞口点有足够的精度。

（2）支导线连接洞口点

因洞口点所处位置受地形、地物条件限制或受到施工条件的影响，不能与主网组成控制网，这时可在主网与洞口点间设支导线连接。

（3）利用全球定位系统（GPS）测设洞口点

当隧道工程较大时，尤其有长距离隧道贯通，最好利用全球定位系统（GPS）测设洞口点，不但精度高，而且稳定可靠。

利用 GPS 卫星定位测量测设洞口点时，点位应选在视野开阔处，点周围视场内不应有地面倾角大于 10°的成片障碍物，以免阻挡来自卫星的信号。同时应避开高压输电线、变压站等设施，其最近距离不得小于 200m，距强辐射的电台、电视台、微波站等不得小于 400m。测量时可采用静态定位，静态定位可通过大量重复定位来提高定位精度。

2）标定进洞点和掘进方向

隧道的进洞点，通常也称隧道的开切点，也就是隧道由此往前掘进。进洞点利用设计坐标和洞口点的坐标，采用全站仪或经纬仪，通过极坐标法标定，在洞口点设仪器；然后，用坐标反算的方位角，标定方向，并测量距离，从而确定进洞点。为了保证进洞点的标定精度，一般需要标定两次或换另外一位测量员标定。如果两次标定的误差在允许范围内，方可确定进洞点位置 B。

进洞点标定后，在 B 点架设仪器，后视洞口点 A，并利用洞口点与进洞点的方位角和隧道进洞设计方位角，可计算出两条直线夹角 β，在进洞点 B 标定隧道的掘进方向，为了使用方便，在视线上打 3 个木桩，并用铁钉连成一直线，以备检核时使用，同时可指示隧道的掘进，如图 9-15 所示。

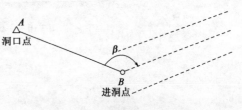

图 9-15　进洞点和洞口点关系图

9.5.2　平面上掘进方向的标定

中线测量是隧道施工过程中一项经常性的工作，是保障隧道按设计要求施工的重要举措。根据施工方法、断面开挖的宽度以及曲线设计半径大小等不同，中线测设的方法可有不同的选择。由于洞口施工方法的特殊性，中线分临时中线和永久中线。当隧道掘进 20m 左右，就要对临时中线点进行重新检查标定，检查符合要求后，标定永久中线。

1）中线测设的内容与要求

（1）临时中线

①临时中线的功能：在掘进时期临时标定中线的位置；在局部范围临时传递中线方向和里程；衬砌时作为永久建筑物定位（放样）的依据。

②测设要求：用全站仪测设方向和距离，两次测量相符；点间距一般为：直线 30m 左右一点，曲线 20m 左右一点为宜。

（2）永久中线

永久中线的功能：在有洞内控制导线的隧道内，作为标定中线位置和在局部范围内向前延伸中线的依据；确定衬砌用的临时中线点，同时也是永久性建筑定位（放样）的基础。

（3）中线测设的要求

①直线上采用经纬仪正倒镜中线，合格时分中定点；曲线上采用正倒镜设角，合格时分中定点；距离独立测量两次。

②点间距通常为：直线 90～150m，曲线 60～100m。

③桩点设置，一般可利用已埋设的临时中线桩按要求测定后使用。

2）直线隧道的中线测设

隧道中线主要是指导隧道按设计要求施工，保证隧道的质量。直线隧道的中线测设通常采用经纬仪正倒镜法、瞄直法和激光指向仪导向法。

（1）中线法

图 9-16 中，P_1、P_2 为导线点，C 为隧道中线点，已知 P_1、P_2 的实测坐标、C 的设计坐标（按其里程及隧道中线的设计方位角计算）和隧道中线的设计方位角，可按式（9-40）计算出放样中线点 C 的数据 β_2、β_C 和 L。

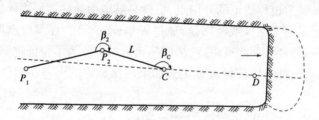

图 9-16　中线标定隧道中线的示意图

$$\alpha_{P_2C} = \arctan \frac{Y_C - Y_{P_2}}{X_C - X_{P_2}}$$

$$\beta_2 = \alpha_{P_2C} - \alpha_{P_2P_1} \tag{9-40}$$

$$\beta_C = \alpha_{CD} - \alpha_{CP_2}$$

$$L = \frac{Y_C - Y_{P_2}}{\sin\alpha_{P_2C}} = \frac{X_C - X_{P_2}}{\cos\alpha_{P_2C}}$$

将仪器安置在导线点 P_2 上，用盘左后视 P_1，拨角度 β_2，在视线方向上丈量距离 L，即得中线点 C_1，盘右可得 C_2，取 C_1、C_2 的中点即得点 C。在 C 点上埋设与导线点相同的标志，并重新测定其坐标。将仪器安置于 C 点，后视 P_2，拨角 β_C，即得中线方向。随着开挖面推进，C 点距开挖面越来越远，这时需要将中线点向前延伸，埋设新的中线点，其标设方法同前。

（2）串线法

串线法是利用悬挂在两临时中线点上的垂球线，直接用肉眼来标定开挖方向。首先需用类似前述设置中线点的方法，在导坑顶板或底板上设置三个临时中线点 B、C、D，两临时中线点的间距不宜小于 5m，标定开挖方向时，在三点上悬挂垂球线，一人在 B 点指挥，另一人在工作面持手电筒（可看成照准标志），使其灯光位于中线点 B、C、D 的延长线上，然后用红油漆标出灯光位置，即得隧道中线。利用这种方法延伸中线方向时，误差较大，所以 B 点到工作面的距离不宜超过30m,曲线段不宜超过20m。当工作面向前推进超过30m后,应向前再测定两临时中线点,继续用串线法延伸中线,指示开挖方向(图9-17)。

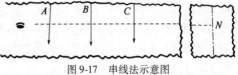

图9-17 串线法示意图

随着开挖面的不断向前推进,中线点也应随之向前延伸,地下导线也紧跟着向前敷设,为保证开挖方向的正确,必须随时根据导线点来检查中线点和纠正开挖方向。

(3)激光指向仪法

在直线隧道(巷道)建设施工中,采用激光指向仪进行指向与导向(图9-18)。由于激光束的方向性良好,发射角很小,能以大致恒定的光束直线传播相当长的距离,因此它成为地下工程施工中一种良好的指向工具。由激光器发射的激光束经聚焦系统后发出一束大致恒定的红光,测量人员将指向仪配置到所需的开挖方向后,施工人员即可自己随时根据指向需要,开启激光电源找到掘进开挖方向。

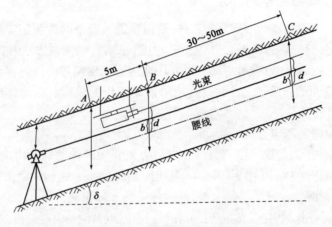

图9-18 激光指向仪法示意图

3)曲线隧道的中线测设

曲线隧道的中线是弯曲的,无法像直线隧道那样直接标出中线,而只能在一定范围内以直代曲,即用分段的弦线来代替分段的圆弧线,用内接折线来代替整个圆曲线,并在实地标设这些圆曲线来指示隧道的掘进方向。曲线隧道中线测设方法很多,传统的方法包括经纬仪弦线法、切线支距法、短弦法。

对于曲线隧道掘进时,隧道中线点是随导线测量测设,是根据中线点加密,一般采用全站仪极坐标法测设。

9.5.3 竖面上掘进方向的标定

在隧道开挖过程中,除标定隧道在水平面内的掘进方向外,还应定出坡度,以保证隧道在竖直面内正确贯通。隧道竖直面掘进方向标定通常采用腰线法。所谓路线是用来指示隧道在竖直面内掘进方向的一条基准线,通常标设在离开隧道底板一定距离的墙壁上。

如图 9-19 所示，A 为已知的水准点，C、D 为待标定的腰线点，标定腰线点时，应在适当位置安置水准仪，后视水准点 A，可得到视线的高程，根据隧道的坡度以及 C、D 的里程，可计算出两点的高程，并求出 C、D 点与仪器视线间的高差 Δh_1 和 Δh_2，由仪器视线向上或向下量取 Δh_1、Δh_2，即可标出腰线点 C、D 点的位置。

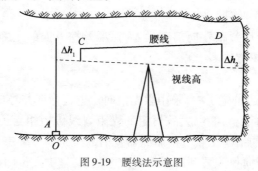

图 9-19　腰线法示意图

9.5.4　隧道贯通误差的测定与调整

隧道贯通误差的测定是一项重要的工作，隧道贯通后要及时地测定实际偏差，以对贯通结果作出最后评定，验证贯通误差预计的正确程度，总结贯通测量方法和经验，若贯通偏差在设计允许范围之内.则认为贯通测量工作成功地达到了预期目的。若存在若贯通偏差，将影响隧道(巷道)断面的修整、扩大、衬砌和轨道铺设工作的进行。因此，应该采用适当方法对贯通后的偏差进行调整。

1)实际贯通偏差的测定方法

(1)采用中线法指向开挖的隧道，贯通之后，应从相向开挖的两个方向各自向贯通面延伸中线，并各钉一临时桩 A、B(图 9-20)。丈量出两临时桩 A、B 之间的距离，即得隧道的实际横向贯通误差，A、B 两临时桩的里程之差，即为隧道的实际纵向贯通误差。

(2)采用地下导线作洞内控制的隧道，可在贯通面附近钉设一临时桩点，然后由相向的两个方向对该点进行测角和量距，各自计算临时校点的坐标。这样可以测得两组不同的坐标值，其 Y 坐标的差值即为实际的横向贯通误差，其 X 坐标之差为实际的纵向贯通误差。在临时桩上安置经纬仪测出角度 α，如图 9-21 所示，以便求得导线的角度闭合差(也称方位角贯通误差)。

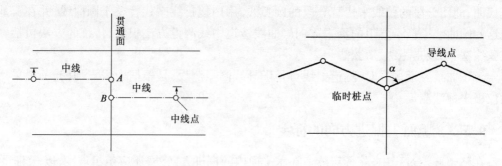

图 9-20　用中线法测定实际横向贯通偏差　　　　图 9-21　用导线法测定实际横向贯通偏差

(3)由隧道两端洞口附近的水准点向洞内各自进行水准测量.分别测出贯通面附近的同一水准点的高程.其高程差即为实际的高程贯通误差。

2）贯通误差的调整

测定贯通隧道的实际偏差后．需对贯通误差进行调整，调整贯通误差的工作，原则上应在隧道未衬砌地段上进行．不再牵动已衬砌地段的中线，以防减小限界而影响行车。在中线调整之后，所有未衬砌地段的工程，均应以调整后的中线指导施工。

（1）直线隧道贯通误差的调整

直线隧道中线的调整，可在未衬砌地段上采用折线法调整，如图9-22所示。如果由于调整贯通误差而产生的转折角在 $5'$ 以内时，可作为直线线路考虑。当转折角在 $5' \sim 25'$ 时，可不加设曲线，但应以顶点 a、C 的内移量考虑衬砌和线路的位置。各种转折角的内移量如表9-8所列。当转折角大于 $25'$ 时，则应以半径为 4000m 的圆曲线加设反向曲线。

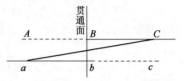

图9-22　直线隧道贯通误差的调整

各种转折角的内移量　　　　　　　　　　表9-8

转折角($'$)	内移量（mm）	转折角($'$)	内移量（mm）
5	1	20	17
10	4	25	26
15	10		

对于用地下导线精密测得实际贯通误差的情况，当在规定的限差范围之内时，可将实测的导线角度闭合差平均分配到该段贯通导线的各导线角，按简易平差后的导线角计算该段导线各导线点的坐标，求出坐标闭合差。根据该段贯通导线各边的边长按比例分配坐标闭合差，得到各点调整后的坐标值，并作为洞内未衬砌地段隧道中线点放样的依据。

（2）曲线隧道贯通误差的调整

当贯通面位于曲线上时，可将贯通面两端各一中线点和曲线的起点、终点用导线联测得出其坐标，再用这些坐标计算交点坐标和转角 α，然后在隧道内重新放样曲线。

（3）高程贯通误差的调整

贯通点附近的水准点高程，采用由贯通面两端分别引测的高程的平均值作为调整后的高程。洞内未衬砌地段的各水准点高程，根据水准路线的长度将全程贯通误差按比例分配，求得调整后的高程，并作为高程施工放样的依据。

9.5.5　断面测量与衬砌放样

1）开挖断面测量

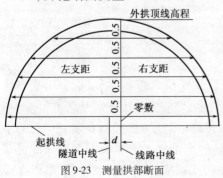

图9-23　测量拱部断面

通过断面测量，达到开挖断面放样和检查开挖净空尺寸，并绘出断面图。

（1）拱部断面

拱部断面采用断面支距法测量，即自拱顶高程起，沿断面中线向下每隔 0.5m 量出外拱线的横向支距 $x_左$、$x_右$，所有支距端点的连线为断面开挖的轮廓线。直线隧道两侧支距相等，曲线隧道内侧支距比外侧支距大 $2d$，d 为曲线隧道的线路中线至隧道中线的间距，如图9-23所示。

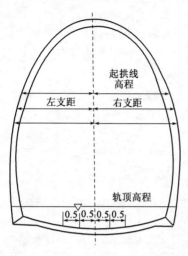

图 9-24 检查净空断面(尺寸单位:m)

（2）墙部及底部断面

放样和净空检查通常采用支距法测量。如图 9-24 所示,曲线墙自起拱线高程起,沿断面中线向下每隔 0.5m 向左右两侧按设计宽度量支距,至轨顶高程为止。支距在标准图上查得,同样,曲线隧道内侧支距比外侧支距大 2d。

隧道底部设有仰拱时,仰拱断面的放样与检查,由断面中线起向左右每隔 0.5m 由轨顶高程向下量出设计的开挖深度,量测方法如图 9-24 所示。

2）衬砌放样

隧道各部位衬砌放样,都是根据中线、起拱线和轨顶高程,按照设计断面的尺寸进行。所以在衬砌施工前,首先要检查复核中线和轨顶高程,确认无误后,才能进行放样。

（1）拱部放样

拱部衬砌一般每 5～10m 分段进行,但地质结构不良地段为 2m 左右。通常用经纬仪将每段两端点处的中线点在顶板标定,并放出中线的垂直方向;用水准仪测出上述两端点两侧的起拱线和内拱拱顶高,按方向线和高程点立好两端拱架,然后在拱顶和两侧的起拱线绷上麻线,按规定所要求的间距校正好中间各榀拱架(在直线上拱架中线与线路中线重合,曲线上两中线之间距等 d 值),固定拱结构,铺设模板即可衬砌。

（2）边墙及避入洞放样

由检查无误的中线点,按设计各部位高程,测设轨顶高、边墙基底和边墙顶高,并加设标志(先拱后墙施工则检查起拱线)。

直墙地段,从校准的线路中线按规定尺寸放出支距,即可立模板衬砌。在墙线地段,通常先按 1:1 的大样预制曲面模板,然后从中线按设计好的支距安设曲面模型板。

避入洞的中心位置是按设计的里程,在线路的中线上放垂线(十字线)决定的,衬砌放样和隧道拱、墙放样基本相同,可参照进行。

（3）仰拱和铺底放样

仰拱的模板是预先按设计的尺寸制作的,而且是在成墙的地段施工,放样时先检查轨顶高程的标志后,在轨顶高程上绷上麻线,从麻线向下量支距(图 9-24),将模板定位后加以固定即可。

隧道铺底放样,也是以轨顶高程来控制的。分别在左右边墙上,从轨顶高程向下量出设计尺寸并弹出墨线标志,即可按此墨线掌握铺底高程。

（4）端墙和翼墙放样

端墙为直立式,洞口里程既是端墙位置。放样时,设站于洞口里程中线桩,放出十字线或斜交线即确定了端墙的位置。如果端墙面有 1:n 的坡度,则应先求出端墙基底里程。

端墙基底里程 = 洞口里程 ± nh(h 为基底至洞口轨顶高的高度)。接着在基底里程的中线桩上,放出十字线或斜交线。然后在洞门两侧按 1:n 的坡度立上方木或绷上麻线即可掌握衬砌。当采用先拱后墙法施工时,须注意拱圈的洞口门端面应按端墙的坡率控制,以保证墙拱的坡面一致。

如图 9-25 所示,翼墙面一般都有坡度,放样时,先放出地面上基底位置,再在端墙上画出翼墙和端墙的交线或在此位置立方木,然后在 A、B 间绷紧麻线,这样翼墙的轮廓就出来了,依次轮廓线即可进行衬砌。

9.5.6 隧道竣工测量

隧道竣工后,为检查主要结构及线路位置是否符合

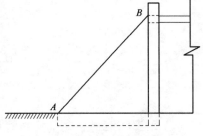

图 9-25 翼墙面示意图

设计要求,应进行竣工测量。该项工作包括,隧道净空断面测量、永久中线点及水准点的测设。

隧道净空断面测量,应在直线段每 50m、曲线段每加 20m 和需要加测断面处测绘隧道的实际净空断面。测量时均以线路中线为准,包括测量隧道的拱顶高程、起拱线宽度、轨顶水平宽度、铺底或抑供高程。隧道净空断面测量除了人工测量方法外,还可使用便携式断面仪和激光扫描仪,激光扫描仪的速度快、精度高,还可用于施工期隧道的变形测量。

隧道竣工测量后,隧道的永久性中线点要埋设金属标志。采用地下导线测量的隧道,可利用原有中线点或调整后的中心点。直线上每 200~250m 埋设一个,曲线上应在缓和曲线的起终点各埋设一个,在曲线中部,可根据通视条件适当增加。洞内水准点应每公里埋设一个,在隧道边墙上要画出永久性中线点和水准点的标志。

9.5.7 施工期的变形监测

地下工程在施工期间有变形监测的需要,应根据情况制定监测方案。在城市地铁施工期间,部分地段需要对地上建筑物、地面和隧道进行沉降观测和位移观测,在矿山工程建设中,有地表位移和沉降观测和部分井下、巷道工程的变形监测等,一般来说,沉降观测主要用水准测量方法,位移测量可采用全站仪、测量机器人和激光扫描仪等。

思 考 题

1. 估算洞外平面控制测量的横向贯通误差影响值的方法有哪些?
2. 估算洞内平面控制测量的横向贯通误差影响值的方法有哪些?
3. 隧道地面平面控制网的布设有什么发展变化?
4. 为什么隧道地面平面控制网基本不再采用地面三角形网和导线网?
5. 何谓隧道地面平面控制的现场标定法?
6. 特长隧道的洞内平面控制宜采用什么网型?
7. 与地面导线测量相比,隧道地下导线的主要特点是什么?
8. 什么叫一井定向? 简述其原理。
9. 通过一井定向的误差中分析,可得到什么结论?
10. 什么叫两井定向? 简述其原理。
11. 何谓陀螺经纬仪? 它的作用是什么?
12. 自由陀螺仪的转子在高速旋转时有何基本特性?

参 考 文 献

[1] 李青岳.工程测量学[M].北京:测绘出版社,1984.

[2] 李青岳,陈永奇.工程测量学[M].北京:测绘出版社,2008.

[3] 岳建平,陈伟清.土木工程测量[M].武汉:武汉理工大学出版社,2006.

[4] 岳建平,田林亚.变形监测技术与应用[M].北京:国防工业出版社,2007.

[5] 岳建平.工程测量[M].北京:科学出版社,2006.

[6] 田林亚,岳建平.工程控制测量[M].武汉:武汉大学出版社,2011.

[7] 张正禄.工程测量学[M].2版.武汉:武汉大学出版社,2013.

[8] 张正禄.工程测量学[M].武汉:武汉大学出版社,2005.

[9] 张正禄.工程测量学习题、课程设计和实习指导书[M].武汉:武汉大学出版社,2008.

[10] 张正禄,吴栋材,杨仁.精密工程测量[M].北京:测绘出版社,1992.

[11] 张正禄,黄全义.工程的变形监测分析和预报[M].北京:测绘出版社,2007.

[12] 刘祖强,张正禄.工程变形监测分析预报的理论与实践[M].中国水利水电出版社,2008.

[13] 李永树.工程测量学[M].北京:中国铁道出版社,2011.

[14] 黄声亨,郭英起,易庆林.GPS在测量工程中的应用[M].2版.北京:测绘出版社,2012.

[15] 黄声享,尹晖,蒋征.变形监测数据处理[M].2版.武汉:武汉大学出版社,2010.

[16] 岳建平,邓念武.水利工程测量[M].北京:中国水利水电出版社,2008.

[17] 冯兆祥,钟建驰,岳建平.现代特大型桥梁施工测量技术[M].北京:人民交通出版社,2010.

[18] 岳建平,魏叶青,张永超.船舶建造工业测量系统[M].北京:科学出版社,2011.

[19] 岳建平,方露.城市地面沉降监控理论与技术[M].北京:科学出版社,2012.

[20] 孔祥元,郭际明,刘宗泉.大地测量学基础[M].武汉:武汉大学出版社,2005.

[21] 赖锡安,游新兆.卫星大地测量学[M].北京:地震出版社,1998.

[22] 潘正风,程效军.数字测图原理与方法[M].武汉:武汉大学出版社,2004.

[23] 李广云,李宗春.工业测量系统原理与应用[M].北京:测绘出版社,2011.

[24] 吴贵才.工程测量学[M].徐州:中国矿业大学出版社,2011.

[25] 李天文,龙永清,李庚泽.工程测量学[M].北京:科学出版社,2011.

[26] 张国良.矿山测量学[M].徐州:中国矿业大学出版社,2001.

[27] 周立.海洋测量学[M].北京:科学出版社,2013.

[28] 中华人民共和国国家标准.GB 50026—2007 工程测量规范[S].北京:中国计划出版社,2007.

[29] 中华人民共和国行业标准.GJJ/T 8—2011 城市测量规范[S].北京:中国建筑工业出版社,2011.

[30] 中华人民共和国行业标准.SL 197—2013 水利水电工程测量规范[S].北京:中国水利水电出版,2014.

[31] 中华人民共和国行业标准.JTG C10—2007 公路勘测规范[S].北京:中国交通出版社,2007.

[32] 周建郑.建筑工程测量[M].北京:中国建筑工业出版社,2004.

[33] 吴子安,吴栋才.水利工程测量[M].北京:测绘出版社,1990.

[34] 覃辉,伍鑫.土木工程测量[M].上海:同济大学出版社,2008.

[35] 王登杰,房栓社,王新文.现代路桥工程施工测量[M].北京:中国水利水电出版社,2009.

［36］ 张敬伟,王伟,刘晓宁.建筑工程测量［M］.北京:北京大学出版社,2009.

［37］ 王晓明,殷耀国.土木工程测量［M］.武汉:武汉大学出版社,2013.

［38］ 姜远文,唐平英.道路工程测量［M］.北京:机械工业出版社,2002.

［39］ 曹智翔,邓明镜.交通土建工程测量［M］.成都:西南交通大学出版社,2008.

［40］ 许娅娅.测量学［M］.2 版.北京:人民交通出版社,2004.

［41］ 卞正富.测量学［M］.北京:中国农业出版社,2004.

［42］ 顾孝烈,鲍峰,程效军.测量学［M］.2 版.上海:同济大学出版社,1999.

［43］ 刘谊,汪金花,吴长悦.测量学通用基础教程［M］.北京:测绘出版社,2005.

［44］ 孔祥元.测绘工程监理学［M］.武汉:武汉大学出版社,2005.

［45］ 宁津生,陈俊勇,李德仁,等.测绘学概论［M］.武汉:武汉大学出版社,2004.

［46］ 孙现申,赵泽平.应用测量学［M］.北京:解放军出版社,2004.

［47］ 胡伍生,潘庆林,黄腾.土木工程施工测量手册［M］.北京:人民交通出版社,2005.

［48］ 赵建三,王唤良.测量学［M］.北京:中国电力出版社,2008.

［49］ 覃辉,马德富.测量学［M］.北京:中国建筑工业出版社,2007.

［50］ 张序.测量学［M］.南京:东南大学出版社,2007.

［51］ 孔祥元,梅是义.控制测量学(上)［M］.武汉:武汉大学出版社,2002.

［52］ 付新启.测量学［M］.北京:北京理工大学出版社,2008.

［53］ 孔祥元,郭际明.控制测量学(下)［M］.武汉:武汉大学出版社,2006.

［54］ 李天文.现代测量学［M］.北京:科学出版社,2007.

［55］ 刘星,吴斌.工程测量学［M］.重庆:重庆大学出版社,2004.

［56］ 梁盛智,李章树,石景钊.测量学［M］.2 版.重庆:重庆大学出版社,2002.

［57］ 武汉测绘科技大学测量平差教研室.测量平差基础［M］.3 版.北京:测绘出版社,1996.

［58］ 王兆祥.铁道工程测量［M］.北京:中国铁道出版社,1998.

［59］ 徐绍铨,王泽民.GPS 测量原理及应用［M］.武汉:武汉大学出版社,2002.

［60］ 邹永廉.土木工程测量［M］.北京:高等教育出版社,2004.

［61］ 高井祥,肖本林.数字测图原理与方法［M］.徐州:中国矿业大学出版社,2001.

［62］ 杨晓明,王德军,时东玉.数字测图(内外业一体化)［M］.北京:测绘出版社,2001.

［63］ 严莘稼,李晓莉,邹积亭.建筑测量学教程［M］.2 版.北京:测绘出版社,2007.

［64］ 张坤宜.交通土木工程测量［M］.3 版.武汉:华中科技大学出版社,2008.

［65］ 周秋生,郭明建.土木工程测量［M］.北京:高等教育出版社,2004.

［66］ 陈龙飞,金其坤.工程测量［M］.上海:同济大学出版社,1990.

［67］ 王侬,过静珺.现代普通测量学［M］.北京:清华大学出版社,2001.

［68］ 宋文.公路施工测量［M］.北京:人民交通出版社,2005.

［69］ 黄张裕,魏浩翰,刘学求.海洋测绘［M］.北京:国防工业出版社,2007.

［70］ 袁天生,熊先仁.水电站的勘测与规划［M］.北京:中国水利水电出版社,2005.

［71］ 渠守尚.数字河道测量系统的研究与开发［M］.北京:中国人民解放军信息工程大学,2004.

［72］ 周建郑.工程测量［M］.郑州:黄河水利出版社,2006.

［73］ 周秋生,郭明建.土木工程测量［M］.北京:高等教育出版社,2004.

［74］ 何沛锋.矿山测量［M］.徐州:中国矿业大学出版社,2005.

［75］ 李天和.矿山测量［M］.北京:煤炭工业出版社,2005.

［76］ 张国良.矿山测量学［M］.徐州:中国矿业大学出版社,2001.

［77］ 张项铎,张正禄.隧道工程测量［M］.北京:测绘出版社,1998.